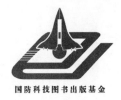

国防科技图书出版基金

高速电弧放电加工技术原理与应用

Principle and Applications of Blasting Erosion Arc Machining

赵万生　顾　琳　著

国防工业出版社

·北京·

图书在版编目(CIP)数据

高速电弧放电加工技术原理与应用/赵万生,顾琳著. —北京:国防工业出版社,2023.1
ISBN 978-7-118-12636-5

Ⅰ.①高… Ⅱ.①赵… ②顾… Ⅲ.①放电-研究 Ⅳ.①O461

中国版本图书馆 CIP 数据核字(2022)第 191316 号

※

国防工业出版社出版发行
(北京市海淀区紫竹院南路 23 号 邮政编码 100048)
三河市腾飞印务有限公司印刷
新华书店经售

*

开本 710×1000 1/16 插页 6 印张 20¾ 字数 395 千字
2023 年 1 月第 1 版第 1 次印刷 印数 1—2000 册 定价 168.00 元

(本书如有印装错误,我社负责调换)

国防书店:(010)88540777 书店传真:(010)88540776
发行业务:(010)88540717 发行传真:(010)88540762

致 读 者

本书由中央军委装备发展部**国防科技图书出版基金**资助出版。

为了促进国防科技和武器装备发展，加强社会主义物质文明和精神文明建设，培养优秀科技人才，确保国防科技优秀图书的出版，原国防科工委于1988年初决定每年拨出专款，设立国防科技图书出版基金，成立评审委员会，扶持、审定出版国防科技优秀图书。这是一项具有深远意义的创举。

国防科技图书出版基金资助的对象是：

1. 在国防科学技术领域中，学术水平高，内容有创见，在学科上居领先地位的基础科学理论图书；在工程技术理论方面有突破的应用科学专著。

2. 学术思想新颖，内容具体、实用，对国防科技和武器装备发展具有较大推动作用的专著；密切结合国防现代化和武器装备现代化需要的高新技术内容的专著。

3. 有重要发展前景和有重大开拓使用价值，密切结合国防现代化和武器装备现代化需要的新工艺、新材料内容的专著。

4. 填补目前我国科技领域空白并具有军事应用前景的薄弱学科和边缘学科的科技图书。

国防科技图书出版基金评审委员会在中央军委装备发展部的领导下开展工作，负责掌握出版基金的使用方向，评审受理的图书选题，决定资助的图书选题和资助金额，以及决定中断或取消资助等。经评审给予资助的图书，由国防工业出版社出版发行。

国防科技和武器装备发展已经取得了举世瞩目的成就，国防科技图书承担着记载和弘扬这些成就，积累和传播科技知识的使命。开展好评审工作，使有限的基金发挥出巨大的效能，需要不断摸索、认真总结和及时改进，更需要国防科技和武器装备建设战线广大科技工作者、专家、教授，以及社会各界朋友的热情支持。

让我们携起手来，为祖国昌盛、科技腾飞、出版繁荣而共同奋斗！

国防科技图书出版基金
评审委员会

国防科技图书出版基金
2018 年度评审委员会组成人员

主 任 委 员　吴有生
副主任委员　郝　刚
秘 书 长　郝　刚
副 秘 书 长　许西安　谢晓阳
委　　　员　(按姓氏笔画排序)

才鸿年　王清贤　王群书　甘茂治
甘晓华　邢海鹰　巩水利　刘泽金
孙秀冬　芮筱亭　杨　伟　杨德森
肖志力　吴宏鑫　初军田　张良培
张信威　陆　军　陈良惠　房建成
赵万生　赵凤起　唐志共　陶西平
韩祖南　傅惠民　魏光辉　魏炳波

前言

随着镍基高温合金、金属基复合材料、金属间化合物等先进结构材料在航空航天器中的广泛应用,如何对这些难切削材料进行高效加工的问题也越来越突出。不仅如此,在航空、航天发动机构件中为了提高强度而广泛采用的整体式复杂曲面结构,使从毛坯到成品的材料去除率高达80%以上,进一步增加了制造的难度和成本。当采用传统机加工方法制造这些材料构件时,通常存在加工效率低下、刀具损耗严重等突出问题,部分具有薄壁特征的部件还存在加工变形难以控制的问题。随着更多新型号装备走向批量化生产,这些难切削材料复杂构件的高效加工已成为航空航天制造技术的瓶颈之一。

特种加工是利用电、热、光、磁、化学、电化学等特种能场实现材料去除的加工方法的统称。因其去除材料的机制与传统切削完全不同,且通常不存在宏观作用力,适用于难切削材料及复杂结构的加工。其中,放电加工依靠放电等离子体的高温蚀除材料,其加工能力与材料的强度、硬度、韧性等力学性能无关,因此在航空航天、医疗、模具等行业得到广泛应用。然而,长期以来,放电加工的效率偏低,一直被认为是"慢工艺",这严重限制了该方法在大余量高效去除加工中的应用。利用放电实现高效、低成本加工,一直是几代放电加工研究人员的夙愿。

电弧是具有极高能量密度的等离子体,内部温度达数万摄氏度,可熔化甚至气化所有的导电材料,在高效加工方面具有独特的优势。但电弧的高温是把双刃剑,如不能及时、快速地将电弧切断或转移到新的位置,持续地加热会烧伤工件而使其报废。在加工复杂特征构件时如何有效控制电弧,始终是一个难题。长期以来,快速移动或切断电弧是通过电极与工件之间的高速相对运动来实现的,称为"机械运动断弧"。采用这种断弧方法的电弧加工只能实现简单的车或铣加工,无法采用成形电极实现沉入式或扫掠等加工,而且进行电弧铣时电极中心处的线速度几乎为零,严重影响加工质量和效率。

2007年,本书作者所在团队发明了集束电极电火花加工方法并获得国家自然科学基金的支持。通过将多根管状电极集束成为所需电极端面形状,实现了多孔强力内冲液并极大改善了极间流场,使电火花加工效率提升了3倍以上。同时,在放电加工区域周围发现了大量"尾状放电痕",这一独特现象引起了我们的好奇。分析结果表明,多孔结构和高速冲液可使极间流场速度从中心到周边逐渐增强,并引起等离子弧柱的受力偏移。受此现象的启发,我们揭示了流体动力断弧的机制,进而发明了"高速电弧放电加工方法",这一新的加工方法获得了国家自然科学基金重点项目的支持。构成高速电弧放电加工方法的主要技术要素为:采用流体动力断弧机制;采用多孔内冲液电极;采用水基工作液;采用冲液而不是浸液式加工;以石墨为电极材料。研究结果表明,高速电弧放电加工镍基高温合金的效率是传统电火花加工的30倍以上、传统切削加工的2~3倍,而加工成本下降了40%以上,在加工高体分金属基复合材料、金属间化合物等难切削材料方面的优势同样显著。

本书内容是作者所在团队对高速电弧放电加工多年研究成果的一个系统性总结。第1章介绍了放电加工的国内外研究现状及面临的挑战;第2章为电弧放电加工基本原理及现状;第3章系统地阐述了高速电弧放电加工机制;第4章分析了电弧放电加工中电弧的特性;第5章描述了高速电弧放电加工系统;第6章介绍了高速电弧放电加工工艺基础研究;第7章给出了几种典型难切削材料高速电弧放电加工特性;第8章以典型样件加工为例分析了该工艺方法实际加工效果。

高速电弧放电加工技术的研究和发展,离不开作者所在团队诸多师生的共同努力。李磊、徐辉、张发旺、陈吉朋、朱颖谋、洪汉、向小莉、王春亮、何国健等博士、硕士研究生先后参与了高速电弧放电加工的基础研究,并做出了贡献。此外,在本书的写作过程中,博士生朱颖谋、何国健、李珂林,硕士生廖阳稷敏、刘苏毅、杨逸飞、蒋立杰、赫明泽等参与了部分图表的绘制和排版整理工作。

本书的研究工作获得了国家自然科学基金(资助号:50575136,51235007,51575351,51975371)、航天先进技术联合研究中心技术创新项目(项目号:USCAST 2015-19)、机械系统与振动国家重点实验室开放基金以及多家航天、航空生产单位的大力支持;本书的出版还获得了国防科技图书出版基金的资助,在此一并表示感谢。

作　者
2022年3月

目录

第1章 放电加工——从电火花到电弧 ... 1
1.1 电火花加工原理 ... 1
1.2 电火花加工的发展历史 ... 2
1.2.1 国外电火花加工设备的发展 ... 3
1.2.2 我国电火花加工设备的发展 ... 3
1.2.3 提高电火花加工效率的相关研究 ... 4
1.2.4 电火花加工机制及研究现状 ... 17
1.3 传统电火花加工方法的局限性 ... 26
1.4 放电加工技术面临的挑战和机遇 ... 27
1.5 电弧放电加工方法的提出 ... 29
参考文献 ... 30

第2章 电弧放电加工基本原理及现状 ... 40
2.1 电弧放电加工的条件 ... 40
2.2 放电电弧等离子体 ... 41
2.3 电弧放电加工技术的研究现状 ... 42
2.3.1 阳极机械切割 ... 42
2.3.2 电熔爆/短电弧加工 ... 43
2.3.3 电弧立体加工 ... 44
2.3.4 高效放电铣削加工 ... 44
2.3.5 高速电弧放电加工技术 ... 47
2.4 小结 ... 48
参考文献 ... 48

第3章 高速电弧放电加工机制 ... 51
3.1 有效控制电弧的断弧机制 ... 51
3.1.1 机械运动断弧机制 ... 51
3.1.2 流体动力断弧机制 ... 52
3.2 基于流体动力断弧的高速电弧放电加工 ... 55
3.3 高速电弧放电加工机制 ... 56
3.4 高速流场作用下的单次电弧放电观测结果 ... 59

  3.4.1 放电等离子体弧柱形态特征 ·· 59
  3.4.2 流体动力断弧现象 ·· 60
  3.4.3 单次电弧放电蚀坑形貌 ·· 62
 3.5 电弧放电热蚀除过程分析 ·· 65
  3.5.1 电弧放电等离子体通道 ·· 65
  3.5.2 放电通道等离子体扩张方程 ·· 69
  3.5.3 与现有的放电通道等离子体扩张方程的比较 ·· 73
  3.5.4 新放电通道等离子体扩张方程的实验验证 ·· 74
 3.6 电弧等离子体与工件界面的温度场分析 ·· 79
  3.6.1 传热界面上的热流密度分布 ·· 79
  3.6.2 考虑传热时间累积效应的热分析模型的建立及求解 ·· 82
  3.6.3 仿真结果分析 ·· 85
 3.7 冲液对高速电弧放电加工过程的影响 ·· 93
  3.7.1 冲液作用下的电弧放电实验观测与分析 ·· 93
  3.7.2 针板电极对冲液流场仿真 ·· 97
  3.7.3 基于仿真结果对实验观测结果的分析 ·· 101
 3.8 电弧运动对加工的影响 ·· 103
  3.8.1 高速电弧放电加工材料蚀除特点 ·· 103
  3.8.2 高速冲液流场中的放电通道等离子体 ·· 104
  3.8.3 "先扩张后偏移"的放电通道等离子体模型 ·· 108
  3.8.4 仿真结果与讨论 ·· 110
 3.9 小结 ·· 112
 参考文献 ·· 113

第4章 电弧放电加工中电弧的特性 ·· 116
 4.1 放电电弧等离子体主要物理量的测量实验平台 ·· 116
 4.2 不同工件材料电弧温度的测量 ·· 117
  4.2.1 放电通道电弧等离子体温度测量及计算方法 ·· 117
  4.2.2 加工 Cr12 模具钢时极间温度测量结果及分析 ·· 118
  4.2.3 加工 SiC_p/Al 极间温度测量结果及分析 ·· 120
 4.3 电弧放电作用力的测量 ·· 126
  4.3.1 电弧放电作用力测量装置及测量方法 ·· 126
  4.3.2 电弧放电作用力测量结果及分析 ·· 128
 4.4 电弧放电爆炸声测量 ·· 137
  4.4.1 电弧放电爆炸声采集装置及采集方法 ·· 137

  4.4.2 电弧放电爆炸声特性及熔融金属的碎化 …………………… 138
 4.5 小结 ……………………………………………………………… 141
  参考文献 …………………………………………………………… 141

第5章 高速电弧放电加工系统 …………………………………… 144
 5.1 高速电弧放电加工机床装备 …………………………………… 144
 5.2 高速电弧放电加工装备的脉冲电源 …………………………… 146
 5.3 高速电弧放电加工的伺服控制 ………………………………… 146
 5.4 高速电弧放电加工机床的冲液及过滤系统 …………………… 148
 5.5 高速电弧放电加工用多孔电极 ………………………………… 149
  5.5.1 多孔内冲液电极的结构形式 …………………………… 149
  5.5.2 多孔电极的材料选择 …………………………………… 150
  5.5.3 多孔内冲液成形电极的制备 …………………………… 159
 5.6 高速电弧放电加工的性能评价 ………………………………… 161
  5.6.1 材料去除率和工具电极相对损耗率 …………………… 161
  5.6.2 工件表面分析与测试 …………………………………… 161
 5.7 小结 ……………………………………………………………… 162
  参考文献 …………………………………………………………… 162

第6章 高速电弧放电加工工艺基础研究 ………………………… 163
 6.1 高速电弧放电加工的极性效应 ………………………………… 163
  6.1.1 高速电弧放电加工的极性效应实验设计 ……………… 164
  6.1.2 放电峰值电流的影响 …………………………………… 164
  6.1.3 脉冲宽度的影响 ………………………………………… 166
  6.1.4 不同极性的工件加工表面 ……………………………… 167
  6.1.5 不同极性加工时的放电电压与放电电流波形 ………… 167
  6.1.6 冲液入口压强的影响 …………………………………… 169
  6.1.7 高速电弧放电加工极性效应的机制分析 ……………… 170
 6.2 高速电弧放电加工的蚀除颗粒 ………………………………… 175
  6.2.1 放电加工中蚀除颗粒的研究 …………………………… 175
  6.2.2 实验装置 ………………………………………………… 177
  6.2.3 加工屑颗粒的微观特征 ………………………………… 179
  6.2.4 加工屑颗粒微观形态及形成机制 ……………………… 180
  6.2.5 球壳形加工屑颗粒 ……………………………………… 182
  6.2.6 加工屑颗粒表面的化学成分 …………………………… 183
  6.2.7 加工参数对加工屑颗粒宏观粒径分布的影响 ………… 183

6.3 高速电弧放电加工冲液孔优化分析 190
　6.3.1 多孔内冲液电极的设计原则 190
　6.3.2 极间冲液流场仿真 195
　6.3.3 冲液流场分布的仿真结果 198
　6.3.4 冲液流场分布对加工性能的影响 199
6.4 小结 203
参考文献 204

第7章 典型难切削材料的加工特性 207

7.1 典型难切削材料 207
　7.1.1 镍基高温合金材料 207
　7.1.2 金属基复合材料 208
　7.1.3 钛合金 209
　7.1.4 钛铝基金属间化合物 210
7.2 镍基高温合金的高速电弧放电加工研究 211
　7.2.1 加工效率优先的工艺特性 211
　7.2.2 工件表面质量优先的工艺策略 215
　7.2.3 工具正极性高速电弧放电加工工艺特性的正交实验 216
7.3 铝基碳化硅复合材料的高速电弧放电加工工艺特性 223
　7.3.1 SiC_p/Al 高速电弧放电加工的实验现象 223
　7.3.2 影响 SiC_p/Al 高速电弧放电加工工艺特性的主要因素 225
　7.3.3 材料去除率 226
　7.3.4 SiC_p/Al 的独特蚀除机制 230
　7.3.5 电极相对损耗率 235
　7.3.6 加工效率优化及与其他方法的比较 240
　7.3.7 加工表面完整性分析 242
　7.3.8 极性效应对加工性能的影响 249
　7.3.9 极性效应对加工表面完整性的影响 250
7.4 钛合金的高速电弧放电加工 258
　7.4.1 实验设计 258
　7.4.2 实验结果及分析 259
7.5 钛铝金属间化合物的高速电弧加工 267
　7.5.1 实验设计 267
　7.5.2 实验结果及分析 267
7.6 小结 272

参考文献 ………………………………………………………………………… 273

第8章 高速电弧放电加工典型工艺方法 ………………………………… 277
8.1 成形电极沉入式加工 ……………………………………………… 277
8.2 扫铣式高速电弧放电加工 ………………………………………… 280
8.3 半封闭流道的加工方法 …………………………………………… 281
8.3.1 基于叠片电极的加工 ………………………………………… 281
8.3.2 叠片电极的设计及制备 ……………………………………… 282
8.3.3 叠片电极高速电弧放电加工工艺实验 ……………………… 284
8.4 指状电极侧铣加工 ………………………………………………… 288
8.4.1 侧铣式高速电弧放电加工 …………………………………… 288
8.4.2 侧铣式高速电弧放电加工工艺性能 ………………………… 290
8.5 高速电弧放电与铣削组合加工工艺 ……………………………… 295
8.5.1 电弧-铣削组合加工机床装备 ………………………………… 296
8.5.2 电弧-铣削组合加工工艺验证实验 …………………………… 297
8.5.3 表面质量优化验证实验结果及分析 ………………………… 298
8.6 高速电弧放电加工技术的样件加工 ……………………………… 301
8.6.1 SiC_p/Al 底座和支架的高速电弧放电加工 ………………… 301
8.6.2 开式整体叶盘类加工案例 …………………………………… 303
8.6.3 诱导轮模拟样件的高速电弧放电加工 ……………………… 304
8.6.4 三元流叶轮的电弧-铣削组合加工 …………………………… 306
8.7 小结 ………………………………………………………………… 309
参考文献 ………………………………………………………………………… 309

Contents

Chapter 1 Dlectrical discharge machining——from spark discharge to arc discharge 1
1.1 Principle of electrical discharge machining 1
1.2 Evolution of electrical discharge machining 2
    1.2.1 Development of EDM equipment overseas 3
    1.2.2 Development of EDM equipment in China 3
    1.2.3 Status of researches on improving machining efficiency of EDM 4
    1.2.4 Fundamental researches on EDM 17
1.3 Limitations of EDM 26
1.4 Challenges and opportunities of electrical discharge machining 27
1.5 Emerging of electrical arc machining 29
references 30

Chapter 2 Introduction to the principle of electrical arc machining 40
2.1 Prerequisites for electrical arc machining 40
2.2 Arc discharge plasma 41
2.3 Research status of electrical arc machining 42
    2.3.1 Anode-mechanical arc sawing 42
    2.3.2 Electrical explosive melting/short arc machining 43
    2.3.3 Arc dimensional machining 44
    2.3.4 High efficiency electrical discharge milling 44
    2.3.5 Blasting erosion arc machining 47
2.4 Summary 48
References 48

Chapter 3 Principle of blasting erosion arc machining 51
3.1 Effective control mechanisms for arc breaking 51
    3.1.1 Mechanical moving arc breaking mechanism 51
    3.1.2 Hydrodynamic arc breaking mechanism 52
3.2 Blasting erosion arc machining based on hydrodynamic arc

	breaking mechanism	55
3.3	Principle of blasting erosion arc machining	56
3.4	Observation of single pulse arc discharge process	59
3.4.1	Morphology of arc plasma column	59
3.4.2	Phenomenon of hydrodynamic arc breaking	60
3.4.3	Morphology of arc discharge crater	62
3.5	Analysis of thermal erosion process of arc machining	65
3.5.1	Arc discharge plasma channel	65
3.5.2	Equation of plasma channel expansion	69
3.5.3	Comparison with existing plasma channel expansion models	73
3.5.4	Experimental validation of novel plasma channel expansion model	74
3.6	Thermal field analysis of the interface between arc plasma and workpiece	79
3.6.1	Thermal flux distribution on heat transfer interface	79
3.6.2	Thermal analysis model with consideration of heat accumulation in heat transfer	82
3.6.3	Analysis of FEM results	85
3.7	Influence of flushing on BEAM process	93
3.7.1	Observation of arcing process with flushing effect	93
3.7.2	Flow field simulation of BEAM with needle-plate electrodes	97
3.7.3	Analysis of observation based on the simulation results	101
3.8	Influence of arc column movement on machining process	103
3.8.1	Characteristics of material removal in BEAM	103
3.8.2	Discharge plasma in high velocity flushing	104
3.8.3	Expansion and shifting model of arc plasma channel	108
3.8.4	Simulation results and discussions	110
3.9	Summary	112
References		113
Chapter 4	**Characteristics of arc plasma in arc discharge machining**	**116**
4.1	Measurement platform for major physical properties determination	116
4.2	Measurement of arc plasma temperature for typical workpiece materials	117
4.2.1	Arc plasma temperature measuring and calculation method	117
4.2.2	Plasma temperature measurement result and analysis for machining Cr12 steel	118

  4.2.3 Plasma temperature measurement result and analysis for machining SiC_p/Al 120
 4.3 Measurement of reaction force of arc discharge 126
  4.3.1 Measuring method and instrument for reaction force of arc discharge 126
  4.3.2 Measuring results and analysis of arc dischargereaction force 128
 4.4 Soundmeasurement of arc discharge blasting 137
  4.4.1 Sampling method and instrument for arc discharge blasting 137
  4.4.2 Acoustic characteristics of arc discharge blasting and molten metal fragmentation 138
 4.5 Summary 141
 References 141

Chapter 5 Blasting erosion arc machining system 144
 5.1 Introduction of BEAM equipment 144
 5.2 Pulse power supplier for BEAM 146
 5.3 Servo control of BEAM machine 146
 5.4 Flushing and filtering system for BEAM machine 148
 5.5 Multi-hole inner flushing electrode for BEAM 149
  5.5.1 Structure of multi-hole inner flushing electrode 149
  5.5.2 Choosing of materialformulti-hole electrode 150
  5.5.3 Preparation of multi-hole electrode for die-sinking BEAM 159
 5.6 Evaluation of BEAM performance 161
  5.6.1 Material removal rate and tool wear ratio 161
  5.6.2 Analysis of machined workpiece surface 161
 5.7 Summary 162
 References 162

Chapter 6 Fundamental research of BEAM process 163
 6.1 Polarity effect in BEAM 163
  6.1.1 Design of experiment for polarity effect testing 164
  6.1.2 Influence of peak discharge current 164
  6.1.3 Influence of pulse duration 166
  6.1.4 Analysis of machined surfaces achieved by different polarities 167
  6.1.5 Waveforms of discharge voltage and discharge current in different polarities 167
  6.1.6 Influence of inletflushing pressure 169
  6.1.7 Fundamental analysis of polarity effect in BEAM 170
 6.2 Debris generated by BEAM 175
  6.2.1 Study of debris in electrical discharge machining 175

6.2.2	Experimental setup	177
6.2.3	Macroscopic features of debris	179
6.2.4	Micro morphology and formation mechanism of debris	180
6.2.5	Spherical shell shaped debris	182
6.2.6	Chemical composition of debris surface	183
6.2.7	Influence of machining parameters on debris size distribution	183
6.3	Optimization of flushing holes for BEAM	190
6.3.1	Principle of multi-hole inner flushing electrode design	190
6.3.2	Simulation of gap flow field	195
6.3.3	Simulation result of gap flow field distribution	198
6.3.4	Influence of gap flow field distribution on machining performance	199
6.4	Summary	203
References		204

Chapter 7 Machining characteristics of BEAM for difficult-to-cut materials … 207

7.1	Typical difficult-to-cut material	207
7.1.1	Nickle-based high temperature alloy	207
7.1.2	Metal-matrix composite material	208
7.1.3	Titanium alloy	209
7.1.4	Titanium aluminum intermetallic compound	210
7.2	BEAM of Nickle-based high temperature alloy	211
7.2.1	Machining strategy prioritizedby machining efficiency	211
7.2.2	Surface quality oriented machining strategy	215
7.2.3	Orthogonal experiment of BEAM with positive polarity	216
7.3	Machining characteristics of SiC_p/Al composite material	223
7.3.1	Experimental findingsin BEAM of SiC_p/Al	223
7.3.2	Major influential factors in BEAM of SiC_p/Al	225
7.3.3	Material removal rate	226
7.3.4	Uniquematerial removal mechanism in BEAM of SiC_p/Al	230
7.3.5	Tool wear ratio	235
7.3.6	Optimization of machining efficiency and comparison with other techniques	240
7.3.7	Analysis of surface integrity	242
7.3.8	Influence of polarity effect on machining performance	249
7.3.9	Influence of polarity effect on surface integrity	250

7.4	BEAM of titanium alloy	258
7.4.1	Design of experiment	258
7.4.2	Experimental results and discussion	259
7.5	BEAM of Titanium aluminium intermetallic compound	267
7.5.1	Design of experiment	267
7.5.2	Experimental results and discussion	267
7.6	Summary	272
	References	273

Chapter 8 Typical BEAM processes — 277

- 8.1 BEAM with die sinking electrode — 277
- 8.2 Sweep milling BEAM — 280
- 8.3 Machining of semi-closed channels — 281
  - 8.3.1 Machining based on laminated electrode — 281
  - 8.3.2 Design and preparation of laminated electrode — 282
  - 8.3.3 Experiments of BEAM with laminated electrode — 284
- 8.4 Flankmilling BEAM with profiled flushing electrode — 288
  - 8.4.1 Introduction to flank milling BEAM — 288
  - 8.4.2 Machining characteristics of flank milling BEAM — 290
- 8.5 BEAM and milling combined machining — 295
  - 8.5.1 BEAM and milling combined machining equipment — 296
  - 8.5.2 Experiment of BEAM and milling combined machining — 297
  - 8.5.3 Results and discussion on experiment for surface quality optimization — 298
- 8.6 Samples machined by BEAM — 301
  - 8.6.1 BEAM of base supporter made of SiC_p/Al — 301
  - 8.6.2 BEAM of open blisk — 303
  - 8.6.3 BEAM of inducer — 304
  - 8.6.4 BEAM and milling combined machining of centrifugal impeller — 306
- 8.7 Summary — 309
- References — 309

第1章

放电加工——从电火花到电弧

人类从远古时期的雷电现象接触到了放电,对放电的认识经历了图腾崇拜到逐渐正确认识自然并加以利用的过程。随着现代低温等离子物理与技术的发展,人类对放电现象的认识逐渐深入,放电在科研及工业上得到广泛的应用,在照明、环保、加工等行业发挥了重要的作用。在制造行业,放电加工已逐渐成为一种重要的加工方法。

1.1 电火花加工原理

电火花加工(electrical discharge machining,EDM)是应用最为广泛的一种特种加工方法,它通过脉冲性火花放电将电能转化为热等离子体所携带的热能以熔化或气化的方式去除工件材料,从而获得所需的形状、尺寸和表面质量[1]。具体来说,电火花加工是利用脉冲电源使浸没在绝缘工作液介质(通常为芳香烃油基工作液或水基工作液)中的工具电极和工件之间产生脉冲性火花放电而形成放电等离子体,并利用等离子体的瞬时高温使工件表面的局部材料熔融或气化进而蚀除的加工方法。因为加工中会产生大量的放电火花,所以国内通常称其为"电火花加工",并规范化为标准技术术语[2]。该技术在国内发展的初期,受苏联技术术语的影响,也曾叫作"电蚀加工"。早期在工厂中也曾流行过"电脉冲加工"的说法。而欧、美、日等技术发达国家和地区已经在学术界的推动下,统一将其称为"放电加工"。而在我国"放电加工"概念并非仅仅特指"电火花加工"本身,其内涵更加丰富,外延也更加广泛,包括了"电火花加工""电弧放电加工""电化学放电加工"等与放电有关的各类加工方法的集合。

与传统的机械切削加工方法相比,电火花加工具有以下特点。

(1) 采用脉冲放电所产生的高能量密度等离子体实现材料的热蚀除,可以加工任何具有硬、脆、强、韧、软、低刚度、高熔点等特性的复杂结构的导电材料。

(2) 工具电极与工件在加工中不发生接触,因此不会产生宏观作用力,可以避免传统机加工中由切削力引起的工件变形、振动等问题,更容易实现精密和微细加工。

(3) 利用较短脉冲宽度及适当冲液条件,能够有效减少加工区域热量向工件内部的扩散,将热影响层厚度控制在较低水平,获得较高的表面完整性。

(4) 电火花加工主要是指将电极的形状复制到工件的过程,因此可以用于加工异型孔、窄缝、窄槽、深孔以及弯曲狭长的半封闭流道等传统切削加工难以实现的几何特征,并具有很高的形位精度。

(5) 加工状态可用经处理的电流、电压等信号进行表征,便于实现对放电加工过程的数字化、自动化、智能化控制,从而可以减少加工工序,缩短加工周期,降低工人的劳动强度和操作难度。

目前,各行业特别是航空航天领域对材料强度、硬度、韧性、脆性、耐高温等特殊性能提出了更高的要求,对加工精度、表面完整性等的要求也越来越高,这给制造技术带来了新的挑战。由于具有无宏观切削力、加工工艺能力与材料力学性能无关等优点,电火花技术已经被广泛应用于航空、航天、模具、微电子、汽车、刀具、精密仪器、医疗器械等领域,发挥着重要作用。

1.2 电火花加工的发展历史

1770 年,英国化学家约瑟夫就注意到了"放电腐蚀"现象。长期以来,人们对如何有效利用这种放电腐蚀现象进行了许多有益的尝试[3]。1943 年,苏联莫斯科大学的拉扎连科夫妇(图 1-1)成功地利用放电蚀除原理在金属上加工出了小孔并获得发明证书,这标志着电火花加工方法的诞生[4-5]。电火花加工最初用于穿孔类加工,如取出折断在高强度的坦克发动机缸体上的丝锥等。由于只需采用铜或石墨等较易加工的材料做成与工件表面形状相反的工具电极,并且可一次大面积地成形加工出所需的复杂工件表面,因此该方法被广泛应用于模具型腔等复杂形状的加工。这种擅长难加工材料和复杂形状的加工能力,使得电火花加工比切削加工在某些加工领域更具独特的优势。

图 1-1 拉扎连科夫妇

1.2.1 国外电火花加工设备的发展

在电火花加工方法诞生后不到 10 年的时间里,世界上多个工业发达国家相继研制成功了电火花加工机床。20 世纪 50 年代初,出现了电子管脉冲电源和闸流管脉冲电源以及伺服电机间隙自动调节器。1957 年,学者根据放电凹坑形状的热学分析结果,初步确立了最长的放电持续时间[6]。约在 1960 年,苏联科学院中央电工实验室首先研制出第一台单向走丝靠模仿形电火花线切割机床,其工作原理如图 1-2 所示[1]。

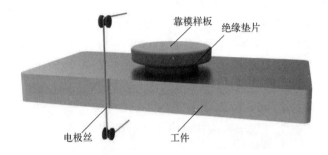

图 1-2　靠模仿形电火花线切割机床工作原理[1]

图 1-3 所示为苏联早期的电火花加工车间。

图 1-3　苏联早期的电火花加工车间

1.2.2 我国电火花加工设备的发展

我国第一台电火花加工机床诞生于 1954 年。营口电火花机床厂、上海第八机床厂、苏州第三光学仪器厂、苏州长风机械厂和汉川机床厂等先后研制出了电火花加工机床。1958 年我国研制成功的 DM5540 型电火花机床,具有效率高、电极损耗小等特点。

1963年,中国科学院电工研究所研制出我国第一台靠模仿形线切割加工机床,此后在一机部、电子工业部内迅速得到了推广,在实际生产中获得了应用[1]。该研究所随于1964年研制出光电跟踪线切割加工机床,较大地提高了工作效率、缩短了制造周期,降低了加工成本,拓展了切割复杂型面的能力,提高了工艺的适应性和"柔性"[7]。这是技术上的又一次飞跃。20世纪60年代末,上海电表厂张维良工程师发明了往复高速走丝线切割加工方法和机床,在提升切割厚度的同时,使装备和工艺成本大幅降低,这是我国在电火花加工装备上的一次意义重大的自主创新。

20世纪50年代末期,电火花加工机床开始采用电—液伺服控制间隙的自动调节器。60年代初,电火花加工电源开始采用晶体管和晶闸管作为新型开关元件实现了脉冲电源的一次技术革命,迅速取代了电子管脉冲电源和闸流管脉冲电源。1964年,研制出了电火花加工的工具电极无损耗脉冲电源。1969年,复旦大学研制出与往复高速走丝线切割机床配套的使用3B代码的数控系统,使线切割加工工艺的精度和柔性得到了极大的提高。这也是我国电火花加工类机床最早的数字化产品,标志着我国电火花加工机床从此进入了数控时代[6]。

1.2.3 提高电火花加工效率的相关研究

经过70余年的不断发展,电火花加工工艺和装备都取得了巨大的发展。无论是在加工精度、表面质量、电极损耗等主要技术指标方面,还是在微细化方面都在很大程度上满足了日益发展的多样化制造需求,并且在加工难切削材料和复杂形状等方面具有独特的优势。但是电火花加工也面临着同样飞速发展的高速铣削技术的挑战:加工效率偏低、工具电极制备周期偏长、加工成本偏高等问题已经成为阻碍其发展的主要瓶颈[8]。如何实现电火花加工的高速、高效化,进一步提升其综合竞争力,是数十年来电火花加工科研人员和工程技术人员的共同夙愿。

加工过程的高速、高效化不仅体现为加工工艺水平的提高,而且体现为工具电极制备周期的缩短及制备成本的节约。此外,航空航天等领域的新产品大量采用难切削的材料和更为复杂的几何形状,如何应对这些产品加工对加工效率方面的特殊需求,也是更好发挥电火花加工优势所必须解决的当务之急。

为此,近年来各国研究人员对影响电火花加工效率的几个重要因素如工具电极、工作液介质以及脉冲电源系统等进行了大量的探索和改进,涌现出一系列新的工艺方法,有效地提升了电火花加工技术的整体水平[3,9-10]。

1. 成形电极快速制备

工具电极是电火花加工工艺系统的重要组成部分,对加工精度和成本有着决定性的影响。复杂型面成形电极不仅制备周期长,而且制造成本高,越来越难以满足当今市场对新产品快速开发、快速交付的需求。传统成形电极的制备通常是采用切削加工的方式,通过去除电极毛坯材料获取最终目标型面。在加工某些具有复杂几何特征的型面电极时,往往会遇到加工困难的问题,且采用去除材料的方式制备电极也会造成材料的浪费[11]。为此研究人员基于离散化的思想,尝试了利用点、线、面或体单元材料快速构建型面电极的新方法。

1) 点单元材料快速构建电极方法

粉末冶金电极制备方法是一种典型的通过点单元材料构建成形电极的制备方法,它将粉末材料用压结(冷压)成形→烧结→再次冷压等多道工序处理以获得成形电极[12-13]。Hamidi G. A. 等采用该方法制备了铜钨复合材料电极。通过控制粉末材料的成分和配比,该方法能够将不同材料的优良性能进行组合以获得具有目标性能的新材料工具电极[14]。但是,电极材料颗粒的黏结状态、孔隙率受冷压压力、烧结温度等制备参数的影响,在进行电火花加工时电极材料容易从基体脱离而与工件表面形成合金[15]。因此,这种电极主要用于进行电火花表面改性,而不适用于以材料去除为目的的电火花加工,且仅适用于制备简单形状的电极。

Ho S. K. 等采用粉末冶金法制备了直径为10mm的柱状电极,用于Ti6Al4V合金表面改性[16]。然而,即便是制备这种直径为10mm、端面平面的简单圆柱体结构电极,制备周期也长达5h(图1-4)[17]。除此之外,采用该方法制备电极时还需要配备专用的成形模具和烧结设备。

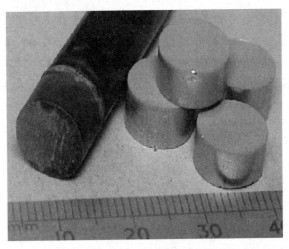

图1-4 粉末冶金法制备的电极[17]

2) 线单元材料快速电极构建方法——集束电极

为改善放电间隙中的冲液流场,冷却电极和工件,进而提高粗加工的材料去除率,上海交通大学的赵万生、顾琳等发明了集束电极。该电极是由多根管电极按照一定的规律排列并集束而成,集束电极端面与对应的实体电极端面形状相仿,如图 1-5 所示。采用集束电极可以快速制备出成形电火花加工用的粗加工电极并方便地实现多孔内冲液加工。试验结果表明电极制备时间大为缩短,粗加工材料去除率提升可达 3 倍。

图 1-5　集束电极

3) 面单元材料快速构建电极方法

增材制造法电极制备是一种典型的通过面单元材料构建成形电极体的制备方法[18]。增材制造法电极制备可分为直接法和间接法[19]。直接法主要是指通过选择性激光烧结包覆有树脂的导电材料粉末而获得电极原型件,再经过渗入铜等导电材料来制备电火花加工电极的方法[20]。原型材料一般具有高的电导率和热导率等优良电火花加工电极材料的特性。渗入处理是为了提高原型件的致密度,从而提升电极的致密性和耐损耗性。由于铜粉末对激光的反射率很高,直接烧结铜粉末难度较大,美国得克萨斯农工大学的 Eubank 等将铜粉和二硼化锆粉末进行混合以提高激光吸收率,采用该材料烧结制备出的 EDM 电极较其他材料的电极有更好的加工效果[21]。新加坡国立大学的 Tang 等尝试在铜粉中添加钨粉、镍粉及 B_4C 粉末以改善烧结时的激光吸收率,发现铜-钨混合粉末及 B_4C-铜混合粉末电极的损耗率较低且加工效果较好,而掺杂少量镍粉的电极会存在少量微气孔而导致损耗率较大[22]。

间接法是指将增材制造工艺作为电极制备过程的环节之一,结合其他工艺技术最终实现成形电极制备的方法。如将增材制造技术与电铸技术结合,用增材制造技术制作的原型件作为芯模,通过电铸方法实现复杂型面电极的快速制备就是间接法的典型案例。该方法可用电铸方法在芯模表面形成厚度为 3~5mm 的金属壳体,脱模后对此壳体填充树脂进行加固,最终组成完整的工具电极[23]。

初步的实践证明,直接法制备出的工具电极的损耗率很高。Zhao等采用直径20mm的这种电极,即便是在较小峰值电流(12A)、较大脉冲宽度(250μs)的传统低损耗加工条件下进行加工,其电极损耗比也高达5%以上[20]。另外,间接法制备出的工具电极的散热性能较差,电铸型腔壳体容易因过热发生变形甚至脱落[24-25]。由此可见,现阶段采用增材制造方法制备出的工具电极还难以实现大电流高去除率的加工,也难以实现精密加工所需的电极低损耗[26]。除此之外,增材制造系统工艺还较为复杂,设备价格及其运行成本过高也是值得考虑的问题。

上海交通大学提出的叠片电极制备方法是一种典型的面单元叠加的方法[27]。该方法将多层带凹槽的平板电极叠加在一起,各层平板表面的凹槽构成内冲液流道。该电极主要用于半封闭空间的流道加工,多层电极片叠加构成的成形电极外部形状轮廓与待加工流道形状对应,既保留了成形电极的优势,同时可通过叠片中的流道槽实现加工中的内冲液,减少加工中的抬刀需求。

4) 体单元材料快速构建电极方法

具有复杂几何特征的整体结构电极的制造加工成本往往较高。因此人们采用将复杂几何特征进行分割,形成了化繁为简的分割电极制造法。分割电极法是一种典型的通过体单元材料构建成形电极的制备方法[28-29]。该方法的基本原理是:将具有复杂型面的电极按照其几何结构特点,拆分为若干易于加工的子电极并分别制备,然后分别用各个子电极加工出其所对应的几何特征,从而获得复杂的目标型腔。如图1-6(c)中的整体电极被拆分成A、B、C三个具有简单几何结构的子电极[30]。分割电极法比较适合CAD/CAPP/CAM系统集成,实现电极的快速设计和制备。

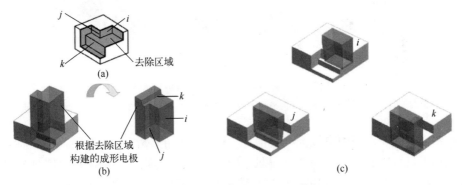

图1-6 体单元快速构建电极[30]

然而,虽然单一子电极的制备时间及成本会显著低于复杂成形电极,但是电极几何结构特别是复杂结构电极的分割和会额外增加时间成本。此外,电极结构分割策略的选择还会直接影响子电极的制备及后续加工的时间及成本[31]。

2. 利用简单形状电极的数控电火花铣削加工

如果能够利用简单形状(如圆柱或方形柱体)电极,配合数控运动,采用类似机械铣削的进给方式,原理上也可以获得较为复杂的几何型腔。这就是数控电火花铣削加工的初衷。电火花铣削加工采用简单标准电极(圆柱、方形、板形等形状),在数控系统的控制下,按预定轨迹作类似机械铣削的成形运动,通过电极和工件间的火花放电来蚀除多余金属材料,最终获得具有目标形状的零件。如图1-7所示,由于工具电极结构简单,既可以在加工中作类似铣刀的旋转运动进行孔、平面、斜面、沟槽等典型零件特征的加工,也可以不旋转而配合C轴做展成运动来加工具有曲面、螺纹等特征的零件,这个特点是数控铣削加工所不具备的[32]。电火花铣削简化了电极的设计与制造成本,缩短了电极准备时间,并增加了系统的柔性。从这一点上看似乎有望实现高效电火花加工,进而提高市场快速响应能力。

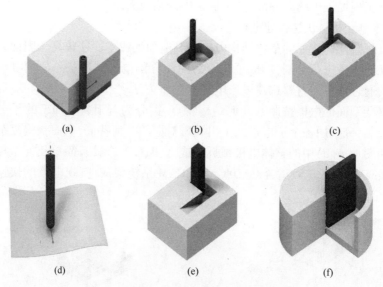

图1-7 数控电火花铣削加工原理示意图
(a) 外轮廓加工;(b) 内轮廓加工;(c) 沟槽加工;(d) 曲面加工;(e) 方形电极加工;(f) 板形电极加工。

由于电火花加工中电极会产生损耗,从而影响加工精度,因此 Naotake 等提出了在加工过程中对电极损耗进行周期性检测,并根据实际测量值进行电极补偿,进而改善加工精度的方法,但该方法需要中断加工,对加工效率有影响[33]。

为了解决微细电火花加工中的电极损耗及补偿难题,日本东京大学的余祖元博士、增沢隆久教授等在1997年提出了电极等损耗加工策略,可以实现高精度三维微细型腔轮廓的不间断加工。该方法控制电极进行逐层扫描式加工,将放电位置限制在端面进行以实现电极端部的均匀损耗,进而可根据电极加工轨迹计算电极的轴向损耗以实现精确补偿[34-35]。此外,土耳其库库罗瓦(Cukurova)大学的Bayramoglu等对三轴联动电火花铣削加工过程中工具电极的轨迹、进给及旋转等控制策略进行了研究[36-37],分析了线性和环状这两种铣削加工路线,相对于传统成形加工而言,它们具有更好的加工表面完整性以及更低的总成本优势[38]。

国内一些高校及研究机构自20世纪末以来也开始了对电火铣削加工的研究。南京航空航天大学的刘正勋等开发了基于AutoCAD的电火花铣削CAD/CAM系统,集成了图形处理、工艺数据检索、自动编程等功能[39]。哈尔滨工业大学的刘光壮等开发出了基于互联网的电火花铣削自动编程系统[40],提出了工艺代码动态编程思想,并采用基于IGES文件的分层方法改善了电火花分层铣削中普遍存在的台阶问题[41]。四川大学的李翔龙[42]根据电火花铣削时的时变非线性特征,提出基于神经网络的电极损耗预测模型。通过对加工速度和工具电极相对损耗的预测,可以实时计算工具损耗量,为实现电极损耗在线动态补偿打下了基础。西安交通大学的员敏等基于混合八叉树数据结构,提出了一种实用的电极损耗补偿算法[43]。

然而,电火花铣削虽然可以省去成形电极的设计与制造过程,简化工艺流程,但是该方法也有明显的局限性。如:所采用的工具电极截面面积通常较小,难以承受高效加工所需的较大峰值电流;为保证放电在端面而非侧壁进行,其层铣厚度一般控制在微米量级,使完成目标零件加工的电极总路径长度大大增加。这些因素导致其实际加工时间极长,从而大大降低了整体的加工效率。因此,该技术比较适合微小型腔模具的加工,或者表面刻字等较特殊的应用场合,而难以适用于大量体积去除类型的一般加工场合。

3. 电火花加工脉冲电源的高效化

学术界普遍认为:在传统的电火花加工放电物理过程中,放电瞬间只存在一个放电通道。只有在消电离使得加工间隙恢复绝缘状态后,才会在下一个放电脉冲到来时重新击穿电介质而建立新的放电通道。这是因为一旦电极与工件间隙中产生了击穿放电并形成了放电通道等离子体,其导电性是非常好的,且间隙放电电压基本维持在20V左右,很难再形成新的放电击穿所需要的电场强度。这种放电蚀除的过程在时间上是串行的。如果对脉冲电源及其与工具、工件电极之间的连接方式进行改进,迫使工具与工件电极间同时产生两个或更多个放电通道,实现多点并行放电加工,也许有可能提高加工效率[44]。

Mohri等在研究大面积光整加工时,为减小电极面积所造成的极间分布电容过大而难以获得光滑表面的问题,把一个100mm×100mm的方形平面电极分割成100个10mm×10mm互相绝缘的独立小平面电极,每个小电极都与一个独立的RC脉冲电源相连。该方法不仅成倍提高了精加工效率,而且因极间分布电容减小,获得了更加光滑的表面[45]。韩福柱等设计了一种并联放电回路,用一个晶体管同时向多个分离的成形电极供电,其电源与电极的连接关系如图1-8所示[46]。研究表明,多电极同时加工时不仅放电次数随电极数目增多而增加,与单电极加工相比双电极放电的材料蚀除率增大至1.7倍、三电极效率增大至2.3倍、四电极的效率增大至2.7倍;而且当配合电极摇动时,工件表面不容易发生热损伤。

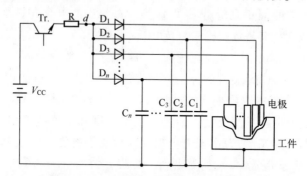

图1-8 电火花加工并联多点放电回路[46]

为了能够提高脉冲电源的能量利用率,国枝正典等根据Suzuki K.、Jun'ich Tamaki等提出的双电极金刚石砂轮接触放电修整原理[47-48]提出一种以单电源向两个串联的工具电极提供脉冲来实现双点放电的方法[49]。该方法中脉冲电源与工具电极及工件的连接关系如图1-9所示。在脉冲电源电压保持不变的情况下,有更多的能量用于蚀除工件材料,提高了能量利用率和加工效率。研究表明,双电极放电的材料蚀除率是常规单电极加工的1.3倍,四电极放电的材料蚀除率为单电极加工的2.5倍,能源利用率从常规电火花加工的19%提高到40%,并且电极损耗率略小于单点放电时正负极性电极损耗率的算术平均值。

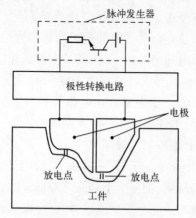

图1-9 脉冲电源与工具电极、工件的连接关系[49]

由于两个串联使用的工具电极的极性相反,会由于极性效应的影响引起两个电极所对应的工件材料蚀除量的不一致,同理两个电极的损耗也不相同。因此,加工时需要通过实时监测两电极各自的间隙电压值来判断蚀除量的差异,在蚀除量差值达到临界点时,通过改变放电脉冲的极性来调节两电极的蚀除速度。尽管如此,其放电过程也很难保持长期稳定。为此,小林俊樹等把正负极性同时多点放电和传统电火花加工方式结合起来,在多点放电变得不稳定时,切换为普通电火花加工方式以获得均匀的电极蚀除量[50]。采用该混合放电加工方式,可以在保证加工稳定性的前提下,提高工件材料蚀除效率和能源利用率。

这种增加间隙放电通道数量的电火花加工方法,虽然可在一定程度上提高材料去除率,但由于增加了电极制备、机床设备尤其是电源和控制系统的复杂度及综合运行成本,并降低了加工的可靠性,至今仍未在实际加工中采用。

4. 复合放电加工方法

1) 电化学放电复合加工

电化学放电复合加工(electro-chemical discharge machining, ECDM)是一种将电化学反应与电火花放电进行复合的加工方法[51],其可加工材料涵盖金属、陶瓷、玻璃等各种导电或非导电材料,复合加工方法的间隙伏-安特性如图1-10所示[52]。加工金属材料时,在电解和火花放电的共同作用下,加工效率有了明显的提高。英国格拉斯哥利多尼亚(Glasgow Caledonian)大学的DeSilva和Mediliyegedara[53-54]等研究了ECDM的放电—电解复合作用原理,并实现了高温合金和钛合金等材料的加工;印度的Kulkarni[55]等也对ECDM的加工机制进行了研究。在国内,华南理工大学王建业[56]、西北工业大学张安洲[57]、池恩田和任中根[58]、哈尔滨工业大学郭永丰[59]、中国石油大学刘永红[60],以及南京航空航天大学刘志东[61],上海交通大学康小明[62]等都开展了ECDM的机制、参数及电源优化等方面的研究。目前,ECDM技术已经在工业上得到应用,如加工非导电材料的孔、内外圆和平面等。

2) 引弧微爆炸加工技术

装甲兵工程学院的田欣利等提出了利用电火花形成的等离子体诱导气体爆炸来实现工件材料去除的引弧微爆炸加工技术[63]。该技术利用了微爆炸过程产生的等离子体射流的烧蚀及冲蚀作用实现绝缘材料的去除,单次脉冲放电可蚀除约4.5mm^{3}的Si_3N_4陶瓷材料,较适用于工程陶瓷的粗加工[64]。

3) 放电诱导可控烧蚀电火花铣削

南京航空航天大学的刘志东等提出了一种放电诱导可控烧蚀电火花加工方法[65],其主要采用熔融的工件金属材料与氧气发生剧烈的氧化烧蚀而去除工件材料。对钛合金TC_4的初步实验结果表明,当采用传统电火花脉冲电源及伺服控制

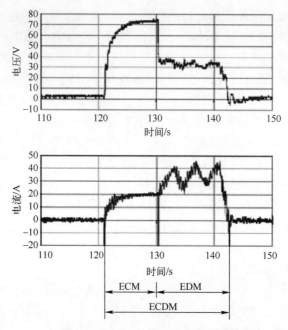

图 1-10　ECDM 加工过程中的伏-安波形[52]

系统,相同时间内放电诱导可控烧蚀及电火花铣削技术得到的加工效率比传统电火花铣削提高 10 倍以上,且加工表面质量与后者相当[66]。该方法对于提高易与氧气发生反应的合金材料的加工效率,具有显著效果。

5. 改进放电工作介质

工作液介质是电火花加工的几个核心要素之一,对放电过程的通道形成、保持通道压力、电介产物排出以及蚀除区域的冷却均有直接作用,从而对加工效率和质量都产生重要影响。对此,国内外的科研人员也开展了相关的研究以期提高加工效果。

1) 气中放电加工

日本东京农工大学的国枝正典等突破了电火花加工必须使用液体电介质的传统观念的束缚,创造性地提出了干式电火花加工方法,又称为气中放电加工[67-68]。这种方法是以气体取代液体作为电介质,采用简单管状电极以类铣削方式逐层蚀除工件材料来完成加工过程,其加工原理如图 1-11 所示。

研究表明,由于没有在液中放电时所伴随的

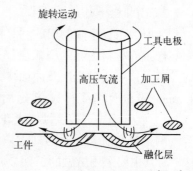

图 1-11　气中放电加工原理[67-68]

介质的强压缩作用,气中放电形成的等离子体通道容易扩散而损失过多能量。虽然气体介质的击穿强度远小于液体,在较大间隙条件下就可发生击穿放电,但为了减少气体流量、保持气体流速,进而维持稳定的持续放电,就要保持其放电加工间隙小于液中放电加工间隙,因而短路的发生频率亦远高于液中加工(脉冲宽度为60μs时,通常气中放电加工的短路率高于85%,液中约为10%)。尽管采用电极摇动方法可以将短路率减少到40%左右,但这仍明显高于液中放电加工的短路率。通过采用压电陶瓷与主轴伺服系统相结合的宏微驱动方式,可以进一步提高间隙伺服调节的响应速度,从而减少短路率,实现较稳定的加工[69-70]。如图1-12所示为用外径1mm、内径0.4mm的管状电极成功加工出的一系列边长为4.2mm、深度1.5mm的四棱锥型腔[70]。

图1-12 气中放电加工过程[70]

为了深入探索气中放电加工性能,国枝正典等进一步采用高压氧气作为电介质进行了实验研究。结果表明,在以氧气为电介质时,工件材料(铁基合金类)会发生强烈的氧化反应,材料去除率达$122mm^3/min$,高于使用煤油基电介质时的效率,是同样加工条件下电火花铣削效率的6倍[72-73]。由于气中放电加工时无工作液气化的影响,放电产生的爆炸力较小,加上会有少量工件的电蚀产物附着在电极端部表面,起到了动态补偿电极损耗的作用,因此工具电极损耗可以接近零且基本不受脉冲宽度的影响[69,74]。

由此可见,气中放电加工不仅结合了传统电火花铣削方法可省去成形电极的设计与制造过程的优势,而且在选择氧气为电介质时,还具有效率较高、工具近零损耗的加工性能。然而,为了有效排出蚀除产物,气中放电加工所采用的管状工具电极壁厚不能太大,这限制了电极的尺寸,使气中放电加工只能适用于小型腔的分层铣削。

2) 水基工作液电火花加工

为了提高加工效率并且降低火灾隐患,科研人员在 20 世纪 80 年代初就开始在电火花加工中尝试非燃性水基工作液[75]。水基工作液的主要成分是水(去离子水、自来水等),并加入一定量的添加剂。

Chen 和 Lin 等在进行水基工作液电火花加工研究时发现,相对于在煤油中加工钛合金,水中加工的优势更加显著[76-77]。其原因在于使用煤油工作液时分解出的碳会与工件表面的钛形成高熔点的化合物 TiC,从而降低了材料蚀除率。而当以纯水作为工作液时,水中分解出的氧气会与工件表面的钛化合成 TiO_2。与 TiC 相比,TiO_2 具有较低的熔点,因而易于去除,可以获得较高的材料去除率。

König 等认为甘油等高分子有机物的加入可有效地提高工作液的黏度,使电火花放电通道内的气体压力比使用纯水工作液时高,从而增大了放电通道中的压强和能量密度,有利于电蚀坑中熔融工件材料的抛出,并最终提高材料去除率[78]。

日本沙迪克(Sodick)公司在 1986 年开发出电火花成形加工用的"非燃性工作液"。该工作液中添加了甘油等成分,通过增加工作液的黏度提高了放电蚀除时的爆炸力,其加工钢类材料时的材料去除率是同等峰值电流条件下的使用煤油工作液的 2~3 倍[79]。后续试验结果表明,在某些加工条件下,水基工作液电火花加工效率甚至高于常规的铣削加工。但是由于此工作液的成本较高,所采用的硅藻土高效过滤系统占地面积很大,增加了机床费用和运行维护成本,使用后的工作废液也需要处理后才能排放,费用与使用煤油工作液相近,所以该技术推向市场后仅有少数企业采用,并未获得广泛的工业界应用。

6. 通过改善极间冲液强度来提高电火花加工效率的研究

在电火花加工中,放电通道等离子体会在加工间隙内产生大量的热量,同时电极、工件材料被放电通道等离子体蚀除后形成的微小金属颗粒也容易聚集在加工间隙内。这些热量和金属颗粒的累积不仅会大大降低工作液介质的介电性能,致使放电后难以及时完成消电离过程,而且会因为桥接两电极而造成短路和拉弧。如果不消除这些影响,将会严重恶化极间放电条件,使得加工无法持续稳定进行,尤其是在大电流和大脉冲宽宽的加工条件下,情况会变得更严重。

国内外的学者为了稳定不同类型、不同参数下的火花放电加工过程,先后提出了不同形式的促进工作液流动的方法,包括抬刀冲液[80-82]、侧边冲液[83]、单孔内冲液[84-86]和多孔内冲液[87-89]。

在电火花加工过程中,极间工作液流场是影响放电加工过程的一个重要因素。充分的极间冲液能及时排出放电间隙中的蚀除产物颗粒,有效地防止短路和拉弧的产生,提高放电过程的稳定性,进而有效地提高材料去除率。另外,由于较大流量的新鲜工作液介质可以带走间隙放电产生的热量,有助于放电介质消电离和降低工件和间隙工作液的温度,并提高放电的稳定性。赵万生和增沢隆久通过电极自适应抬刀运动来改善间隙工作液的交换及放电产物的分布,从而实现了深孔加工的持续稳定高效进行[90]。近来,越来越多增强内冲液方法趋向于在电极内部开孔,从而使工作液能通过冲液孔而进入极间放电间隙。

相对于使用回转电机和滚珠丝杠结构的运动方案,采用直线电机直驱的机床运动平台具有更高的灵敏性和加速度,在放电加工中可以获得更好的冲液效果。因此日本沙迪克公司推出了基于直线电机平台的线切割及成形加工机床[90]。上海交通大学的储召良等进行了直线电机驱动与传统滚珠丝杠驱动的深窄槽电火花加工相比仿真和实验对比,结果显示抬刀运动可大幅度降低底面间隙中的电蚀产物浓度,从而改善极间的放电条件并增强有效放电率;基于直线电机机床实现的高速抬刀与普通抬刀的排屑机制存在较大差异,高速抬刀能够将大部分电蚀产物颗粒排出窄槽,使极间的电蚀产物分布均匀且浓度大幅降低,从而提高加工稳定性和效率[92]。

与单孔内冲液电极相比,Yilmaz发现多孔内冲液电极用于小孔高速电火花加工时,能获得更好的工件表面质量[93]。Shibayama通过制备多孔的电极,使冲液能通过电极内部小孔喷射进入放电间隙,当该电极用于加工深槽时,能显著地缩短加工时间并改善加工精度[94]。

上海交通大学的李磊等采用集束电极进行电火花加工实验和仿真结果表明:使用集束电极能获得更均匀的极间冲液流场分布,显著地改善极间冲液状态,从而大幅提高电火花加工的效率[95-97]。通过采用多孔的集束电极能使极间放电状态一直维持在较好的水平,并可使加工效率较采用传统成形电极提升3倍以上。

综上所述,不同的冲液方式及其电极结构所对应的工作间隙内的工作液流动形式如图1-13所示,各种方法的特点如下:

(1)抬刀冲液。依靠电极的周期性往复运动迫使加工间隙内的工作液产生湍流流场,使加工产物得到搅拌和挤压并较为均匀地悬浮于工作液中。在电极进入放电区间时,由间隙放电所产生的气泡的扰动、拖拽作用将加工屑和工作液分解出的碳黑胶体部分排出放电间隙。同时带走放电产生的热量,并在抬刀的时候补充清洁的工作液,进一步降低工作液中电蚀产物的浓度,使深孔加工得以持续稳定进行。

(2)侧边冲液。使用喷嘴从侧边向加工间隙内喷入工作液,形成一定强度的间隙工作液流动,以便带走放电产生的加工产物和热量,提高加工过程的稳定性。但侧边冲液的流场强度是不均匀的,流量过大会引起不均匀的电极损耗和不均匀的表面粗糙度,甚至会产生明显的流痕。一般仅用于弱冲液加工场合。

(3) 单孔内冲液。采用管状工具电极或在成形电极中间加工出冲液孔,加工时工作液从冲液孔进入加工间隙,再从电极侧面流出并带走加工产生的加工屑和热量。采用高压内冲液的小孔高速电火花加工方法是充分利用高压内冲液来强化排屑、降温效果,从而获得极高加工速度和深径比的一种典型的加工方法。在采用较大投影面积的电极进行电火花加工时,也会在电极上加工出孔径较小的冲液孔,通常会获得更稳定的加工,但不宜采用强冲液方式,避免产生不均匀的加工表面和不均匀的电极损耗。

(4) 多孔内冲液。采用带阵列流道结构的多孔工具电极,如集束电极进行加工时工作液从阵列流道进入加工间隙,在其中产生强化的多孔内冲液叠加流场。当冲液从集束电极外轮廓侧面流出时高效带走加工中所产生的放电产物和热量,从而获得高得多的材料去除率和加工稳定性。

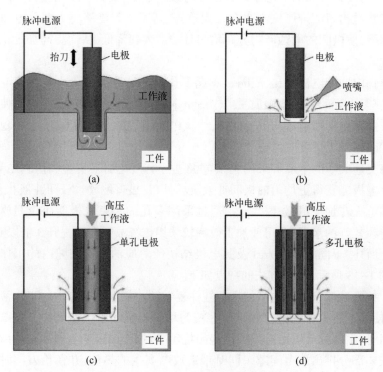

图 1-13　四种不同冲液方法示意图
(a) 抬刀冲液;(b) 侧边冲液;(c) 单孔内冲液;(d) 多孔内冲液。

通过对上述不同冲液方法的特点描述和对比可以知道,抬刀冲液实际效果是在不断地稀释和均匀化加工产物的悬浮液,排屑效果有限,而且频繁的抬刀动作增加了空行程时间,降低了整体放电效率。然而在加工深型腔时,若不加抬刀运动,加工往往会变得不稳定甚至出现拉弧等不稳定放电,导致加工无法继续进行,因此抬刀运动所带来的加工的持续稳定性对整体加工效果而言还是非常有意义的。侧边冲液是从电极的侧边向加工间隙冲入工作液,但是加工间隙很小,冲液流速的损失衰减很快,导致大部分的加工间隙中的工作液流动并没有得到有效改善,尤其当深孔和窄槽加工时更是如此。在实践中,侧边冲液一般要和抬刀运动配合使用才有更好的效果。

图 1-14 是单孔和多孔内冲液条件下加工间隙内流场的计算流体力学模型仿真结果。通过对比仿真结果可以发现,单孔内冲液的流速在孔壁附近有很大的梯度,流速很快就衰减到几乎为零,所以大部分电极实体覆盖的区域基本是冲液影响不到的盲区;而集束电极多孔内冲液流场则分布更均匀,几乎没有冲液盲区。这是因为多孔内冲液的各个相邻孔的高速冲液会形成流场叠加,互相弥补流速衰减,因而会形成由中心沿径向逐渐增强的流场分布。从图 1-14 中加工产物的分布更能看出两种流场的冲液排屑效果,比起单孔内冲液,集束电极多孔内冲液大大降低了加工间隙内的电蚀产物浓度。

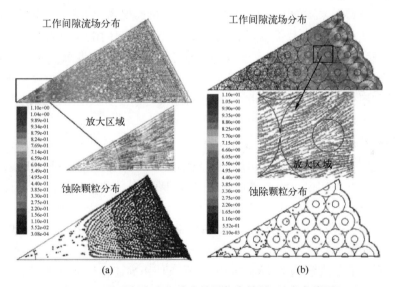

图 1-14 单孔和多孔内冲液效果仿真结果(见书末彩图)
(a) 单孔内冲液的流场和蚀除颗粒分布;(b) 多孔内冲液的流场和蚀除颗粒分布。

1.2.4 电火花加工机制及研究现状

透过现象观察或观测来了解事物的本质是科学研究的基本方法。然而,长期以来,对放电过程中的物理现象进行直接观测一直是放电加工机制研究的难点。相比于工艺研究不断取得突破性进展,电火花加工机制研究新成果在前些年的报道中的占比却少得多。这是由于电火花加工的放电过程发生在充满工作介质的微小间隙内,且持续时间极其短暂,同时还伴有等离子体的生成和演化、金属的熔融、气化及抛出过程;放电等离子体会产生高亮度的弧光,完全淹没了放电间隙物理现象的可见光信息。因此,长期以来一直缺乏有效的仪器设备对放电过程中所产生的各种物理量进行直接观测,这就使放电过程中的重要物理现象很难在有限的时间和空间尺度中被直接捕获。因此,关于电火花加工物理本质的理论解释多停留在偏于主观臆断的假说基础之上,难以自圆其说。这就使电火花加工技术的研究长期处于缺乏强有力的理论指引的状态。这种局面直到 21 世纪初才逐渐得到改变。高速摄像机和高速照相机、等离子体光谱分析仪、激光同步照明等仪器设备的出现极大地推进了放电加工机制研究的进展,随着帧率和快门速度的不断提高,对放电物理现象的认知有了新的飞跃,不仅对以前的大量假说进行了证实和证伪,而且催生了许多的新发现。

1. 放电加工现象观测

德国马格德堡大学的 Schulze 使用高速摄像机捕捉到油中针-板电极火花放电的击穿过程照片[98]。照片显示,加上电压之后电极之间的电介质内首先形成一个低密度区,然后低密度区迅速发展成为气泡,之后气泡继续发展直至电介质被击穿,击穿过程大约持续了 10ns。德国亚琛工业大学的 Klocke 的观测研究指出气泡的最大体积不仅与电源输入能量和电极间隙尺寸有关,而且与电极的形状密切相关[99-100]。

洛桑联邦理工学院的 Descoeudres 等设计了如图 1-15 所示的实验装置用来观测液(水或矿物油)中火花放电的现象,高速摄像结果显示,介质击穿放电后到放电通道建立时间不超过 50ns。他们根据拍摄的现象认为火花放电通道呈直径近似为 200μm 的柱体状,而且中心区域比较亮。在放电刚结束的时候,观测到飞溅出的明亮加工屑,使用普朗克定律计算得到其温度约为 2300K,由此判定从熔池内排出的加工屑呈液态[101]。

日本东京农工大学的 Kojima 和 Kunieda 等使用高速相机观测研究了气中和油中单脉冲火花放电间隙内的现象。实验使用铜作为电极,电极间隙设定为 0.1mm,峰值电流设定为 17A,放电脉冲宽度为 80μs。他们认为:空气被击穿后的 2μs 内,放电通道即完成扩张,之后一直保持不变,放电通道的最大直径约为 0.5mm,是蚀坑直径的 5 倍左右。研究还表明,放电通道直径会随着放电间隙增大而增大。相比于气中放电,油中放电通道扩张受到了明显的阻碍[102-103]。Kitamura 和 Kunieda 采用透明的单晶 SiC 基片作为电极设计了如图 1-16 所示的实验装置,由于 SiC 晶

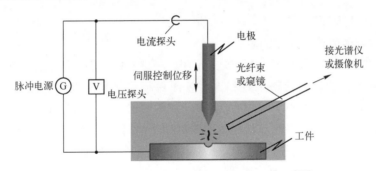

图 1-15　Descoeudres 的观测实验装置示意图[101]

体是透明材料,因此能够从背面直接观测火花放电时所产生的物理现象。他们在实验中发现,在静液中连续脉冲放电时,在放电开始之后 0.16s 之内 80% 的电极表面都被气泡覆盖,电极间隙内几乎充满了气泡,从而产生了三种不同的放电环境,即液中放电、气中放电和气液交界面上放电。对放电次数和位置的统计表明,放电发生频率最高的环境是液中(50%),最低的是气中(6%),气液交界面上处于中间(35%),连续两次在同一位置放电的概率非常小,统计概率为 2%~14%[103-104]。

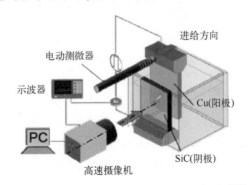

图 1-16　Kitamura 等的观测实验装置示意图[103]

日本名古屋工业大学的 Hayakawa 使用埋有金属圆棒的 PMMA 板作为电极,从底面观测了油中单脉冲放电时在放电间隙中所发生的现象。观测结果显示,放电后在加工间隙内几乎立刻产生气泡,气泡呈圆形并沿径向扩张。气泡的扩张运动不受放电间隙大小的影响,击穿后 400~600μs 时气泡直径达到最大,最大值介于 6~12mm。然后气泡重复小幅的收缩与扩张振荡,到 2000μs 时停止运动。他们对比了空气中、气泡中和油中放电时拍摄的排屑现象,发现从放电开始 200μs 左右能够观测到加工屑从放电点排出,大部分加工屑都在放电期间产生,只有极少部分在放电结束后产生。基于这个实验观测结果,他们指出放电中产生的气泡收缩不是电火花加工去除材料的必要条件,而气压降低导致熔融金属沸腾则最有可能是材料去除的主要原因[106]。

2. 放电通道扩张规律的研究

放电加工时,电极和工件两极之间的电介质被强电场击穿形成等离子体放电通道,等离子体的高温使得工具和工件表面材料熔化甚至汽化排出,从而形成蚀坑[107]。因此,人们通常认为蚀坑的直径与放电通道的直径近似相等。因为放电通道的直径、热流密度等特性直接影响着放电加工的材料去除率和工具电极损耗率,所以对放电通道的研究和建模是探索放电加工机制首先要完成的任务。然而,对放电通道的分析涉及等离子体物理、电磁学、电动力学、热力学、流体动力学等多个学科的综合知识,因此,通过建立一个理想的放电过程真实物理模型来研究放电通道的各种特性的想法,到目前为止还无法实现[108-109]。为了研究放电加工中的材料蚀除和工具损耗机制,以往大都通过模型的简化处理,采用热、电模型进行数值模拟,而放电通道的扩张规律是建立一个合理模型的重要基础,因此需要通过合理假设,并在简化问题的基础上,给出放电通道扩张的表达式。

Snoeys 和 Van Dijck 首次尝试通过建立一个热场数学模型来研究放电加工过程中的材料去除和电极损耗。在模型中,放电通道被等效为一个具有固定半径的盘热源,并将未知的热源半径作为模型的一个输入参数。仿真结果表明,无论是钢工件的材料去除率还是铜电极的损耗率都与热源的半径密切相关。研究者还发现当钢工件表面蚀坑的深径比在5%~15%范围内时,铜电极表面因为达不到熔点而无损耗。据此,他们认为初始热源直径可能会非常小,但这个直径会随着时间而快速增加,即放电通道是不断扩张的[110]。Lhiaubet 和 Meyer 提出一个半球形放电通道观点,认为在击穿放电后放电通道迅速扩张,但扩张率在开始的几微秒内迅速减小,然后放电通道的半径维持在一个近似稳定的状态[111]。Shankar 等则认为通过放电通道截面的电流密度正比于该截面处的电导率,在放电通道与电极接触面上放电通道的温度比较低,中心处的温度最高。因为各个截面在任意时刻通过的电流相等,那么放电通道外形轮廓必然是双曲正切线,阳极处的半径要比阴极处的半径小,而且放电脉冲宽度的大小对放电通道的半径没有影响[111]。

虽然以上研究者通过研究实践认识到放电通道具有扩张的特性,但是没能给出一个合理的量化表达式,所以研究结果不具备可操作性。

Erden 和 Kaftanoğlu 研究了矩形波单脉冲放电的放电通道,认为等离子体半径是输入能量和放电脉冲宽度的函数,他们给出一个经验公式[113]:

$$r = KQ^m t^n \qquad (1-1)$$

式中:Q 为每次放电输入的脉冲能量;t 为放电脉冲宽度;K、m 和 n 为通过实验确定的经验常数。这个经验公式包含的未知参数比较多,而且作者没有给出具体确定每个参数的方法,所以提出之后没有得到广泛应用。

Pandey 和 Jilani 提出的假设认为在放电持续时间内,阴极发射热点温度恒定并且等于材料的沸点。将这个假设条件代入无源热传导方程的通解得到一个可以计算放电通道半经验公式[114]:

$$T_{\text{b}} = \frac{Qr}{K\sqrt{\pi}} \arctan\left(\frac{4at}{r^2}\right)^{1/2} \quad (1-2)$$

式中:T_b 为阴极材料的沸点或者阴极发射热点的温度;a 为热扩散系数;K 为热传导系数;Q 为每次放电输入的脉冲能量。然而该表达式所基于的假设并没有被证实,而且表达式较为复杂,所以也没有得到广泛认同。

得克萨斯农工大学的 Patel 等在建模研究放电加工阳极材料蚀除机制的时候,提出一个描述放电通道半径的经验公式[115]:

$$r = r_0 t^{3/4} \quad (1-3)$$

式中:r_0 为一个与实验条件相关的常数;t 为放电脉冲宽度。

Ikai 和 Hashigushi 进行了不同参数下的单脉冲放电加工实验,并测量出所得蚀坑的半径尺寸。他们提出一个含有参数的放电通道经验公式。通过求解热传导理论公式,反向计算求出相同的蚀坑半径所需要的热源半径,进而确定未知参数[116]。这个放电通道半径表达式是

$$r = (2.04 \times 10^{-3}) \times I^{0.43} t^{0.44} \quad (1-4)$$

式中:I 为峰值电流;t 为放电脉冲宽度。

图 1-17 是根据 Patel 和 Ikai 提出的放电通道半径模型得到的放电通道半径对比。通过与从实验中得到的放电蚀坑半径对比可以发现,Patel 的扩张表达式在小脉冲宽度的时候与实际值较为匹配,但是误差随着脉冲宽度增加而迅速增大;而 Ikai 的模型在小脉冲宽度的时候结果不是很理想,但是在大脉冲宽度的时候拟合结果比 Patel 的模型更合理,而且从形式上看两个表达式都比较简洁。所以 Patel 的表达式在微细电火花加工或者小电流、小脉冲宽度条件下的电火花加工机制研究中得到了较多应用[117-122],而在加工参数较大的时候 Ikai 的表达式更适用[123-130]。但无论是 Patel 的模型还是 Ikai 的模型都无法解释产生这一现象的原因。在放电过程中,电介质对放电通道的形成和扩张过程具有重要的影响,此外表征放电能量的电流、电压等参数也不能被忽略。然而,Patel 和 Ikai 所提出的放电通道半径表达式都是通过实验和主观假设条件下拟合实验数据得出的,并不是根据放电等离子体物理学推导的结果,因此其都有局限性。可以看出,式(1-3)没有反映电介质、峰值电流和维持电压对放电通道扩张规律的影响,而式(1-4)也无法反映电介质和维持电压对放电通道扩张规律的影响。

上海交通大学的楼乐明研究了在不同峰值电流条件下蚀坑尺寸随着放电脉冲宽度变化的规律,认为放电通道扩张的范围有限,最终会达到一个稳定的数值。依

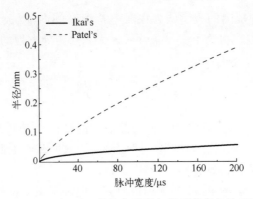

图 1-17　Ikai 和 Patel 的放电通道与脉冲宽度的关系比较

据这一认识,他对 Ikai 的扩张模型进行了优化,认为不同的峰值电流均有对应的最佳推荐脉冲宽度。当实际脉冲宽度小于最佳脉冲宽度时,放电通道按照式(1-4)规律扩张;当实际脉冲宽度大于最佳脉冲宽度时,放电通道半径则保持稳定不变[131]。优化后的扩张模型表达式为

$$r = \begin{cases} 2.85 I^{0.53} t^{0.38} & (t < t_b) \\ 2.85 I^{0.53} t_b^{0.38} & (t \geqslant t_b) \end{cases} \tag{1-5}$$

式中:t 为放电脉冲宽度;t_b 为最佳放电脉冲宽度。这个优化表达式考虑了在放电电流一定的条件下放电通道不会无限扩张的事实,在实际建模仿真中获得了成功应用[132-133]。

总体来说,人们对放电通道的认识发展过程中,虽然早期提出了包括半球体、旋转双曲正切体和圆柱体等几何外形,但是最后圆柱体放电通道观点占据了主流。对于放电通道扩张半径的研究主要集中在 20 世纪中晚期和 21 世纪早期,以后就鲜有新的模型提出,多是对以前的研究结果直接沿用或修改后沿用。上述学者给出的放电通道扩张表达式都是经验或者半经验公式,并没有揭示现象背后的物理学真实规律,虽然其应用对于当时建立的实验条件有效,但是外推空间非常小,对于新条件下的放电加工规律描述其有效性则会大打折扣。

3. 放电过程的建模与仿真

为了便于利用现有的理论和计算工具软件模拟电火花加工的物理过程,人们通常将其简化为一个瞬态固体传热问题。这样就可以通过在热载荷和其他边界条件已知的前提下借助有限元法(finite element method,FEM)等数值计算方法求解瞬态热传导方程(傅里叶方程),得到不同加工参数下工件和工具内部的温度场分布,并据此算出放电所产生的蚀坑大小和形状,进而可得到近似的加工材料去除率、工具电极损耗率、表面残余应力和表面粗糙度等加工结果参数。但是由于放电

等离子体通道所代表的热载荷的扩张变化,以及蚀除过程中涉及的材料熔化和气化等相变现象,实际求解的问题是非线性的。材料和热载荷的非线性导致求解变得非常复杂、计算量巨大,不借助具有强大算力的计算机系统几乎无法完成。而且求解过程往往还时常会出现无法收敛的问题而导致求解失败。所以早期的电火花放电加工过程分析模型及其处理方法都是将非线性问题进行线性简化之后再进行求解的[110,114,134-136]。

随着数值计算学科的发展和计算机运算能力的快速提升,尤其是专业的计算机辅助工程(computer aided engineering, CAE)软件的出现和发展,处理非线性问题的能力极大加强。得益于此,学者们开始够尝试建立更完善、更接近实际情况的数值分析模型来研究电火花放电加工过程的机制。

在早期分析放电加工的模型中,研究人员认为放电通道与工件的接触面是一个半径保持不变的圆形,将放电通道简化为一个盘热源,且该盘热源的热流密度在圆面内处处相等,也就是具有均匀分布的热流密度,脉冲电源输入的放电能量全部被分配到工件和工具所构成的两极,两者各占50%的比例[110,134,137-138]。这类模型虽然解释了放电加工过程中的材料蚀除机制,但显然存在很大的局限性。例如:认为放电通道的扩张过程不消耗能量,这与实际情况相去甚远。这类仿真得到的蚀坑形貌等结果也与实际实验结果相差较大。有实验数据表明,实际消耗在阴极和阳极上的放电能量并不是均等的。

得克萨斯农工大学的 DiBitonto 等与 AGIE 公司合作,建立了一个无量纲通用模型来研究电火花加工阴极材料的蚀除机制[139]。对于放电通道与阴极界面的边界条件,为了便于建立能量守恒关系,他们将之前普遍使用的温度边界条件改成了功率输入(UI)。电源输入放电通道的功率只有一部分被分配到阴极用于去除材料,这部分功率占电源输入总功率的比例记为 F_c,F_c 被认为与电极材料或电介质相关而与峰值电流或放电脉冲宽度无关。他们认为轰击阴极的正离子的迁移率远远小于电子,而且在放电过程中阴极一直在发射电子,因此在阴极附近放电通道半径不超过 5μm。基于这样的观点,提出了阴极点热源模型(point heat source model, PHSM),如图 1-18 所示。

使用模型计算出阴极温度分布之后再计算出理论材料去除率,发现理论材料去除率要大于实际实验数值。他们的解释是,熔融材料是依靠等离子体冲刷作用排出熔池的,而热源作用下产生的熔融材料并未被全部冲刷出熔池。他们引入了冲刷效率的概念,将去除材料和熔融材料的比值定义为放电通道等离子体的冲刷效率(plasma flushing efficiency, PFE)。通过对比实验结果,发现阴极能量分配系数为 $F_c=0.183$,而 PFE 随着电流或脉冲宽度的增大而增大,介于 2%~96%。PFE 参数的值解释了模型预测材料去除率大于实际材料去除率的原因,也对预测放电

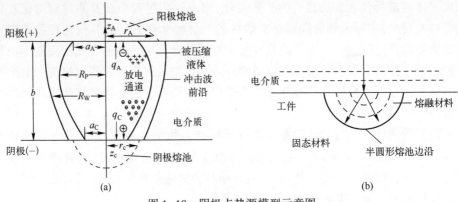

图 1-18 阴极点热源模型示意图
(a) 放电加工示意图；(b) 点热源示意图。

蚀坑的白层厚度及蚀坑形貌尺寸有重要意义，然而点热源模型仿真得到的蚀坑形貌呈半圆形，与实际实验结果相差较大。

此外，Patel 和 DiBitonto 在研究电火花加工阳极材料蚀除机制的时候，提出放电通道与阳极界面是一个圆盘形热源，热源向工件输入的热流密度符合高斯分布[114]，即

$$q(r) = q_0 \exp(-r^2/a^2) \tag{1-6}$$

式中：$q(r)$ 为热流密度在放电通道与阳极界面上的径向分布函数；q_0 为常数；a 为热源半径。如图 1-19(a) 所示，式(1-6)表示放电通道的热流密度中间高两边低，最大值是 q_0。不同于以前的模型，Patel 认为输入的放电能量主要消耗在三个方面：18% 的能量用于阴极材料的去除，8% 的能量用于阳极材料的去除，余下 76% 的能量则被放电通道消耗，如图 1-19(b) 所示。

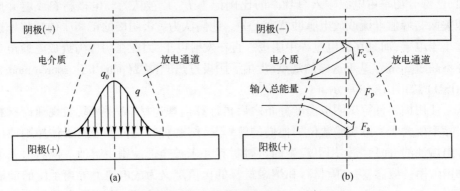

图 1-19 阳极高斯分布盘热源模型和放电能量分配示意图
(a) 阳极高斯分布圆盘形热源；(b) 放电能量分配。
(F_a、F_p、F_c 分别为阳极、阴极和等离子通道的能量分配系数)

Weingärtner 等[140]在不同的热源模型基础上建立有限元分析模型并仿真计算后,得到了不同的放电蚀坑形貌,如图 1-20 所示。从图中可以看出,基于点热源的分析模型仿真可得到一个半圆形蚀坑,基于均匀分布热源模型的分析模型仿真得到一个几乎是平底的、接近圆盘形的蚀坑,基于高斯分布热源的分析模型仿真得到一个浅碗形的蚀坑[125]。与单脉冲实验得到的放电蚀坑形貌进行对比可以发现,基于高斯分布热源模型的分析模型能够得到更接近实际的结果,因此基于高斯分布热源的热分析模型在电火花加工机制研究中获得了最广泛的应用[141-146]。

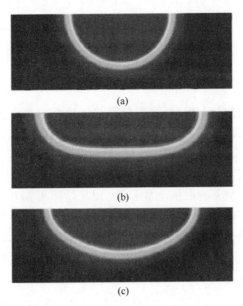

图 1-20 基于不同热源的分析模型仿真结果(见书末彩图)
(a) 点热源模型仿真蚀坑;(b) 均匀分布热源模型仿真蚀坑;(c) 高斯分布热源模型仿真蚀坑。

在将高斯分布引入电火花加工热力学分析建模研究领域的初期,高斯分布的形式和系数选择比较随意,所以很多时候与能量守恒定律发生矛盾。Kansal[147]在研究混粉电火花放电加工过程的机制时,建立了一个符合能量守恒定律的高斯分布热源模型。在此基础上,上海交通大学的张发旺等[148]进一步推导出了一个参数化的符合能量守恒定律的通用高斯分布模型:

$$q = q_0 \exp\left[-\frac{k^2}{2}\left(\frac{r}{R}\right)^2\right] \tag{1-7}$$

其中

$$q_0 = \frac{k^2}{2\left[1-\exp\left(-\frac{k^2}{2}\right)\right]} \cdot \frac{Fui}{\pi R^2} \tag{1-8}$$

张发旺等发现文献中常用的高斯分布模型都可以通过选择合适的参数(k)得到,其对应关系如表 1-1 所列。通过对比仿真结果和实验结果,进一步给出了不同应用条件下最优参数的确定方法。

表 1-1 现存高斯分布热源模型和参数化高斯分布热源模型的关系

提出者	表达式	对应参数
Patel	$q=q_0\exp\left[-\left(\dfrac{r}{R}\right)^2\right]$	$k=\sqrt{2}$
Joshi,Kansal	$q=q_0\exp\left[-4.5\left(\dfrac{r}{R}\right)^2\right]$	$k=3$
Tao	$q=q_0\exp\left[-3\left(\dfrac{r}{R}\right)^2\right]$	$k=\sqrt{6}$

相比于早期的热源分布模型,高斯分布热源模型的最大优势体现在仿真所得的蚀坑形貌和实际实验中所得的蚀坑形貌最接近,然而高斯分布模型也有不足之处。首先,高斯分布模型从提出至今依然停留在假说阶段,并没有直接的实验结果证实放电通道内热流密度的分布符合高斯分布规律;其次,从表 1-1 中可以发现,高斯分布模型中的参数 k 的取值全凭经验,知其然而不知其所以然;最后,高斯分布模型认为放电通道的热流密度符合高斯分布而其在工件表面的传热时间处相等,导致仿真温度场的温度随着脉冲宽度增大而急剧下降。通过上述分析可以发现,高斯分布模型不适合用来描述强冲液、大脉冲宽度、大电流条件下的放电加工的等离子体放电通道。

1.3 传统电火花加工方法的局限性

自 1943 年电火花加工方法被发明以来,经过 70 余年的不断研究与发展,电火花加工以其独特的加工机制和良好而稳定的加工性能成为制造技术中不可缺少的重要加工方法之一,尤其是在难加工材料、复杂型面、精细表面、低刚度零件、微纳尺度等加工过程中得到了广泛的应用,从而在模具制造业、国防工业以及航空、航天制造等领域占有十分重要的地位[149]。

现代工业对新材料、新工艺的迫切需求在为电火花加工的发展提供良好机遇的同时,也对其提出了严峻的挑战。毋庸置疑,现代生产追求的目标依然是以最小的投入获得最大的产出,即体现优质、高效、低耗、清洁等制造原则。而传统电火花加工存在加工效率相对偏低,大面积复杂型腔电极制造成本高、周期长等问题。因此,与传统机械切削加工相比,电火花加工具有以下局限性:

(1) 主要局限于金属等导电材料的加工,一般无法像切削加工那样加工塑料、陶瓷、木材等非导电材料。

(2) 与传统切削加工相比,其加工效率相对较低。为了提高生产效率,通常首先采用切削加工方法进行粗加工,然后利用电火花加工最终完成一些特殊几何特征的精加工,如小孔、尖角、窄缝、自由曲面等。

(3) 工具电极在加工过程中存在损耗现象。这是由于电火花加工靠极间脉冲放电产生的高温等离子体来蚀除工件材料,因此在去除工件电极材料的同时,在一定程度上也会去除工具电极材料,形成工具电极损耗。由于损耗多集中在工具电极的尖角或底面,会降低工具电极型面几何精度,因此其会影响工件最终成形精度。但最新的超低损耗技术已经可以控制相对电极损耗在0.1%以下,甚至有机床厂商声称可以实现零损耗。

随着电火花加工技术的发展与进步,上述局限性在一定程度上得到了有效突破。如通过在工件表面形成导电层,从而可以实现对陶瓷材料、半导体材料、聚晶金刚石等不良导电材料的加工。通过采用特殊水基工作液或纯氧气体介质,电火花粗加工效率也得到显著提高。但是对大多数的材料而言,其电火花加工效率仍难以同切削加工的效率相媲美。

1.4 放电加工技术面临的挑战和机遇

如前所述,传统电火花加工技术虽然可用于所有导电材料的加工,且具有加工性能几乎不受加工材料强度、刚度、韧性等力学性能限制等一系列优势,但也存在加工效率低等问题,很难满足对产品快速交付的要求。新型刀具材料的普及、机床动力学方面的进步,使具有加工速度更高、成本更低、柔性更好等优势的高速铣削加工技术得到快速推广,并对放电火花加工技术构成了强有力的挑战。随着配套多轴联动功能的金属切削机床的快速发展,高速铣削技术满足了大多数复杂型腔和淬硬钢的加工要求,挤占了一度只有电火花成形加工才能胜任的部分市场。因此,甚至有人断言:在模具制造等领域,高速铣削已基本可以替代电火花加工[78,149]。然而经过十几年的实践,综合考察产品的制造质量、成本、效率,很多企业已回归到合理应用电火花加工和高速铣削二者特性的加工策略上来。电火花成形加工机床的销量也较低谷时恢复了很多。

另外,当今高性能材料不断涌现,并在国防和民用的核心设备上得到了广泛应用。使用新型材料的工件普遍应用于复杂恶劣的工作环境,有些甚至长时间处于高温高湿、强烈冲击和周期变载荷的共同作用下。这就要求新材料应具有非常高的强度和韧性,在高温下能保持较高的机械强度和韧性,且具有抗蠕变、抗疲劳、抗氧化和抗腐蚀等能力[151]。然而,与之对应的良好机械性能却又使这类材料的切削加工变得异常困难。具有代表性的材料包括高温合金、钛合金、不锈钢、高铬高锰钢和金属基复合材料等。以镍基高温合金为例,其材料成分特殊、组织复杂,这使其切削时具有热韧性高、加工硬化严重、刀具磨损剧烈,在采用大切削用量加工时易产生颤震等问题,进而产生加工效率很低、刀具寿命短、部件制造周期长以及成本居高不下等严重问题[152]。例如,由镍基高温合金制成的整体高压压气机叶轮被广泛应用于航空发动机领域,而采用高温合金材料的闭式结构的整体叶盘、叶环、泵叶轮等结构也大量应用于航空发动机和火箭发动机中,这类难切削材料及复杂结构的高效、低耗、精密加工一直是制造领域的研究热点。目前,高温合金、金属基复合材料、钛铝金属间化合物等难切削材料的加工仍制约着我国航空、航天发动机热端部件的生产。因此,为了突破难切削材料加工高效、精密加工的难题,许多研究者试图采用其他制造方法来提高生产效率,降低制造成本。在航空发动机制造领域,一些常用的制造工艺方法主要包括线性摩擦焊、电子束焊接、精密制坯、锻接、电解加工和电火花加工,其中属于材料去除加工的制造方法对比如表1-2所列。

表1-2 整体叶轮制造方法的对比[153]

制造方法	优　　点	缺　　点	适用范围
电解加工	不受材料的强度、硬度和韧性的限制,不产生切削力,无残余应力和变形	电极设计、制造与修整过程烦琐,环保对电解液管理与回收有较高要求	结构与叶形比较复杂的半开式叶轮
电火花加工	加工不受材料、形状等限制、工具可达性好	加工效率偏低	难切削材料、闭式整体结构叶轮、叶盘等
五轴数控铣削加工	加工精度高、效率高且表面质量好,适用于不同批量的叶轮生产	弯扭叶形与带冠叶轮加工可达性不理想,对系统刚性要求高	开式整体叶轮、叶盘

上述所列的加工方法在难切削材料加工方面取得了较大进展的同时,仍存在制造成本高、制造过程不稳定和制造适应性不强等问题。尤其是针对核电装备等大型高温合金锻件、重大机电装备的大型铸件和大型飞机的连接件等通常都留有很大的加工余量,急需一种高效、低成本的大余量去除高效加工方法。因此,这些由性能优异工程材料制成的核心零部件对现有的以切削加工为主的制造技术提出了新的挑战,而从另一个角度来看,这也为放电加工方法提供了新的发展机遇。作为一种非接触式的热蚀除过程,放电加工不需要考虑加工时的材料强度、硬度、刚度和韧性等问题,从原理上讲非常适用加工这类难切削材料。如果能够扬长避短,放电加工在难切削材料的高效加工方面必定大有可为。

1.5 电弧放电加工方法的提出

电火花加工方法的材料去除率较低,一般为每分钟几十立方毫米到几百立方毫米(与脉冲电源的最大峰值电流及放电状态有关),由于大电流、长脉冲宽度加工时极易出现拉弧现象,甚至若操作不当,在大电流持续加工条件下还容易诱发火灾风险。因此对于利用火花放电原理进行电火花加工方法很难找到从根本上解决加工效率低的有效技术途径。因此,必须跳出现有思维的束缚,从源头创新做起,寻求放电加工原理及技术的重大突破。

放电电弧也属于放电等离子体,可以在极间传导高达上万安培的放电电流,产生上万摄氏度的热等离子体,因此其在理论上拥有更高效的材料去除潜能。然而电弧所具有的高能量密度也使得其控制难度增加,控制不好会对工件和工具电极造成烧伤损坏。要想有效利用电弧放电作为能量源,就必须找到有效控制电弧的方法。

受电火花加工的启发,且随着人们对电弧放电特性认识的加深和对电弧有效控制方法的探索,电弧放电也走出单一的焊接和切割领域,结合其他技术形成了多种具有高效加工能力的加工方法并逐渐被材料加工领域利用。这些方法主要包括电化学电弧加工、电弧锯、电熔爆、短电弧技术、高效放电铣削以及基于流体动力断弧的高速电弧放电加工等。

电弧放电加工和电火花加工都是利用放电等离子体作为高密度的能量源以实现工件材料去除的,但两者仍有许多不同点。表1-3列出了电弧放电加工技术与电火花技术各自的技术体系对比。由对比可知,电弧放电加工在加工系统、加工方式、实施条件等方面与电火花加工有着本质的区别,导致两者的加工能力的极大差异。

表1-3 电弧放电加工与电火花加工技术体系对比

比较内容	电弧放电加工技术	电火花加工技术
能场载体	电弧(等离子体发展较充分,稳定的自持放电,能量密度较大)	火花放电(等离子体为瞬态,不稳定自持放电,能量密度相对较小)
电极结构	成形电极、圆盘状、棒状电极	实体成形电极
能量供给形式	低频脉冲、大电流(数百安培、千安培)	高频脉冲、电流较小(多为数十安培)
冲液方式	外部强冲液、多孔强化内冲液	侧冲液、抬刀、内孔弱冲液
加工方式	外圆、内圆、铣削、沉入、侧铣	以沉入式为主,铣削也有应用

相比于电火花放电等离子体,由于电弧等离子体具有更高的温度和能量密度,因此,理论上更能有效地熔融或汽化工件材料,从而达到高效去除加工的目的。采用以电弧为能量源的放电加工的高速、高效化并不仅仅体现在加工效率的提升、工具电极的快速制备及制备成本的降低,还应该在放电加工的工艺上进行更加深入的探索和系统性创新。在此背景下,为了实现难切削材料的高效、经济的大余量去除加工,电弧放电加工方法被提出和应用到实际加工中。

本书后续章节将系统介绍作者团队所提出的且经过多年基础研究、工艺研究、工业应用所研发出的"基于流体动力断弧机制的"高速电弧放电加工技术。

参考文献

[1] 顾琳. 电火花加工装备国内外研究现状[J]. 航空制造技术,2015(16):40-43.

[2] 刘晋春,白基成,郭永丰,等. 从电火花加工技术的发展看创新性思维在技术进步中所起的作用[J]. 电加工与模具,2009(S1):9-13.

[3] HO K H,NEWMAN S T. State of the art electrical discharge machining (EDM)[J]. International Journal of Machine Tools&Manufacture,2003,43(10):1287-1300.

[4] ANONYMITY. History, development in: The Techniques and Practice of Spark Erosion Machining. Sparcatron Limited,Gloucester,UK,1965.

[5] 斋藤长男. 实用放电加工法[M]. 于文学,译. 北京:中国农业出版社,1984.

[6] 张建华,王寿璋,李清新. 电火花加工的进展及发展趋势[J]. 山东机械,2004(5):8-12,16.

[7] 曹凤国,刘媛,杨大勇,等. 神奇的火花 美妙的事业——纪念中国电火花加工事业六十周年[C]//中国机械工程学会特种加工分会电火花成形加工技术委员会. 2010年全国电火花成形加工技术研讨会交流文集,北京,2010:10.

[8] HELEN COLDWELL,RICHARD WOODS,MARTIN PAUL,et al. Rapid machining of hardened AISI H13 and D2 moulds,dies and press tools[J]. Journal of Materials Processing Tech. ,2003,135(2):301-311.

[9] NORLIANA MOHD ABBAS,DARIUS G SOLOMON,FUAD BAHARI. A review on current research trends in electrical discharge machining (EDM)[J]. International Journal of Machine Tools and Manufacture,2006,47(7):1214-1228.

[10] KUNIEDA M,LAUWERS B,RAJURKAR K P,et al. Advancing EDM through Fundamental Insight into the Process[J]. CIRP Annals - Manufacturing Technology,2005,54(2):599-622.

[11] 杨建明,卢龙,李映平. 电火花加工工具电极制备技术研究进展[J]. 机床与液压,2007(11):151-154,157.

[12] SHU K M,TU G C. Study of electrical discharge grinding using metal matrix composite electrodes[J]. International Journal of Machine Tools & Manufacture,2003,43(8):845-854.

[13] SIMAO J,LEE H G,ASPINWALL D K,et al. Workpiece surface modification using electrical discharge machining[J]. International Journal of Machine Tools and Manufacture,2003,43

(2):121-128.

[14] GHADERI HAMIDI A, ARABI H, RASTEGARI S. Tungsten-copper composite production by activated sintering and infiltration[J]. International Journal of Refractory Metals and Hard Materials,2011,29(4):538-541.

[15] KHANRA A K, SARKAR B R, BHATTACHARYA B, et al. Performance of ZrB_2-Cu composite as an EDM electrode[J]. Journal of Materials Processing Tech.,2006,183(1):122-126.

[16] HO S K, ASPINWALL D K, VOICE W. Use of powder metallurgy (PM) compacted electrodes for electrical discharge surface alloying/modification of Ti-6Al-4V alloy[J]. Journal of Materials Processing Tech.,2007,191(1):123-126.

[17] LI L, WONG Y S, FUH J Y H, et al. EDM performance of TiC/copper-based sintered electrodes[J]. Materials & Design,2001,22(8):669-678.

[18] ZAW H M, FUH J Y H, NEE A Y C, et al. Formation of a new EDM electrode material using sintering techniques[J]. Journal of Materials Processing Tech.,1999,89:182-186.

[19] ASHLEY, STEVEN. From CAD art to rapid metal tools.[J]. Mechanical Engineering,1997,119(3):82.

[20] ZHAO J F, LI Y, ZHANG J H, et al. Analysis of the wear characteristics of an EDM electrode made by selective laser sintering[J]. Journal of Materials Processing Tech.,2003,138(1):475-478.

[21] STUCKER B, BRADLEY W, EUBANK P T, et al. Zirconium diboride/copper EDM electrodes from selective laser sintering[C]//1997 International Solid Freeform Fabrication Symposium,1997.

[22] TANG Y, FUH J, LU L, et al. Formation of electrical discharge machining electrode via laser cladding[J]. Rapid Prototyping Journal,2002,8(5):315-319.

[23] 陈绍强. 大型电铸壳体的双金属铸造[J]. 特种铸造及有色合金,1997(4):47-49.

[24] ALAN ARTHUR, PHILLIP MICHAEL DICKENS, RICHARD CHARLES COBB. Using rapid prototyping to produce electrical discharge machining electrodes[J]. Rapid Prototyping Journal,1996,2(1):4-12.

[25] YANG B, LEU M C. Integration of Rapid Prototyping and Electroforming for Tooling Application[J]. CIRP Annals-Manufacturing Technology,1999,48(1):119-122.

[26] MONZÓN M, BENÍTEZ A N, MARRERO M D, et al. Validation of electrical discharge machining electrodes made with rapid tooling technologies[J]. Journal of Materials Processing Tech.,2007,196(1):109-114.

[27] CHUNLIANG W, JIPENG C, LIN G, et al. Blasting Erosion Arc Machining of Turbine Blisk Flow Channel with Laminated Electrode[J]. Procedia CIRP,2016,42:317-321.

[28] ALOK K. Priyadarshi, Satyandra K. Gupta. Geometric algorithms for automated design of multi-piece permanent molds[J]. Computer-Aided Design,2004,36(3).

[29] LI C L. Automatic parting surface determination for plastic injection mould[J]. International Journal of Production Research,2003,41(15):3529-3547.

[30] LEE Y H,LI C L. Automation in the design of EDM electrodes[J]. Computer-Aided Design, 2009,41(9):600-613.

[31] DING X M,FUH J Y H,LEE K S,et al. A computer-aided EDM electrode design system for mold manufacturing[J]. International Journal of Production Research,2000,38(13):3079-3092.

[32] 赵万生. 先进电火花加工技术[M]. 北京:国防工业出版社,2003.

[33] NAOTAKE MOHRI, MASAYUKI SUZUKI, MASANORI FURUYA, et al. Electrode Wear Process in Electrical Discharge Machinings[J]. CIRP Annals - Manufacturing Technology, 1995,44(1):165-168.

[34] ZUYUAN Y U,TAKAHISA MASUZAWA,MASATOSHI FUJINO. 3D Micro-EDM with Simply Shaped Electrode[J]. Japan Society of Electrical Machining Engineers,1997,31(66):18-24.

[35] ZUYUAN Y U. Three dimensional micro-EDM using simple electrodes[J] Disseration of the University of Tokyo,1997(3):149-155.

[36] BAYRAMOGLU M,DUFFILL A W. Systematic investigation on the use of cylindrical tools for the production of 3D complex shapes on CNC EDM machines[J]. Pergamon,1994,34(3):327-339.

[37] BAYRAMOGLU M, DUFFILL A W. Manufacturing linear and circular contours using CNC EDM and frame type tools[J]. International Journal of Machine Tools and Manufacture,1995, 35(8):1125-1136.

[38] BAYRAMOGLU M,DUFFILL A W. CNC EDM of linear and circular contours using plate tools [J]. Journal of Materials Processing Tech. ,2003,148(2):196-203.

[39] 衣建刚,刘正埙. 基于AutoCAD的电火花仿铣加工CAD/CAM系统[J]. 航空制造技术, 2000(1):37-39,49.

[40] 刘光壮,赵万生,杨晓冬,等. 基于Internet的电火花铣削CAD/CAM技术[J]. 计算机辅助设计与制造,1998(9):51-53.

[41] ZHAO W S,YANG Y,WANG Z L,et al. A CAD/CAM system for micro-ED-milling of small 3D freeform cavity[J]. Journal of Materials Processing Tech. ,2004,149(1):573-579.

[42] 李翔龙. 电火花铣削加工中伺服运动及工具补偿智能控制技术的研究[D]. 成都:四川大学,2003.

[43] 员敏,于源,王小椿. 基于混合八叉树模型的电火花数控加工仿真研究[J]. 组合机床与自动化加工技术,2001(9):11-14.

[44] KUNIEDA. Challenges in EDM technology[J]. International Journal of the Japan Society for Precision Engineering,1999,33(4):276-282.

[45] MOHRI N,Mirror-like Finishing by EDM[J]. Proc. of the 25 MTDR Conf,1985.

[46] FUZHU HAN,MASANORI KUNIEDA. Development of parallel spark electrical discharge machining[J]. Precision Engineering,2004,28(1):65-72.

[47] SUZUKI K,MOHRI N,UEMATSU T,et al. 1985,ED truing method with twin electrodes[C]// Preprint of Autumn Meeting of JSPE,1985,575-578 (in Japan).

[48] JUN'ICHI TAMAKI,TOM R A. Pearce. Electrocontact Discharge Dressing of Metal-Bonded

Diamond Wheel for Surface Grinding[C]//Advancement of Intelligent Production,1994: 309-314.

[49] MASANORI KUNIEDA,HIDEYUKI MUTO. Development of Multi-Spark EDM[J]. CIRP Annals - Manufacturing Technology,2000,49(1):119-122.

[50] 小林俊樹,国枝正典. マルチスパーク法と従来法とのハイブリッド型放電加工システムの開発[J]. 電気加工学会誌,2003,37(81):9-16.

[51] MCGEOUGH J A,KHAYRY A B,MUNRO W. Theoretical and Experimental Investigation of the Relative Effects of Spark Erosion and Electrochemical Dissolution in Electrochemical Arc Machining[J]. CIRP Annals - Manufacturing Technology,1983,3:113-116.

[52] CRICHTON I M,MCGEOUGH J A. Studies of the discharge mechanisms in electrochemical arc machining[J]. Journal of Applied Electrochemistry,1985,15:113-119.

[53] DESILVA A K M. Process developments in electro-chemical arc machining[D]. UK Edinburgh:University of Edinburgh,1998.

[54] MEDILIYEGEDARA T K K R.,DESILVA A K M,HARRISON D K,et al. New developments in the process control of the hybrid electro chemical discharge machining (ECDM) process [J]. Journal of Materials Processing Technology,2005,167:338-343.

[55] KULKARNI A,SHARAN R,Lal G K. An experimental study of discharge mechanism in electrochemical discharge machining[J]. International Journal of Machine Tools & Manufacture, 2002,42:1121-1127.

[56] 王建业,罗干英. 电解电火花复合加工的发展[J]. 电加工与模具,1997,5:15-19.

[57] 张安洲,任中根,迟恩田. 高温合金电解放电复合加工表面质量初步研究[C]//第9届全国特种加工学术会议论文集,苏州,2001:255-259.

[58] 任中根,迟恩田. 钛合金电解放电复合加工工艺研究[C]//第五届全国电加工学术年会论文集,北京,1986:21-30.

[59] 郭永丰,黄荣,李常伟,等. 非导电材料的电化学电火花复合加工工艺研究[J]. 机械工艺师,2000,2:6-7.

[60] 刘永红,刘晋春. 非导电超硬材料电解电火花复合加工脉冲电源的研制[J]. 电加工, 1998,2:24-28.

[61] 刘志东,汪炜,田宗军,等. 太阳能硅片电火花电解高效切割研究[J]. 中国机械工程, 2008,19(14):1673-1677.

[62] 朱敬文,吴杰,康小明,等. 电化学放电加工电压-电流特性的研究[J]. 电加工与模具, 2013(2):21-25.

[63] TIAN X,YANG J,LIU C,et al. Study of engineering ceramic machining with a new design of ripple controlled microdetonation of electrode arc striking[J]. The International Journal of Advanced Manufacturing Technology,2009,48:529-536.

[64] ZHANG B,TIAN X,LIN K,et al. Experimental study on material removal rate for engineering ceramics machining with micro-detonation of striking arc[J]. Advanced Materials Research, 2011,314-316:581-584.

[65] 刘志东. 放电诱导可控烧蚀高效加工典型工艺方法[J]. 电加工与模具,2011,1:539-544.

[66] 刘志东,王继强,王怀志,等. 电火花诱导可控烧蚀放电铣削实验研究[J]. 南京航空航天大学学报,2014,2:197-203.

[67] MASANORI KUNIEDA, MASAHIRO YOSHIDA, NORIO TANIGUCHI. Electrical Discharge Machining in Gas[J]. CIRP Annals - Manufacturing Technology,1997,46(1):143-146.

[68] 国枝正典,吉田政弘. 気中放電加工. 精密工学会誌,1998,64(12):1735-1738.

[69] MASANORI KUNIEDA, TSUTOMU TAKAYA, SHINTARO NAKANO. Improvement of Dry EDM Characteristics Using Piezoelectric Actuator[J]. CIRP Annals - Manufacturing Technology,2004,53(1):183-186.

[70] YOSHIDA M. Improvement of Material Removal Rate of Dry EDM Using Piezoelectric Actuator Coupled with Servo-Feed Mechanism[C]. Proceedings of 14th International Conference on Computer-aided Production Engineering, 1998.

[71] MASANORI KUNLEDA, YUKINORI MIYOSHI, TSUTOMU TAKAYA, et al. High Speed 3D Milling by Dry EDM[J]. CIRP Annals - Manufacturing Technology,2003,52(1):147-150.

[72] 张勤河,张建华,杜如虚,等. 电火花成形加工技术的研究现状和发展趋势[J]. 中国机械工程,2005(17):1586-1592.

[73] YU ZHANBO,JUN TAKAHASHI,MASANORI KUNIEDA. Dry electrical discharge machining of cemented carbide[J]. Journal of Materials Processing Tech.,2003,149(1):353-537.

[74] MASANORI KUNIEDA, TSUTOMU TAKAYA, SHINTARO NAKANO. Improvement of Dry EDM Characteristics Using Piezoelectric Actuator[J]. CIRP Annals - Manufacturing Technology,2004,53(1):183-186.

[75] FÁBIO N LEÃO,IAN R PASHBY. A review on the use of environmentally-friendly dielectric fluids in electrical discharge machining[J]. Journal of Materials Processing Tech.,2003,149(1):314-316.

[76] CHEN S L,YAN B H,HUANG F Y. Influence of kerosene and distilled water as dielectrics on the electric discharge machining characteristics of Ti-6A1-4V[J]. Journal of Materials Processing Tech.,1999,87(1):107-111.

[77] LIN YAN CHERNG,YAN BIING HWA,CHANG YONG SONG. Machining characteristics of titanium alloy (Ti-6Al-4V) using a combination process of EDM with USM[J]. Journal of Materials Processing Tech.,2000,104(3):171-177.

[78] KÖNIG W,JÖRRES L. Aqueous Solutions of Organic Compounds as Dielectrics for EDM Sinking[J]. Elsevier,1987,36(1):105-109.

[79] 晓林. 高速铣削代替 EDM 加工硬金属[J]. 世界制造技术与装备市场,1995(2):30.

[80] CETIN S,OKADA A,UNO Y. Electrode jump motion in linear motor equipped die-sinking EDM[J]. J Manuf Sci E-T ASME,2003,125(4):809-815.

[81] CETIN S,OKADA A,UNO Y. Effect of debris distribution on wall concavity in deep hole EDM[J]. JSME Int J C,2004,47(2):553-559.

[82] MASUZAWA T,HEUVELMAN C J. A self-flushing method with spark-erosion machining[J]. CIRP Ann-Manuf Techn,1983,32(1):109-111.

[83] MASUZAWA T, CUI X, TANIGUCHI N. Improved jet flushing for EDM[J]. CIRP Ann-Manuf Techn,1983,41(1):239-242.

[84] KOENIG W, et al. The flow fields in the working gap with Electro Discharge Machining[J]. CIRP Ann-Manuf Techn,1977,25(1):71-76.

[85] OZGEDIK A,COGUN C. An experimental investigation of tool wear in electric discharge machining[J]. Int J Adv Manuf Technol,2005,2(5-6):488-500.

[86] WONG Y S,LIM L C,Lee L C. Effects of flushing on electrodischarge machined surfaces[J]. J Mater Process Technol,1995,48(1):299-305.

[87] ZHAO W, et al. Bunched-electrode for electrical discharge machining[C]//In:Pro-ceeding of the 15th International Symposium on Electromachining. Pittsburgh,2007:41-44.

[88] 赵万生,顾琳,徐辉,等. 基于流体动力断弧的高速电弧放电加工[J]. 电加工与模具,2012(5):50-54.

[89] ZHAO W,GU L,XU H. A Novel High Efficiency Electrical Erosion Process – Blasting Erosion Arc Machining[J]. Procedia CIRP,2013,6(6):621-625.

[90] ZHAO W, MASUZAWA T. Adaptive control of EDM jump with self-tuning approach[J]. Journal of The Japan Society of Electrical Machining Engineers,1990,24(47):23-31.

[91] 金子雄二,正田和男,山田久典,等. 使用直线电动机之电火花加工性能[J]. 制造技术与机床,2001(4):4.

[92] 储召良. 电极抬刀运动与电火花加工性能研究[D]. 上海:上海交通大学,2013.

[93] YILMAZ O,OKKA M A. Effect of single and multi-channel electrodes application on EDM fast hole drilling performance [J]. The International Journal of Advanced Manufacturing Technology,2010,51(1-4):185-194.

[94] SHIBAYAMA T,KUNIEDA M. Diffusion Bonded EDM Electrode with Micro Holes for Jetting Dielectric Liquid [J]. CIRP Annals-Manufacturing Technology,2006,55(1):171-174.

[95] ZHAO W,GU L,LI L,et al. Bunched Electrode for Electrical Discharge Machining. Proceedings of the 15th International Symposium on Electromachining (ISEM 15), Pittsburgh, America,2007:41-44.

[96] LI L,GU L,XI X,et al. Influence of flushing on performance of EDM with bunched electrode [J]. The International Journal of Advanced Manufacturing Technology, 2011,58(1-4):187-194.

[97] GU L,LI L,ZHAO W,RAJURKAR KP. Electrical discharge machining of Ti-6Al-4V with a bundled electrode[J]. International Journal of Machine Tools and Manufacture,2012,53(1):100-106.

[98] SCHULZE H P,et al. Investigation of the pre-ignition stage in EDM[C]//In:Proceedings of the 13th International Symposium for Electromachining. Spain,2001:9-11.

[99] KLOCKE F, et al. Process force analysis on sinking-EDM electrodes for the precision manufac-

turing[J]. Production Engineering,2011,5(2):183-190.

[100] KLOCKE F,et al. Investigation on dynamic gas bubble formation by using a high-speed-camera system[C]. In:Proceedings of the 16th International Symposium for Electro- machining. Shanghai,2010:145-148.

[101] DESCOEUDRES A,et al. Time-and spatially-resolved characterization of electrical discharge machining plasma[J]. Plasma Sources Science and Technology,2008,17(2):024008.

[102] NATSU W,SHIMOYAMADA M,KUNIEDA M. Study on expansion process of EDM arc plasma[J]. JSME International Journal Series C Mechanical Systems,Machine Elements and Manufacturing,2006,49(2):600-605.

[103] KOJIMA A,NATSU W,KUNIEDA M. Spectroscopic measurement of arc plasma diameter in EDM[J]. CIRP Annals-Manufacturing Technology,2008,57(1):203-207.

[104] KITAMURA T,KUNIEDA M,ABE K. High-speed imaging of EDM gap phenomena using transparent electrodes[J]. Procedia CIRP,2013,6:314-319.

[105] KITAMURA T,KUNIEDA M,ABE K. Observation of relationship between bubbles and discharge locations in EDM using transparent electrodes[J]. Precision Engineering,2015,40:26-32.

[106] HAVAKAWA S,ITOIGAWA T D F,NAKAMURA T. Observation of flying debris scattered from discharge point in EDM process [C]//In: Proceedings of the 16th International Symposium on Electromachining. Shanghai,2010:121-125.

[107] 赵万生. 先进电火花加工技术 [M]. 北京:国防工业出版社,2003.

[108] CHU X,et al. A Study on Plasma Channel Expansion in Micro-EDM[J]. Materials and Manufacturing Processes,2016,31(4):381-390.

[109] YEO S,KURNIA W,TAN P. Electro-thermal modelling of anode and cathode in micro-EDM [J]. Journal of Physics D:Applied Physics,2007,40(8):2513.

[110] SNOEYS R,VAN DIJCK F. Investigations of EDM operations by means of thermal- mathematical model[J]. CIRP Annals - Manufacturing Technology,1971,20(1):35- 37.

[111] LHIAUBET C,MEYER R. Method of indirect determination of the anodic and cathodic voltage drops in short high-current electric discharges in a dielectric liquid[J]. Journal of Applied Physics,1981,52:3929-3934.

[112] SHANKAR P,JAIN V,SUNDARARAJAN T. Analysis of spark profiles during EDM pro-cess [J]. Machining science and technology,1997,1(2):195-217.

[113] ERDEN A,KAFTANOĞLU B. Thermo-mathematical modelling and optimization of energy pulse forms in electric discharge machining (EDM) [J]. International Journal of Machine Tool Design and Research,1981,21(1):11-22.

[114] PANDEY P,JILANI S. Plasma channel growth and the resolidified layer in EDM[J]. Precision Engineering,1986,8(2):104-110.

[115] PATEL M R,et al. Theoretical models of the electrical discharge machining process. II. The anode erosion model[J]. Journal of applied physics,1989,66(9):4104-4111.

[116] IKAI T,HASHIGUSHI K. Heat input for crater formation in EDM[C]//In:Proceedings of the 11th International Symposium on Electromachining,EPFL. Lausanne,1995:163-170.

[117] MURALI M S,YEO S H. Process simulation and residual stress estimation of micro-electro-discharge machining using finite element method[J]. Japanese journal of applied physics,2005,44(7R):5254.

[118] 徐明刚,等. 气体介质电火花加工单脉冲放电温度场分析[J]. 电加工与模具,2006,(5):14-16.

[119] 王锋. 气体介质单脉冲火花放电加工机理及有限元仿真研究[D]. 济南:山东大学,2009.

[120] KURNIA W,et al. Surface roughness model for micro electrical discharge machining[J]. Proceedings of the Institution of Mechanical Engineers,Part B:Journal of Engineering Manufacture,2009,223(3):279-287.

[121] TAN P,YEO S. Modeling of recast layer in micro-electrical discharge machining. Journal of manufacturing science and engineering,2010,132(3):031001.

[122] TAO J,NI J,SHIH A J. Modeling of the anode crater formation in electrical discharge machining[J]. Journal of Manufacturing Science and Engineering,2012,134(1):011002.

[123] MARAFONA J,CHOUSAL J. A finite element model of EDM based on the Joule effect[J]. International Journal of Machine Tools & Manufacture,2006,46(6):595-602.

[124] SALONITIS K,et al. Thermal modeling of the material removal rate and surface rough ness for die-sinking EDM[J]. The International Journal of Advanced Manufacturing Technology,2009,40(3-4):316-323.

[125] JOSHI S,PANDE S. Thermo-physical modeling of die-sinking EDM process[J]. Journal of manufacturing processes,2010,12(1):45-56.

[126] 薛荣,等. 喷雾电火花铣削加工的能量分配与材料蚀除模型[J]. 机械工程学报,2012,48(21):175-182.

[127] SARIKAVAK Y,COGUN C. Single discharge thermo-electrical modeling of microma-chining mechanism in electric discharge machining[J]. Journal of mechanical science and technology,2012,26(5):1591-1597.

[128] 高睿恒,等. 水中电火花放电能量分配系数研究[J]. 电加工与模具,2014,(2):1-4.

[129] GIRIDHARAN A,SAMUEL G. Modeling and analysis of crater formation during wire electrical discharge turning (WEDT) process[J]. The International Journal of Advanced Manufacturing Technology,2015,77(5-8):1229-1247.

[130] 陈日,等. 电火花加工过程的温度场仿真与研究[J]. 计算机仿真,2015,32(2):219-222.

[131] 楼乐明. 电火花加工计算机仿真研究[D]. 上海:上海交通大学,2000.

[132] 马仕龙. 基于单脉冲电火花加工的材料蚀除机理研究[D]. 哈尔滨:哈尔滨工业大学,2006.

[133] 尚歌等. 基于ANSYS的气中微细电火花沉积工艺参数的研究[J]. 电加工与模具,

2007,(3):20-23.

[134] VAN DIJCK F,DUTRE W. Heat conduction model for the calculation of the volume of molten metal in electric discharges[J]. Journal of Physics D:Applied Physics,1974,7(6):899.

[135] JILANI S T,PANDEY P. Analysis and modelling of EDM parameters[J]. Precision Engineering,1982,4(4):215-221.

[136] JILANI S T,PANDEY P. An analysis of surface erosion in electrical discharge machining[J]. Wear,1983,84(3):275-284.

[137] BECK J V. Transient temperatures in a semi-infinite cylinder heated by a disk heat source [J]. International Journal of Heat and Mass Transfer,1981,24(10):1631-1640.

[138] BECK J V. Large time solutions for temperatures in a semi-infinite body with a disk heat source[J]. International Journal of Heat and Mass Transfer,1981,24(1):155-164.

[139] DIBITONTO D D,et al. Theoretical models of the electrical discharge machining process. I. A simple cathode erosion model[J]. Journal of Applied Physics,1989,66(9):4095-4103.

[140] WEINGÄRTNER E,KUSTER F,WEGENER K. Modeling and simulation of electrical discharge machining[J]. Procedia Cirp,2012,2(7):74-78.

[141] MADHU P,et al. Finite element analysis of EDM process[J]. Processing of Advanced Materials(UK),1991,1(3):161-173.

[142] XIE B C,et al. Numerical simulation of titanium alloy machining in electric discharge machining process[J]. Transactions of Nonferrous Metals Society of China,2011,21(21):s434-s439.

[143] 王续跃,等. 钛合金小孔电火花加工有限元仿真研究[J]. 中国机械工程,2013,24(13):1738-1742.

[144] SOMASHEKHAR K P,et al. Numerical simulation of micro-EDM model with multi-spark [J]. International Journal of Advanced Manufacturing Technology,2013,76(1-4):83-90.

[145] GIRIDHARAN A,SAMUEL G L. Modeling and analysis of crater formation during wire electrical discharge turning (WEDT) process [J]. International Journal of Advanced Manufacturing Technology,2014,77(5-8):1229-1247.

[146] SHAO B,RAJURKAR K P. Modelling of the Crater Formation in Micro-EDM [J]. Procedia Cirp,2015,33:376-381.

[147] KANSAL H K,SINGH S,KUMAR P. Numerical simulation of powder mixed electric discharge machining (PMEDM) using finite element method [J]. Mathematical and Computer Modelling,2008,47(s11-s12):1217-1237.

[148] ZHANG F G,ZHAO W. Study of the Gaussian Distribution of Heat Flux for Micro-EDM [C]//In:Proceedings of the ASME 2015 International Manufacturing Science and Engineering Conference. Charlotte,2015:V001T02A024.

[149] A. SHANKAR SINGH,S M A. Some investigations into the electric discharge machining of hardened tool steel using different electrode materials - Science Direct[J]. Journal of Materials Processing Technology,2004,149(1-3):272-277.

[150] 陈德忠,迟恩田,赵国光,等. 第六届中国国际机床展览会特种加工机床展品水平分析

[J]. 电加工与模具,2000(1):1-10.

[151] 师昌绪,仲增墉. 我国高温合金的发展与创新[J]. 金属学报,2010,46(11):1281-1288.

[152] LI H Z,ZENG H,CHEN X Q. An experimental study of tool wear and cutting force variation in the end milling of Inconel 718 with coated carbide inserts[J]. Journal of Materials Processing Technology,2006,180(1-3):296-304.

[153] 李军利. 镍基高温合金整体叶轮高效加工应用基础研究[D]. 上海:上海交通大学,2012.

第 2 章

电弧放电加工基本原理及现状

2.1 电弧放电加工的条件

电弧放电加工是利用能量密度更高的电弧等离子体替代火花放电等离子体作为能量源,依靠放电电弧等离子体的局部瞬时高温将金属工件表面材料熔融甚至汽化,同时通过控制电弧移动或利用熄弧过程将熔池中的熔融金属抛离,达到高效蚀除工件材料效果的加工过程。大电流、长脉冲宽度电弧放电产生的高能量密度对加工而言是一把双刃剑:高能量密度的等离子体能更有效地蚀除材料,然而一旦其持续驻留在工件表面也会烧伤和损坏工件,从而导致加工失败。因此,在电弧放电加工中,必须严格控制电弧等离子体能量及其作用于工件表面的时间。具体来说,就是需要采用有效且可靠的移弧甚至断弧手段,使得电弧相对于工件表面产生快速横向移动甚至切断,从而避免电弧在工件和电极某个局部位置形成稳态驻留,这样就可以趋利避害,充分发挥电弧在高效加工方面的巨大潜力。

因此,实现稳定的电弧放电加工需要具备如下三个技术要素:

(1) 高功率脉冲或直流电源。其用于提供较大的放电电流和长脉冲宽度脉冲输入,为维持近似稳态自持放电过程的电弧放电加工提供足够大的放电能量。

(2) 有效的移弧及断弧机制。这一点是能否实现质量可控的电弧加工的关键。通过严格控制电弧等离子体的横向移动,可达到避免驻留电弧烧伤工件的目的,从而获得高效的电弧放电加工效果。

(3) 高速、大流量冲液。其用来带走电弧放电产生的大量热量和加工屑产物,避免将热量过多地传导到更深层次的工件而产生热应力、金相组织改变、受热变形等一系列副作用,确保加工质量。

采用大电流和长脉冲宽度脉冲(或直流)电源提供放电能量,能有效实现以流注击穿为主的接近稳态的自持放电,提升放电等离子体的温度,进而增强等离子体的能量密度,有利于提高加工效率;通过采用大流量、高流速的工作液介质冲液可达到高效率地冷却加工区域并带走加工屑的目的。但在上述三个技术要素中,最重要也是最核心的关键技术要素是移弧及断弧机制。不同的移弧和断弧机制将会获得大不相同的加工效果,且其工艺适应性也因此而有较大的差异。

2.2 放电电弧等离子体

有研究表明:放电电弧是一种中心温度可达 10000K 以上,最高功率密度可达 10^{10} W/m² 的热等离子体[1]。与常规的火花放电相比,电弧放电不仅拥有更高的能量密度,且电热转换效率也更高(可达 80% 以上),因此电弧是一种较为理想的高效去除金属材料的能量源。但是在电火花加工中,电弧被认为是有百害而无一利的。因次,研究人员和操作者常常"谈弧色变"。其原因在于:一旦发生电弧放电,俗称"拉弧",就会形成放点集中,使后续的放电在拉弧区域不断聚集,烧伤工件和工具电极,进而破坏工件表面的质量及加工精度,甚至导致加工失败。因而长期以来,电火花加工的很多研究是致力于如何避免或消除放电电弧。

然而从哲学的角度辩证地看问题,电弧放电也是有利弊两面性的。电弧的极高温度和能量密度,为材料的高效熔化及气化提供了可能。如果能找到有效的方法趋利避害,对电弧实施有效的控制,就可以充分发挥电弧放电高能量密度的优势,同时避免其对工件的烧伤,进而获得一种高效的放电加工方法。

在放电加工领域,可根据放电过程的放电电压和放电电流波形特征区分包括电弧放电和电火花放电在内的放电状态。如图 2-1 所示,一般认为电火花加工中存在火花放电、不稳定电弧放电(过渡电弧)、稳定电弧放电、开路和短路五种不同的基本放电状态[2]。

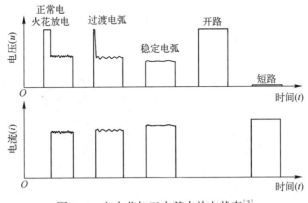

图 2-1 电火花加工中基本放电状态[2]

五种状态描述如下[3-4]:

(1) 正常电火花放电。有明显的击穿延时,波形存在强烈振荡的高频分量,击穿延时后有放电电流,间隙放电维持电压在 20~30V。

(2) 过渡电弧放电。间隙放电维持电压与稳定电弧放电脉冲值接近,放电击穿延时较短或击穿斜率较小,脉冲波形存在较弱的高频振荡分量。

(3) 稳定电弧放电。间隙放电维持电压值比正常火花放电的维持电压值稍低,没有击穿延时,脉冲波形基本不存在高频振荡。

(4) 开路。间隙电压值约为脉冲电源电压值,无放电电流,波形中无高频成分。

(5) 短路。间隙维持电压为 0,间隙电流最大。

2.3 电弧放电加工技术的研究现状

在实际工程应用领域,人们很久以前就开始尝试将电弧用于某些特殊的加工场合。但由于大多数电弧加工方法存在局限性,那些利用电弧放电进行加工的各种加工方法很难像电火花加工那样成为主流加工技术。

2.3.1 阳极机械切割

阳极机械切割是一种利用电化学、电热和机械力的复合作用以切割金属材料为目的的特种加工方法[6],加工原理如图 2-2 所示。加工时,以金属钢带或圆盘为切割工具(材料为碳钢或黄铜)与直流电源负极相连,被切割工件与直流电源正极相连。切割时,高速运动的切割工具切向工件,同时在切口处喷入硅酸钠电解液(俗称水玻璃)。在直流电源的作用下,工件和工具间产生剧烈的电弧放电,由于电弧等离子体被高速移动的工具拖拽相对于工件表面产生移动,并最终形成断弧效应,高效地将熔融金属材料去除并在工作液的冲刷下排出切口部位,达到高效切割及下料的目的[7]。

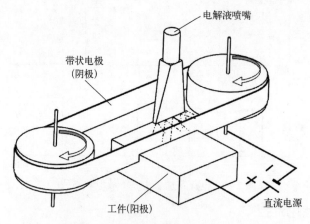

图 2-2 阳极机械切割加工原理[6]

阳极机械切割技术可以高效地切割各种强度、硬度和韧性的金属合金材料,如淬火钢、耐热钢和机械加工不能切割的磁钢、硬质合金等硬脆金属材料[8],对碳钢、铝、铜等材料的切割效率比一般锯床高 3~10 倍。因其对工件的作用力小,还可以无损地切割蜂窝构件及波纹管等薄壁管件,以及难以用一般方法切割的零件[9]。但是,阳极机械切割技术的精度和表面粗糙度较差,工具电极易损耗,通常仅用于切割毛坯或下料。

2.3.2 电熔爆/短电弧加工

电熔爆或短电弧加工是一种利用低电压、大电流实现电弧放电加工的方法,其加工原理如图 2-3 所示。工作时刀盘工具接电源负极,工件接电源正极,二者各自做回转运动。水基工作液通过喷嘴喷射工具电极和工件之间的放电间隙,极间所产生的高能量密度电弧放电,使加工件表面局部迅速熔化和气化并迅速爆炸抛离。由于工具和工件做相对旋转运动以实现对放电电弧的强迫机械运动移弧、断弧,从而实现高效、稳定的电弧放电加工。

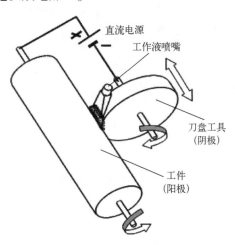

图 2-3 电熔爆/短电弧加工原理

叶良才提出的电熔爆[10-11]及周碧胜等提出的短电弧加工[12-13]可对各种难切削导电材料如碳化钨、高铬合金、钴基合金、镍基合金、铁基合金等材料进行加工[14]。可实现对外圆、内圆、平面、切割、大螺距、开坡口及其他异型、成型的快速无切削力加工[15],主要应用于水泥磨辊、立磨、磨煤辊、重型冶金轧辊等大型回转体类零件的修复加工[16-17]。但是,在加工中数千安培的放电电流所产生的大量热量难以及时排出,容易造成电极及机床部件温升过高,从而导致零件表面组织改变和残余应力。同时所采用的圆盘工具电极及其旋转运动使该方法主要适用于轧辊、磨辊等外圆类零件的加工及简单的开槽等。

2.3.3 电弧立体加工

1988年,苏联学者Meshcheriakov等[18]提出了电弧立体加工技术(arc dimensional machining,ADM),该技术的原理如图2-4所示。加工时工具电极、工件和外罩构成一个密封腔,并向密封腔内持续冲入工作液,流动的工作液把电弧放电产生的加工屑从电极的出液孔带出。在实验中,他们发现在高压冲液的作用下,即使是用直流电源也会自发形成脉冲放电,而且放电脉冲宽度在一定范围内与冲液流速呈反向关系。

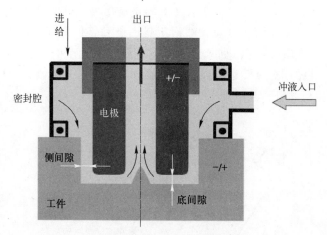

图2-4 电弧立体加工原理[18]

当ADM的电流密度约为0.5A/mm^{2}时,可实现10mm/min的进给速率。其单位能量去除率(1A电流在1min内的材料去除率)为20~25mm^3/(A·min),并且在不同的加工深度均可保持稳定放电。ADM所用电源为直流电源,当峰值电流为1000A时,材料去除率可达16000mm^3/min(电极面积约为500mm^2)。ADM通过引入电弧放电并强化工作液抽吸效果,避免电弧放电的高温、高能量密度可能带来的工件材料损伤,为放电加工向高效加工方向发展提供了重要思路。然而,采用该方法加工时,需要在加工区域形成一个密封腔,密封装置的设计和实现较复杂,难以用来加工具有不规则形状表面的零件;此外,其抽吸密封结构也较难实现。其专利曾被瑞士AGIE公司(现为GFMS公司)购得,但未见后续研究与改进以及工业应用的报道。

2.3.4 高效放电铣削加工

高速放电铣削也是一种典型的利用电弧放电蚀除工件材料的方法,加工时,高速旋转的中空管状电极以类似铣削的方式沿着预定轨迹进行三维层铣削加工。其加工机床系统如图 2-5 所示。高效放电铣削加工具备放电加工和铣削加工的特点,电极结构简单,其应用研究也取得了较大进展。苏州电加工研究所叶军等开展了高效放电铣加工研究,并研制了 5 轴数控高效放电铣加工试验设备[26],设备配置了 200A 高效脉冲放电电源和专用数控系统。利用该设备进行的正交试验结果表明,对金属材料加工的去除率可达 3000mm³/min,电极损耗率在 2%以内。

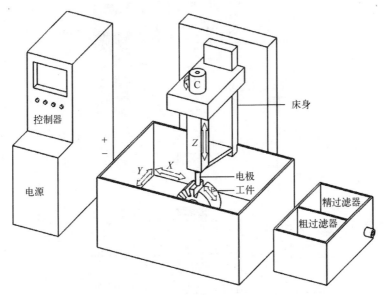

图 2-5 高效放电铣削技术加工机床系统[26]

美国通用电气公司研发的电化学电弧加工方法,又称蓝弧(Blue-Arc)技术[19]。该方法的本质属于电化学-电弧复合加工。根据公开的资料,其核心技术要素为:①采用电解工作液;②加工为浸液模式;③使用单孔管状金属电极;④以铣削方式加工。由于加工时,透过电解质工作液的放电电弧呈现蓝色,因此得名"蓝弧"。该公司已将该方法应用于镍基高温合金叶盘、涡轮盘等航空发动机热端难切削材料核心部件的加工[20-22],加工时电极间隙状态如图 2-6 所示。

中国石油大学的刘永红等提出将电弧与电火花复合的加工方法[23],其加工原理如图 2-7 所示。这种加工方法主要采用了一种由高压脉冲电火花电源和低压大电流电弧电源组成的新型大功率脉冲电源[24]。当采用超高效电火花电弧复合加工铣削镍基高温合金 Inconel 718 时,所获得的材料去除率可达 15062mm³/min,电极损耗率为 1.71%(放电峰值电流为 920A)[25]。当采用相同加工方法加工钛合金时,其材料去除率可达 21494mm³/min,电极损耗率为 2.3%(放电峰值电流为 700A)。

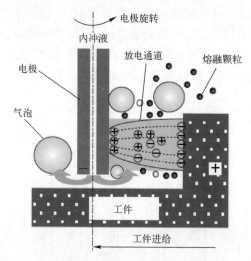

图 2-6 蓝弧加工时电极间隙状态

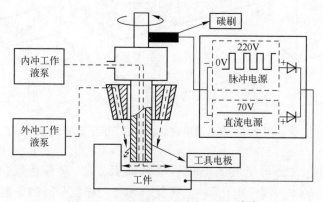

图 2-7 电火花电弧复合加工原理[23]

哈尔滨工业大学的郭成波[27]针对钛合金加工,研究了电火花高效铣削加工工艺(high efficiency milling,EDM),所用电极为管状石墨电极,外径为 16mm,内孔为 6mm。实验表明当峰值电流为 635A、冲液压力为 1.5MPa 时,加工钛合金的效率最高可以达到 9000mm³/min,热影响层厚度约为 60μm。尽管研究人员将该工艺命名为"电火花高效铣削加工",然而所采用的放电加工参数已属于电弧放电加工范畴,并且其加工效率远超过普通的电火花加工。

山东大学的张勤河等[28]采用正交实验方法探讨了放电介质、电极极性、电极材料、放电电压和电极旋转速度等对电弧放电加工效率及电极损耗率的影响,指出工作液介质、电极极性、电极材料、开路电压和主轴旋转速度等加工参数都明显地影响电弧放电铣削的加工性能。

烟台大学的范文龙等[29]通过加工实验研究了电弧盘铣加工,加工实验综合考虑了低转速、低电压条件下,电极转速、工件进给速度、电流、气压和进刀深度等因素对加工材料去除率和电极损耗率的影响,得出了在低转速、低电压条件下多目标优化后的加工参数。

此外,新疆大学[30]也较早开展了电弧加工的研究,开发了电弧加工装备及数控系统。

2.3.5 高速电弧放电加工技术

在电弧放电加工过程中,弧柱相对于工件表面的快速移动是避免能量过渡集中而烧伤表面的关键。前面几种电弧放电加工方法主要利用电极和工件之间的快速相对运动实现移弧操作的,这在一定程度上限制了电极的形状和加工的适应性,仅适用于零部件的"铣削"或轧辊类零件的"磨削"加工形式。此外,采用电极旋转引入机械运动时,电极端面由圆心到外圆各处的线速度差异较大,中心位置的速度甚至为零,这严重影响了加工时的断弧效果。因此,探索出更有效断弧机制进而实现稳定的加工,构建出新的电弧加工方法是非常必要的。

作者所在团队在进行国家自然科学基金项目"集束电极电火花加工"研究时,发现在放电区域周边存在大量"尾状放电痕",这引起了我们的注意和思考:流场是导致尾状放电痕产生的根本原因吗?其内在机理是什么?能否利用流场控制放电等离子体,使其发生可控偏转甚至切断,实现加工过程中的有效断弧?带着这些问题,我们首先进行了集束电极冲液流场的分析,发现其极间流场分布与采用传统单孔冲液成型电极时完全不同[33]:在采用中心开孔的成型电极加工时,当冲液流速为0.34m/s,极间流场速度从中心到边缘逐渐减小,同时产生的蚀除颗粒会逐渐堆积在边缘,如图2-8(b)所示;而采用多孔集束电极加工时,极间流场的流速从中心到边缘逐渐上升,并且不会发生蚀除颗粒堆积的现象,如图2-8(b)所示。当集束电极冲液口出口流速为0.34m/s时,其边缘部分的流速最高可达14m/s。这意味着在高速冲液的作用下,等离子体发生了较强偏转,因此在电极周边形成了呈放射状的"尾状放电痕"。我们把在高速流场控制下放电通道电弧等离子体的偏转甚至切断的物理过程机理称为"流体动力断弧机制"。在随后进行的机制实验中(详见第3章),充分验证了流体动力的断弧作用。该机制的发现,为构建电弧加工新原理奠定了坚实的理论基础。

为了充分发挥电弧加工中无宏观作用力的特点,作者所在团队基于"流体动力断弧机制"提出了"高速电弧加工技术"[31-33],研制了多轴联动高速电弧放电加工

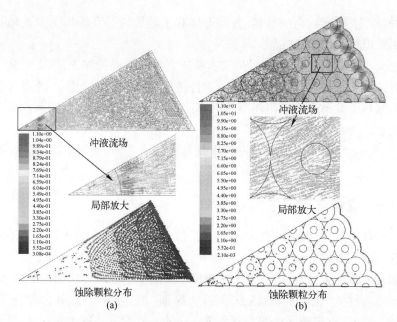

图 2-8　单孔成形电极及多孔集束电极加工的流场和蚀除产物分布（见书末彩图）
(a) 单孔成形电极；(b) 多孔集束电极。

装备,并实现了多种材料与几何特征的样件及实际零件的高效加工。

2.4　小　结

本章介绍了电弧放电加工的基本原理、放电通道等离子体的特点及电弧放电加工与传统电火花放电加工的区别,分析了实现电弧加工的必要条件、几种主要电弧加工方法及其国内外现状,并且简要介绍了"尾状放电痕"的发现及"流体动力断弧机制"的提出过程。

参考文献

[1]　过增元,赵文华．电弧和热等离子体[M]．北京:科学出版社,1986．

[2]　王蔚岷,赵万生,刘晋春．电火花加工放电状态多参数检测及自适应控制脉冲电源[J]．机械工程师,1987(1):4-7．

[3]　霍孟友,张建华,艾兴．电火花放电加工间隙状态检测方法综述[J]．电加工与模具,2003,(3):17-20．

[4]　王彤,张广志．电火花间隙放电状态检测方法综述[J]．哈尔滨理工大学学报,2012,17(3):100-104．

[5]　罗元丰．电火花加工过程智能控制系统的研究[D]．哈尔滨:哈尔滨工业大学,2001．

[6] 穆永起,王承建,郑羽华. 阳极机械切割机[J]. 航空工艺技术,1981:19-24.

[7] 贺春华,黎沃光. 阳极机械切割机的研制[J]. 特种铸造及有色合金,1988,3:48-52.

[8] 贺春华. 阳极切割技术及应用[J]. 焊接技术,1998,1:16-17.

[9] 蒯振刚. 一种新型特种合金切割设备的研制和应用[J]. 上海金属,2003,25(3):26-28.

[10] 叶良才. 放电机械磨削联合加工方法及设备. 中国专利,公开号:CN87106421A[P]. 1988.

[11] 叶良才. 一种电加工设备. 中国专利,公开号:CN1061175A[P]. 1992.

[12] 周碧胜,梁楚华,周建平,等. 短电弧切削技术的机理研究[C]//中国绿色制造新年论坛论文集,厦门,2009,81-86.

[13] 马博,梁楚华,周碧胜. 基于MATLAB的短电弧加工工艺模型回归分析与研究[J]. 电加工与模具,2011,1:46-54.

[14] 赵杰. "电熔爆"专利技术在曲轴粗加工中的应用[J]. 青海科技,1997,4(1):33-34.

[15] 丁国平,梁楚华. 超硬材料加工技术及其发展趋势[J]. 机械制造,2007,45(514):48-51.

[16] 梁楚华,朱志坚,杨明杰. 电熔爆技术发展现状及展望[J]. 现代制造工程,2004,1:98-100.

[17] 廖萍,吴国庆. DK9032电熔爆机床[J]. 制造技术与机床,2004,11:37-39.

[18] MESHCHERIAKOV G,et al. Physical and technological control of arc dimensional ma chining [J]. CIRP Annals-Manufacturing Technology,1988,37(1):209-212.

[19] DING S,YUAN R,LI Z,WANG K. CNC electrical discharge rough machining of turbine blades [J]. Proceedings of the Institution of Mechanical Engineers,Part B:Journal of Engineering Manufacture,2006,220:1027-1034.

[20] YUAN R,WEI B,LUO Y,et al. High-Speed Electroerosion Milling of Superalloys[C]//ISEM-16,Shanghai,2010:207-210.

[21] WEI B,TRIMMER A L,LUO Y,et al. Advancement in High Speed Electro-Erosion Processes for Machining Tough Metals[C]. ISEM-16,Shanghai,2010:193-196.

[22] LI H,GUO Y,et al. Investigations on High Speed Electroerosion Machining of Forged Carbon Steel[C]. ISEM-16,Shanghai,2010:207-210.

[23] WANG F,LIU Y,TANG Z,et al. Ultra-high-speed combined machining of electrical discharge machining and arc machining[J]. Proceedings of the Institution of Mechanical Engineers,Part B:Journal of Engineering Manufacture,2014,228(5):663-672.

[24] WANG F,LIU Y,ZHANG Y,et al. Compound machining of titanium alloy by super high speed EDM milling and arc machining[J]. Journal of Materials Processing Technology,2014,214:531-538.

[25] WANG F,LIU Y,SHEN Y,et al. Machining Performance of Inconel 718 Using High Current Density Electrical Discharge Milling[J]. Materials and Manufacturing Processes,2013,28:1147-1152.

[26] 叶军,吴国兴,万符荣,等. 数控高效放电铣加工脉冲电源参数正交试验研究[J]. 电加工与模具,2011,6:16-20.

[27] 郭成波.钛合金电火花高效铣削电极运动轨迹控制及工艺研究[D].哈尔滨:哈尔滨工业大学,2011.

[28] ZHANG M,ZHANG Q,KONG D,et al. The Analysis of Processing Factors for Electro-arc Machining [J]. Applied Mechanics and Materials,2014,470:585-588.

[29] 范文龙,李文卓,柴永生.电弧盘铣加工设计与实验分析[J].现代制造工程,2015(2):102-107.

[30] 梁楚华,周建平,朱志坚,等.短电弧加工技术及其应用[J].现代制造工程,2007(12):92-93,112. DOI:10.16731/j.cnki.1671-3133,2007.12.009.

[31] 赵万生,顾琳,徐辉,等.基于流体动力断弧的高速电弧放电加工[J].电加工与模具,2012(5):50-54.

[32] ZHAO W,GU L,XU H,et al. A Novel High Efficiency Electrical Erosion Process-Blasting Erosion Arc Machining[J]. Procedia CIRP,2013,6(6):621-625.

[33] LIN GU,LI L,WANSHENG ZHAO,et al. Electrical discharge machining of Ti6Al4V with a bundled electrode[J]. International Journal of Machine Tools and Manufacture,2011,53(1):100-106.

[34] 徐辉,顾琳,赵万生,等.高速电弧放电加工的工艺特性研究[J].机械工程学报,2015,51(17):177-183.

第3章

高速电弧放电加工机制

3.1 有效控制电弧的断弧机制

要想实现可控的电弧放电加工就必须找到有效且可靠的电弧控制机制。研究表明:通过施加特定的控制措施,可使电弧等离子体弧柱产生移动甚至切断(熄灭),进而有效控制电弧在局部区域加热工件的时间,避免形成电弧驻留在某一区域造成工件和电极的过热烧伤,达到既能实现高效材料去除,又能避免损害工件的目的。因此,要实现电弧放电加工,关键在于选择并实施有效的移弧及断弧控制方式,而支持某一移弧及断弧控制方式的科学原理就称为"移弧及断弧机制"。

然而"引弧容易控弧难",人们在多年研究和工程实践的基础上,逐渐掌握了有效地控制电弧的方式和方法。总结这些方式、方法背后的科学原理,可以发现:目前,已经成功应用到工程实践中的电弧放电加工方法中的断弧机制主要有机械运动(移弧)断弧机制和流体动力(移弧)断弧机制。也可以将机械运动(移弧)断弧机制和流体动力(移弧)断弧机制相结合,形成两种机制并存的复合(移弧)断弧机制。以下为了叙述简便,在不做特别说明的情况下,均将"移弧及断弧机制"简称断弧机制。

依靠脉冲电源的脉冲间隔也可实现电气断弧,但无法有效地主动控制电弧的移动,因而并不构成一种独立的断弧机制。另外,频率较高的脉冲放电难以实现热击穿电离,也就难以获得较高能量密度和电/热转换效率的高温等离子体,进而无法获得较高的单位能量材料去除率,对实现高效加工是不利的。因此,在电弧放电加工中电气断弧仅作为机械运动断弧或流体动力断弧的辅助形式而被采用。

3.1.1 机械运动断弧机制

机械运动断弧是指在电弧放电加工过程中工具电极和工件之间施加一定速度的相对运动,从而带动电弧等离子体弧柱沿运动方向移动、被拉长甚至被拉断(本书中把此过程通称为"断弧"),从而避免电弧长时间稳定驻留在工件表面同一位置,达到既能高效去除材料,又能避免烧伤工件的双重目的。其工作原理如图 3-1 所示。该断弧机制可以简单、有效地移动甚至切断放电电弧,实现对电弧状态的有效控制,因此其广泛应用于现阶段的电弧放电加工的几种模式中。如电弧车削加工模式(turning)、电弧铣削加工模式(milling)和电弧切割加工模式(cutting)。然而,由于机械运动断弧机制需要工具电极与工件之间具有较高的相对移动速度,因此其仅适用于电极与工件较易实现相对运动的加工模式,难以实现类似于电火花加工中的"沉入式"(sinking)加工模式,可加工的几何特征种类也受到相应限制,如形状复杂的半封闭型腔和闭式涡轮盘曲面流道等就难以采用电弧铣削完成加工。

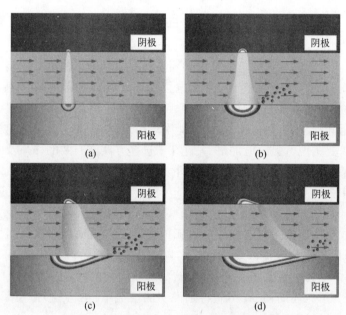

图 3-1 机械运动断弧工作原理(见书末彩图)
(a)击穿;(b)扩张;(c)偏移;(d)断弧。

3.1.2 流体动力断弧机制

在放电加工中,极间等离子体放电通道从物理学角度上讲是指由数量大致相等的正离子、电子及中性粒子(原子或分子)组成的等离子体,是一种整体上对外呈电中性的良导体,且处于易受外界干扰的动平衡状态中。当受外力作用时,放电等离子体会沿受力方向移动。研究结果表明,无论是在磁场的洛伦兹力作用下,还是在高速流动的气体或液体的流体动力作用下,等离子体均会沿着受力方向发生偏移。这一事实已在等离子体喷涂、电弧焊等若干等离子体应用领域得到了验证。因此,在放电加工中,电弧等离子体如果受到高压工作液介质的流体动力作用,也会沿着流体流动方向发生偏移。

流体动力断弧机制是指放电等离子体在间隙高速冲液流体介质的作用下,沿着流体运动方向发生移动甚至熄灭的物理规律。该现象是上海交通大学的赵万生等在研究以强化冲液提升电火花加工效率为目标的集束电极电火花加工时发现的[1]。如图3-2所示,由于采用了由多个中空管电极集束而成的多孔电极结构,可以实现极强的高压大流量冲液效果,进而在间隙中产生了很高速流的流场(可达数十米/秒)。加工实验所获得的样件在加工区域周围意外地观察到图3-2(b)所示大量呈射线分布的"尾状放电痕"。经分析发现,高速冲液流场推动了放电等离子体通道沿流场方向偏移是形成尾状放电痕的根本原因。从示波器上看到的放电电压和放电电流波形也证实了这一点。由于受到高速流体动力作用,放电等离子体通道被推移并拉长,从而观察到极间放电维持电压有所升高,由于放电通道的长度发生了改变,引起阻抗增加,因此放电电流有所下降,如图3-2(c)所示。

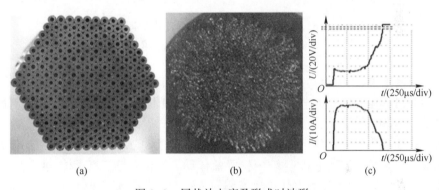

图3-2 尾状放电痕及形成时波形
(a) 集束电极端面;(b) 尾状放电痕;(c) 电压升波形。

我们将这种通过施加高速冲液流场,由流体动力引起放电等离子体弧柱发生偏移甚至被拉断的事实称为"流体动力断弧现象",而将主动利用流体动力控制放电等离子体弧柱偏移并切断的原理称为"流体动力断弧机制"[2]。图3-3为流体动力断弧机制原理示意,可以看出:工具电极和工件之间相对静止,不存在相对滑移运动;高速流场产生的的流体动力直接作用于等离子体,将其推移,偏离原来的位置并将等放电离子体弧柱拉长,最终将放电等离子体弧柱拉断,形成融通的电极材料被爆炸性蚀除。其所产生的大量加工屑颗粒在高速流场的作用下快速有效地排出加工间隙,工件和工具电极表面的热量也被高速流体迅速冷却,避免热量传递到工具电极和工件的基体中。

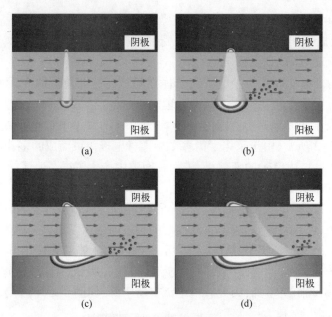

图3-3 流体动力断弧机制示意图(见书末彩图)
(a)击穿;(b)扩张;(c)偏移;(d)断弧。

从机制上说,机械运动断弧机制主要是阴极和阳极或者说工具电极和工件之间的相对滑移运动使放电电弧的弧根之间的距离变长,对电弧产生牵拉效应而产生移动,并和电弧周边的液体工作介质相互作用所产生的阻力造成的,并非对放电电弧等离子体直接施加作用力所造成的;而流体动力断弧机制则是将高速流动的工作液介质直接作用于电弧等离子体,靠流体动力推移电弧等离子体,使之拉长并熄灭,是一种直接主动控制电弧等离子体的有效方法。由此可见,机械运动断弧和流体动力断弧是两种相互独立的、不同的断弧机制。

由于流体动力断弧不依赖工件与工具间的相对运动,仅依靠有效控制加工间隙中的高速流场即可实现有效的断弧,其适应性则更加广泛,不仅可以实现通常的电弧车削(磨削)和铣削等加工模式,而且可以实现工具与工件之间相对运动受限的各种加工模式。如沉入式加工、成形电极复杂曲面流道加工等。此外,在电弧加工中,构成流体动力断弧机制的高速冲液对维持稳定的极间加工状态大有益处,如可以快速冷却被加工的工件表面避免烧伤和减少热影响层,同时高速流体也有助于熔池的排空及蚀除产物的排出等,使基于流体动力断弧机制的电弧加工方法具有更好的工艺鲁棒性。这些都是机械运动断弧机制不具备的优势。

3.2 基于流体动力断弧的高速电弧放电加工

以"流体动力断弧机制"为核心,上海交通大学的赵万生、顾琳、李磊于2010年发明了"高速电弧放电加工技术"。高速电弧放电加工技术体系主要由以下关键技术要素组成:

(1) 能量源为电弧等离子体;
(2) 主要依靠流体动力断弧机制驱动甚至切断电弧;
(3) 流体动力由高压内冲液产生的流场引入;
(4) 使用水基工作液;
(5) 高效逆变式脉冲电源。

如图3-4所示,带有多孔冲液流道的石墨材料工具电极被安装在主轴上,高压工作液通过密封腔上的冲液孔进入密封腔,然后经由工具电极内的多孔内冲液流道进入放电加工间隙并形成高速流场。在加工时,通常工具电极接逆变式脉冲电源的负极,而工件接电源正极,工具电极在数控系统控制下向工件一侧做伺服进给运动。当放电间隙足够小时,在脉冲电源所形成的强电场作用下,工具与工件间隙中的水基工作液被击穿并产生放电,放电等离子体通道迅速扩张并发展成为电弧。在高速内冲液作用下,放电电弧等离子体在流体动力作用下产生移弧和断弧效应,并将其扫掠过的工件局部区域材料熔化或气化,爆炸性地排出熔池,形成飞溅式的材料排出效果。而由于石墨的熔点极高,且导热性很好,电弧作用在石墨材料制成的电极上只产生极少量的材料蚀除,因此电极损耗率非常低。另外,高速流场在带走加工屑颗粒的同时,还将由放电产生的大量热量迅速带走,使工具电极和工件得到及时高效的冷却,避免热量传导到工件材料基体,形成热应力或进行改变的热影响层,也不会引起加工热变形。在加工后,触摸加工后的工件表面所感受到的温度与室温无异,这一现象可直观反映该加工方法在避免烧伤工件方面的明显优势。

如果加工需要并条件允许,也可以采用附加工具电极回转的加工模式,在充分利用流体动力断弧机制的同时,以机械运动断弧机制辅助,以便获得更加稳定的加工效果。

采用逆变式脉冲电源的主要考量是充分利用新的电力电子技术,减少不必要的非加工能耗,提升脉冲电源的能量利用率。

为了有效区分基于机械运动断弧机制的电弧加工方法,我们将基于流体动力断弧机制的电弧放电加工称为"高速电弧放电加工",或简称"高速电弧加工"。所谓"高速"指的是相较于传统的"慢工艺"——电火花加工,其材料去除率有数量级的提升,加工速度要高很多倍。

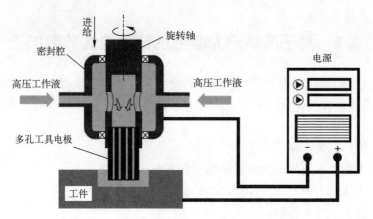

图 3-4　高速电弧放电加工技术的原理示意图

在国际上发表这一原创性成果的时候,我们根据实际加工中"火花四溅"的壮观场面和加工中高速冲液形成的爆炸性蚀除效果,将其命名为喷砂侵蚀电弧加工(blasting erosion arc machining,BEAM)。

从基础研究实验偶然发现尾状放电痕现象,到提出有效控制电弧的流体动力断弧机制,是对电弧特性认知的一次飞跃,从而找到了直接对电弧等离子体施加控制的有效方法,并诞生了高速电弧放电加工工艺。其和其他电弧放电加工方法一起终结了"放电加工属于慢工艺"的历史论断。

3.3　高速电弧放电加工机制

流体动力断弧机制在高速电弧放电加工中发挥着至关重要的作用,是这种新工艺方法的核心。为了探索这一强大的放电加工工艺方法背后的科学规律,在自然科学基金重点项目的支持下,作者团队对高速电弧放电加工的机制展开了系统性的基础研究。

高速电弧放电加工机制研究要解决的核心问题是如何观察和观测流体与电弧之间的相互作用,从中发现更多的有关这一特殊工艺过程中的物理现象和科学规律。为此研究人员设计了专门用于该机制研究的包括试验装置和观测装置在内的试验系统。

研究高速电弧放电加工过程中的放电现象和断弧机制最理想的方法是直接对实际加工的物理过程进行观测和测试研究,然而在实际的加工机床上对加工区域进行直接观测存在很多困难,原因如下:

(1) 空间狭小。由于高速电弧放电加工伴随着强烈的冲液,为了保证安全所以加工时工作空间是狭小封闭的,无法直接放置和操作高速摄像机等仪器。

(2)观测条件差。高速电弧放电加工时材料的蚀除过程剧烈,高速冲液携带着大量灼热加工屑颗粒四处飞溅,这些都会影响观测效果甚至对仪器产生损害。

(3)电弧放电击穿位置随机。实际加工时所使用的电极截面尺寸远大于放电等离子体弧柱尺寸,每次放电时电弧都在工具与工件表面易于击穿的部位引发,随机性很强,采用较深较小长焦放大镜头在拍摄时无法准确对焦。

考虑到以上因素,需要设计一个特殊实验装置,既能满足模拟强力冲液及液中击穿放电,又便于对放电现象进行观察和高速摄像记录,而且该实验装置可重复利用。图3-5所示为用于观测单次脉冲电弧放电的实验装置。该观测实验装置从功能上可以划分为冲液、脉冲电源和放电观测三个模块。

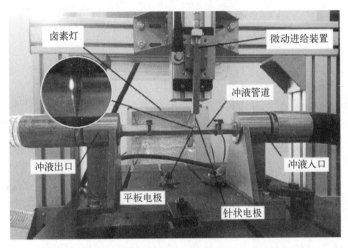

图 3-5　观测单次脉冲电弧放电的实验装置

图3-6(a)是冲液模块。冲液模块由工作液箱、高压水泵、蓄能器、流量调节阀以及它们之间的管路组成。工作时,高压水泵从工作液箱内抽取工作液并将其转变为高压工作液,蓄能器的作用是消除高压工作液的压力脉动,消除压力脉动之后的高压工作液经流量调节阀调控流速后流经放电观测平台的冲液管道,随后回流到工作液箱,构成一个冲液循环回路。冲液模块的主要功能是向放电观测平台提供流速可控的高速流场。

高压工作液进入放电观测平台时,首先经过冲液入口的收敛结构形成高速工作液流场,进而进入放电观测平台的透明玻璃管道,从而模拟实际的冲液环境。冲液管道由金属底板和高透光密封玻璃罩构成,上部开有供针板电极对间隙调节的密封孔。工件电极固定在冲液管道的金属底板上,针状工具电极在微动进给装置的带动下通过微动进给装置调节针板电极对放电间隙的大小。工具和工件分别接电源的负极和正极。为了使每次放电时电弧的位置不变,以便于高速摄像机聚焦观测,电极与工件设计为针板电极对结构。实验装置的密封流道及主要部件均设计为便于拆卸和密封安装,以缩短每组实验更换电极和工件的时间。

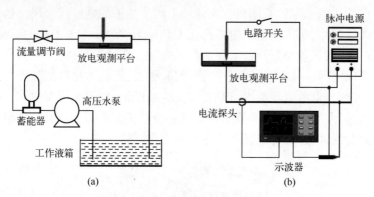

图 3-6 冲液模块及电源模块
(a) 冲液模块;(b) 电源模块。

图 3-6(b)是电源模块,主要包括一台大功率脉冲电源以及电路开关。脉冲电源的开路电压为 90V,电流调节范围是 50~1000A,脉冲宽度调节范围是 400~10000μs,具备连续放电与单次放电的功能,以及恒压和恒流两种工作模式。

放电过程中的等离子体光谱采用 Andor 公司的 Shamrock303i 研究级光谱仪记录,并应用双线法进行温度计算。电弧形态使用 Vision Research 公司生产的 Phantom V12 高速摄像机进行观察和记录。为了确保得到足够明亮的视野和减少弧光引起的镜头眩光,在使用卤素灯提供背景照明的同时使用滤光片降低弧光强度。放电时使用 Tektronix DPO2012 数字示波器记录电弧放电的电压和电流波形,采用同步触发的方式实现高速摄像机与示波器的时基同步。

表 3-1 是实验中用到的主要参数及参数数值。

表 3-1 实验参数及参数数值

实验参数	参 数 值
工作液	水基工作液
工具电极材料	紫铜
工件电极材料	Cr12 模具钢
放电间隙 $l/\mu m$	50
开路电压 U/V	90
放电电流 i/A	50,100,200

续表

实 验 参 数	参 数 值
放电脉冲宽度 t_{on}/ms	2,6,10
冲液流速 v_f/(m/s)	0,3,7
高速摄像机帧频/(帧/s)	50000

3.4 高速流场作用下的单次电弧放电观测结果

3.4.1 放电等离子体弧柱形态特征

为了探索在高速流场作用下电弧放电的特殊物理现象及其内在规律,本节利用3.3节描述的实验装置,并借助高帧频的高速摄像机,有望清楚直观地观测放电过程中弧柱在高速冲液作用下的形态变化过程。图3-7所示为在不同冲液流速下的放电等离子体弧柱形态,为了便于清晰地表示出所观察到放电等离子体弧柱的位置变化,后处理阶段在图像上描出电极的轮廓以作参照[3]。

图3-7(a)是无冲液(即工作液流速为零时)的放电电弧等离子体的稳定形态。可见弧柱轮廓为近似对称的钟形,靠近阳级一端的弧柱直径大于阴极一端的弧柱直径。这是因为冲液流场的流速为零时,放电电弧等离子体内的带电粒子主要在电场力的作用下向两电极运动,因外力作用在各个方向上是均等的,径向受力保持基本均匀,放电等离子体弧柱仅会因为材料蚀除而发生轻微晃动,但其轴心线一直位于针式电极中心位置。此时,放电等离子体弧柱集中烧蚀其两极弧根所对应的电极的工件材料。

在施加一定流速的冲液之后,放电电弧等离子体内的带电粒子不仅受到指向两极的电场力,同时还受到冲液的流体动力。图3-7(b)显示,当冲液速度 v_f=3m/s 时,放电通道等离子体的主体虽然仍然位于电极与工件间隙内,但是已经在流体动力的作用下沿冲液方向产生了一定程度的偏移。当冲液速度增加到7m/s时[图3-7(c)],放电通道等离子体被显著推移并被拉长,工件端的弧根发生了明显偏移且等离子体的直径变小。而阴极(工具电极)上的弧根也明显偏离了针尖部位,沿流场方向发生了位移,但阴极和阳极上的弧根在同样的流场作用下的偏移量存在较大差异,阳极弧根的偏移量明显更大些。另外,由于阴极几何特征,会在背向流场方向的局部区域形成"涡",使该处的压强显著下降,这也使阴极弧根更加趋向于移动到"涡"的部位。根据图3-7(b)中比例尺可以看出,在冲液流速为7m/s时,放电等离子体弧柱被流体动力推转的幅度已超过5mm,电弧等离子体的主体部分已经完全从放电间隙内偏移出去,表明随着冲液流场速度的增大,作用于等离子体弧柱的流体动力也随之增大,进而使等离子体弧柱被推移的幅度也增大。从图 3-7 中可以看出随着冲液流场速度的增加,等离子体弧柱的直径随之变小且受到的扰动程度变大,表明放电等离子体弧柱的强度也因其长度的增加而减弱。

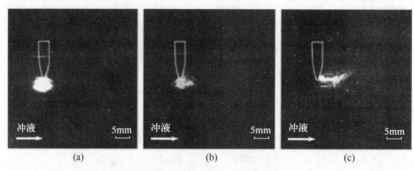

图 3-7 不同冲液流速下的弧柱形态比较

(a) $v_f=0\text{m/s}$;(b) $v_f=3\text{m/s}$;(c) $v_f=7\text{m/s}$。

比较不同冲液流场速度下的弧柱光强也可发现,冲液流场速度为 0 时放电等离子体弧柱亮度最高,当冲液流场速度增大时,放电等离子体弧柱不仅形态发生了变形,而且亮度随之减弱。这说明当冲液流场速度为零时,放电等离子体弧柱没有受到流体动力的干扰,能量更集中。过于集中的高能量密度热源作用于工件表面的某一位置将会产生大而深的蚀坑,不仅导致间隙中的加工屑颗粒浓度过高而容易发生短路,而且会使加工后的表面变得更加粗糙。另外,放电等离子体弧柱的能量还会以热量的形式不断向材料基体内部传导,造成工件材料局部组织相变,并产生更深的热影响层和残余应力层,影响材料的使用性能。而在施加一定流速的冲液流场的作用下,放电等离子体被逐渐推移,且等离子体弧柱被逐渐拉长,一方面避免了电弧的驻留,另一方面降低了等离子体弧柱的能量密度,对避免驻留电弧烧伤,且获得更好的材料去除效果以及加工表面质量等都有积极贡献。

3.4.2 流体动力断弧现象

流体动力断弧现象在所设计的实验装置上被反复观测和证实,是一个可重复的物理过程。下面将在大量相似的实验结果中提取一个典型的样本加以说明。图 3-8(a)是按时间先后顺序截取高速摄像机所记录的有冲液流场作用下的电弧放电过程视频的 6 帧图像,可以看出:在击穿放电之后 2.54ms 时刻放电电弧弧柱偏移幅度达到最大,弧光也随之减弱;到第 2.66ms 时弧光几乎消失;然而,在之后的 2.78~3.38ms，再次击穿放电，等离子体弧柱的弧光又由弱变强，且到 3.38ms 之后又一次出现断弧现象(可从同步截取的放电电压和电流波形中看出)。由此可见，当冲液强度足够大时，放电等离子体弧柱不仅会发生偏转，甚至会被拉断。同时，在放电脉冲宽度足够长或冲液流场速度足够高时，也可能在一个放电脉冲期间发生多次流体动力断弧和多次击穿放电现象。这一规律的发现也可以很好地解释为什么苏联的 Meshcheriakov 等即便使用直流电源也可以在电弧立体加工中观测到多次电弧熄灭和多次击穿放电的现象[4]。

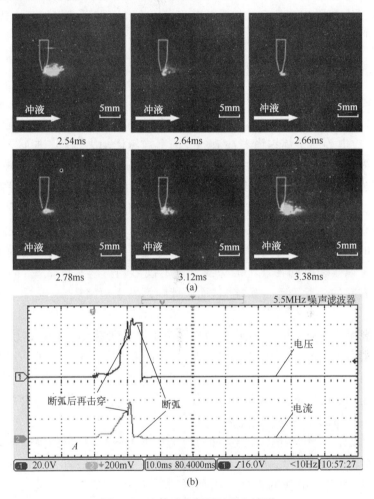

图 3-8 流体动力断弧过程和波形

图 3-8(b)是同步采集的放电电压和放电电流波形图。该图记录了断弧、断弧后再击穿、再断弧过程中放电电压和放电电流所发生的变化过程。由该图中的放

电电压和放电电流波形的变化可以看出:在 A 处放电脉冲持续期间放电电流出现明显降低,而放电电压却随之升高,表明在流体动力作用下,电弧等离子体发生了严重偏移和拉伸,即发生了断弧现象。但其随后马上又再次击穿,进入第二次放电,放电电流增加,而对应的放电电压下降。持续一段时间后,再次出现了断弧现象,放电电流降低到近似为零,而放电电压升高到开路电压,直至脉冲宽度结束,脉冲间隔的到来。

图 3-8 记录的现象和波形证实了在高速电弧放电加工中流体动力断弧机制的主导作用,类似的放电电压和放电电流波形可以在高速电弧放电加工中普遍存在,且随时都能捕捉到[5]。

3.4.3　单次电弧放电蚀坑形貌

在流体动力断弧机制作用下,电弧放电在工具电极和工件上形成放电蚀坑的形貌与传统电火花放电所产生的蚀坑形貌相比有显著的区别。在流体动力作用下,电弧放电等离子体在沿着冲液的方向上被流体动力推移,进而导致电弧的两端在电极和工件上快速移动,产生了如图 3-9(b)、(c)所示的尾状放电痕(电极负极性加工)。同时可以看到,在冲液流场速度为零时,因为电弧没有发生明显的偏移,放电位置比较固定,在工件上形成轮廓较圆且深的蚀坑。蚀坑周围呈放射状分布较多的熔融金属飞溅后凝固的样貌,说明在冲液流场速度为零时,虽然有较多的金属被电弧等离子体熔融,但熔融金属的排出效率较低,因此相当一部分熔融金属重新凝固在蚀坑的边缘。这不仅影响材料去除效率,而且会因为重新凝固颗粒的凸起而产生桥接,进而后续频繁发生短路现象,易导致加工条件的恶化。

当冲液流场的流速增大时,电弧放电等离子体受到更大的流体动力作用,偏移距离也随之增大,在工件表面形成长宽比更大的尾状放电蚀坑。进一步观察蚀坑可以发现,其形状轮廓清晰、边缘分明,没有明显的熔融金属重新凝固反粘的痕迹,这说明高速冲液流场增强了熔池中熔融金属的爆炸性排出效果,绝大部分熔融金属都被排出到熔池以外并被高速流场带走。

另外,在工具电极一侧,当间隙冲液流场速度为零时,材料的蚀除部位集中在电极的顶部。随着冲液流场速度增加,电极几何占位在电极背向流场一侧形成了涡,由于流体动力对电弧的推移作用和涡的低压吸引相结合,对电极形成了"削边"式的材料去除。图 3-10 所示为工具电极接阳极的高速电弧放电加工实验获得的工件与工具电极蚀坑形貌显微照片,除了可以看到与上述针对工具电极接阴极时的实验结果有类似的放电蚀坑形貌外,还可以清楚地发现,工件一侧的放电蚀坑边界更加清晰、蚀坑更加平坦与均匀,蚀除的材料也更少。由此可知:高速电弧放电加工也同样存在显著的"极性效应",即在所有放电参数完全相同的情况下,仅由于工具电极接阳极或接阴极的差别,便会产生差异性很大的加工效果,特别是在材料去除率、电极损耗率、表面粗糙度、表面完整性等几方面的指标均呈现明显的不同。这对后续工艺规律的探索和优化具有重要意义。

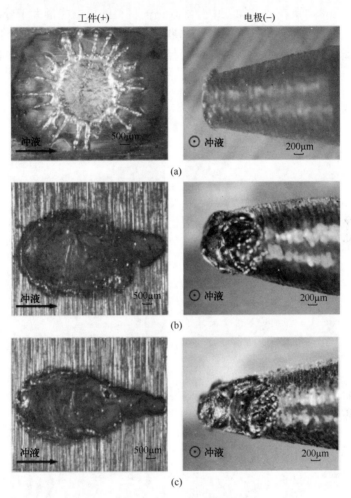

图 3-9 不同流速下负极性放电蚀坑形貌(I_p = 100A)

(a) v_f = 0m/s; (b) v_f = 3m/s; (c) v_f = 7m/s。

在包括电火花加工、电弧加工在内的各种放电加工中,击穿完成便会生成等离子体放电通道。总体呈现电中性的放电等离子体在外加电场的作用下,带正电的阳离子向负极运动,带负电荷的电子则向正极运动,高速运动的粒子对正、负两极的撞击是实现材料蚀除的主要物理机制。由于电子的荷质比远远大于阳离子的荷质比,因此二者在对电极材撞击的时候,电子的速度远高于正粒子,加上电子尺寸远小于正粒子,在运动过程中发生碰撞的可能性更低,从而导致更多的电子以高速撞击正极,宏观上表现为放电通道中有更多的能量分配到正极。还有另一个重要因素,那就是电子更容易被金属材料吸收,能量转换效率也就更高。因此,产生极性效应的原因是由于在放电加工中分配到正极材料的放电能量大于分配到负极材料的能量[6-7]。正极材料在单位时间内获得更多的能量而形成深径比更大的蚀坑,材料去除率高;而负极材料则得到深径比较小的蚀坑,材料去除率低但表面质量较好。

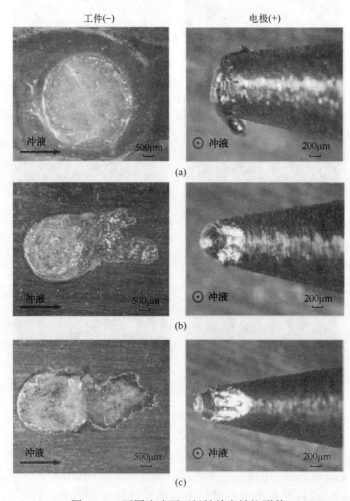

图3-10 不同流速下正极性放电蚀坑形貌
(a) $v_f=0m/s$;(b) $v_f=3m/s$;(c) $v_f=7m/s$。

3.5　电弧放电热蚀除过程分析

高速电弧放电加工时的电弧等离子体通道也要经历形成与扩张的动态过程。在一个放电周期内,首先工作介质被击穿形成放电等离子体通道;随后等离子体通道内的介质以碰撞电离的方式迅速扩张,该阶段为过渡期,属于非稳态自持放电,即火花放电状态,放电以雪崩电离为主要特征;最终通道的扩张发展成为稳态自持放电,即电弧放电状态,放电以热电离为主要特征,并在一个局部空间达到平衡状态。相应地,高速电弧放电加工的材料去除过程包括两个主要阶段,即放电通道等离子体发展过渡期的火花放电材料蚀除阶段和电弧放电材料蚀除阶段,前者是后者的必经阶段,有必要对其放电通道等离子体特性及材料去除机制开展相关的研究和分析。

在放电加工过程中,放电通道等离子体的属性和状态的变化对加工效果具有举足轻重的作用。放电通道处于等离子体态,其内部涉及电动力学、电磁学、热力学和流体力学等复杂物理过程,而且这些物理过程之间是相互耦合的,很难通过一个数学或物理模型解释所有的机制。加上加工过程中放电通道等离子体的变化十分迅速,各物理过程的准确描述变得非常困难,因此从微观角度对放电通道等离子体与材料之间的物理过程进行建模目前尚无可能。但是,由于放电加工去除过程本质上是固体传热使材料熔化及气化以及流体运动排出熔融材料的耦合过程,因此可以将放电通道等离子体整体看作一个热源来简化分析与模拟过程。通过以往的研究文献可知,在放电加工中,放电通道等离子体的半径以及其向两电极输送能量的热流密度决定蚀坑的几何形貌以及材料去除量,进而决定加工效率及加工后的表面质量。因此,下文将研究放电通道的半径及其扩张规律,为后续研究电弧放电阶段材料去除机制以及高速电弧放电加工中的一个完整放电脉冲周期内的材料去除机制打下基础。

3.5.1　电弧放电等离子体通道

1. 等离子体放电通道的形成和演变

由于放电加工中的电介质击穿是一个很复杂的物理过程,且时间短暂、间隙狭小,这给放电等离子体通达的直接观测带来很大困难,因此到目前为止,对这一过程进行充分、完整的描述仍然是难度很大的课题。

气体放电物理中的流注假说认为,由于电场在电极表面的相对突出部位会进一步发生畸变而增强,在阴极表面微凸起处首先形成气泡,由阴极发射的电子在电场力的作用下高速运动,并与其运动路径上的工作液分子发生碰撞而使分子产生电离,这一过程演变成雪崩电离,继而发展成流注。流注形成后在电场作用下向阳极延伸,直到桥接两极形成放电通道等离子体。随后放电通道等离子体开始沿径向扩张,过程如图3-11所示[8]。这里把电介质刚被击穿时所形成的放电通道等离子体的半径称为击穿半径,记作 r_i。由于击穿过程中稳定的放电通道等离子体还未完全形成,因此观测不到明显的放电电流,工件材料也没有被明显蚀除。

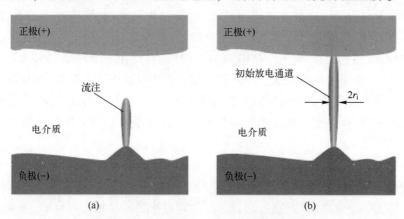

图 3-11　击穿放电和放电通道初始半径
（a）增长的流注；（b）击穿形成放电通道。

如前所述,放电通道中包含大量的带正电的阳离子和带负电的电子,这些带电粒子都具有较高的温度,被外加电场加速后,分别对阴极材料和阳极材料产生高速轰击作用,将动能转换为热能,致使等离子体弧柱两端的材料表面温度急剧上升而熔化甚至气化,产生向四周飞溅的材料蚀除并形成放电蚀坑。放电加工材料去除过程如图3-12所示[9]。

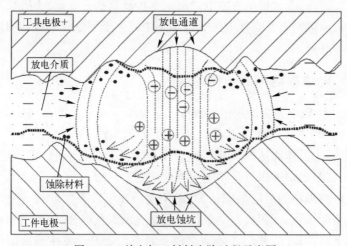

图 3-12　放电加工材料去除过程示意图

图 3-13 是不同类型气体中放电的伏安特性曲线[10-11]。从该图中可以看出,气体介质被电压击穿后随着放电电流的增加先后经历了如下几个阶段:汤森放电、电晕/辉光放电、火花放电、稳定的电弧放电阶段。气体介质汤森放电阶段和电晕/辉光放电阶段的特征是高维持电压、低放电电流,在这一阶段放电通道能量密度较低,多是用于发光照明技术而不是去除材料。火花放电阶段是一个不稳定的自持放电阶段,在伏安特性上放电维持电压相对于放电电流的变化率非常大。进入这一阶段后,放电的能量足以实现电极材料的去除,而且放电过程也容易控制。如果放电持续时间足够长,火花放电会进一步发展,放电通道进入局部热平衡状态,此时的等离子体通达的能量平衡主要靠热电离维持,即进入电弧放电阶段。在电弧放电阶段,维持电压较低,但是放电电流较大,放电通道的能量转换效率和能量密度大幅提高,材料去除效率也大幅提升,但是放电过程更加剧烈,也更难控制。

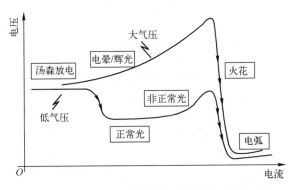

图 3-13　不同类型气体中放电的伏安特性曲线

需要指出的是液体介质中的击穿和放电过程远比气体中的放电过程复杂,因此也难以形成完整理论体系。而工业界广泛采用的各种放电加工方法多在液体介质中进行,其密度要远大于气体,不能简单套用气体放电理论来对其物理过程进行解释。

2. 放电通道等离子体的击穿和扩张半径

放电通道等离子体的尺寸影响放电能量的密度分布,进而对阳极和阴极材料的蚀坑的尺寸和去除效率产生重要影响,是放电蚀除过程建模分析中不可或缺的重要因素。因此,有国内外学者基于不同的观点和假设提出了不同的放电通道等离子体扩张模型。表 3-2 总结了研究中出现的具有代表性的典型电火花放电通道等离子体扩张方程,包括其首次提出者、主要观点和假设、扩张方程,而目前关于电弧加工放电通道扩张方程的研究较少。从表 3-2 中的放电通道等离子体扩张方程中可以看出,放电通道等离子体是近似高温高压的理想气体完全以膨胀的方式进行扩张,在扩张的过程中遵循克拉伯龙方程且内部物质总量保持不变。从计算的结果来看,这种扩张方式会导致产生放电通道等离子体的密度、温度和压力随着放电脉冲宽度的增大而迅速降低,显然是不合理的,与大脉冲宽度电弧放电加工的实际结果相矛盾。Eubank 等提出一种称为放电通道物质增长扩张的观点[12],认为来自放电通道内的高速运动的电子将放电通道等离子体与电介质交界面上的电介质分子碰撞电离并加热后使之转变为等离子体态,成为放电通道等离子体的一部分,从而实现扩张。Eubank 的物质增长扩张观点相对于膨胀扩张观点更符合实际的研究结果,但是并未给出基于该观点的放电通道等离子体扩张方程。

表 3-2 电火花放电通道等离子体扩张方程汇总

提出者	主要观点和假设	扩张方程
Lhiaubet 等[13]	呈球形,扩张时物质保持不变	—
Erden 等[14]	呈圆柱形,是放电能量和时间的函数	$r=KQ^m t^n$
Pandey 等[15]	呈圆柱形,阴极热点温度等于阴极材料沸点	$T_b = \dfrac{Qr}{K\sqrt{\pi}} \arctan\left(\dfrac{4at}{r^2}\right)^{1/2}$
Patel 等[16]	呈圆柱形,只与放电时间有关	$r = r_0 t^{3/4}$
Ikai 等[17]	呈圆柱形,放电通道半径等于蚀坑半径	$r = 2.04\times 10^3 I^{0.43} t^{0.44}$
Natsu 等[18]	击穿后 3μs 内达到 0.6mm,之后保持不变	

3. 放电通道的能量分配

在放电加工中,由脉冲电源输入放电通道等离子体中的放电能量不仅通过放电通道等离子体分配到阳极和阴极,放电通道等离子体的扩张本身也会消耗一部分能量。为了方便研究放电通道扩张规律,研究人员提出了能量分配系数的概念,即分配到阳极、阴极和放电通道等离子体本身的能量占脉冲电源输入放电通道中的总放电能量的百分比,这里分别记为 F_a、F_c 和 F_p。早期的放电通道扩张模型都忽略了放电通道扩张所需的能量,认为放电能量被均匀地分配到了阳极和阴极上,即 F_a 与 F_c 均为 50%,而 F_p 为 0。Eubank 等[12]在使用数值模型研究油中电火花放电加工材料去除率的时候,对比实验结果和模型计算结果,认为阴极的能量分配系数 F_c 为 18%,阳极的能量分配系数 F_a 为 8%,而放电通道等离子体扩张则消耗最多的能量,约占总放电能量的 74%。Perez 等[19]对单脉冲放电过程建立了热分析模型并在研究后认为:约有 50% 的能量消耗在通道等离子体扩张上,剩余的 50% 则被分配到两电极并导致两极材料的蚀除。由于放电加工的工作间隙极其狭小,而且放电通道等离子体的存在时间非常短暂,因此放电通道通过热对流和辐射等方式散失的能量所占比例较小,通常在建模时被忽略。

4. 放电通道等离子体内平均电离度和粒子温度

放电加工中的放电通道等离子体处于弱电离的瞬态等离子体状态,其内部除了带电离子外,还存在大量未电离的中性粒子,如分子和原子。放电通道等离子体的电离度是描述其性质的一个重要参数,决定了等离子体构成成分和温度。放电通道等离子体的平均电离度是指发生电离的粒子数占放电通道等离子体内总粒子数的百分比。Descoeudres[20]根据对放电通道等离子体发射光谱分析的结果,间接计算出放电通道等离子体的平均电离度约为10%。Bårmann[21]基于对电子温度的测量结果,认为放电通道等离子体的平均电离度不超过33%。另外,由于放电通道等离子体属于弱电离等离子体,而且存在时间短暂,因此放电通道等离子体无法真正达到完全热平衡状态,其内部存在两种温度,即重粒子温度T_i(离子和未电离分子温度)和电子温度T_e。电子温度一般可以通过朗缪尔探针法近似测得,数值介于$1.5 \sim 3.5 \text{eV}$[22-23];重粒子温度可以通过分析其所发射光谱的方法通过计算近似得到,其数值介于$0.5 \sim 0.7 \text{eV}$[24]。

3.5.2 放电通道等离子体扩张方程

观察表3-2列出的各种放电通道等离子体扩张模型可以发现,它们都是针对具体应用条件的经验方程,外延空间小,通常仅对电火花加工条件下的放电通道等离子体扩张过程有效,而对于电弧加工这种具有较大脉冲宽度和较大电流的放电通道中等离子体扩张而言,不能一味地对原有的模型进行外延,因此有必要推导出更合理、更具普遍意义的方程来描述放电通道等离子体扩张的规律。

1. 假设条件

在对放电通道等离子体开展研究时,研究者分别基于不同的实验结果提出了半球形、腰鼓形、旋转双曲线形及圆柱形的放电通道等离子体形态模型。因为放电加工的放电间隙非常小,相比较而言,圆柱形放电通道模型可以使问题极大简化且不失精度。为了对放电通道等离子体及其扩张过程进行合理简化,根据前面对放电通道等离子体性质的研究和讨论结果对问题做出如下简化处理:

(1) 放电击穿过程非常短暂,相对于放电脉冲宽度可忽略不计;

(2) 放电通道等离子体是半径逐渐扩张的圆柱形等离子体;

(3) 放电通道等离子体主要是通过物质增长的方式进行扩张,即周围电介质离解后补充进入放电通道,变成等离子体的一部分;

(4) 每个放电脉冲只产生一个放电通道等离子体;

(5) 放电通道等离子体内的粒子温度在扩张过程中近似保持不变;

(6) 忽略放电通道等离子体辐射和对流散失的热量。

在上述假设的基础上,下面将通过数学推导的方法建立一个新的放电通道扩张方程。

2. 放电通道等离子体质量扩张方程

针对放电通道等离子体的物质增长扩张观点:放电通道等离子体的扩张过程是通过高能电子的碰撞电离作用将等离子体与电介质界面上的非等离子体态的电介质部分转变为等离子态,进而成为放电通道等离子体的一部分。为了便于分析问题,将这个转变过程分为三个阶段,即首先界面上的液态电介质被汽化之后电介质分子被高温裂解,然后介质分子裂解后的产物与高速运动的电子发生碰撞电离而生成正离子和新的自由电子,最后这些新生成的带电粒子被等离子体的高温加热转变成等离子体态,演变成放电通道等离子体的一部分。因为电弧放电加工的介质主要为水,所以下面以水为例进行分析。

1)裂解反应

图 3-14 是放电通道等离子体扩张假说中的放电通道等离子体形成后的扩张过程示意图,设在某一时刻 t 放电通道的半径为 r,经过 dt 时间后放电通道的半径增加为 $r+dr$。在这个过程中,放电通道的体积增加了一个微元:

$$dV = 2\pi l r dr \tag{3-1}$$

式中:l 为放电时电极的间隙。

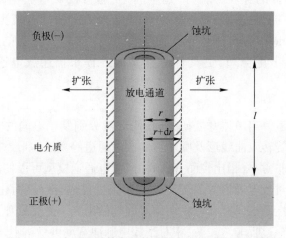

图 3-14 放电通道等离子体形成后的扩张过程示意图

在新增加微元内含水电介质的质量为

$$m_w = \rho dV \tag{3-2}$$

式中:ρ 为电介质水的密度。这些液态水先被汽化,汽化的水分子随后被分解为氢分子和氧分子,反应式为

$$\begin{cases} H_2O(l) = H_2O(g) - L_w(J/kg) \\ H_2O(g) = H_2(g) + \frac{1}{2}O_2 - H_w(J/kg) \end{cases} \quad (3-3)$$

式中：L_w 为水在室温下的汽化潜热；H_w 为水的标准生成焓；反应式中的"-"表示正向过程是吸热反应；l 为液态；g 为气态。

在裂解过程中需要吸收的热量可以通过式(3-4)给出：

$$W_s = m_w(L_w + H_w) \quad (3-4)$$

根据式(3-3)可以知道在裂解过程新产生的氢分子和氧分子的数目分别为

$$\begin{cases} N_{H_2} = \dfrac{m_w}{M_w} \\ N_{O_2} = \dfrac{m_w}{2M_w} \end{cases} \quad (3-5)$$

式中：M_w 为水分子的绝对原子质量。

2) 电离反应

在裂解反应中新产生的氢分子和氧分子与高速运动的电子碰撞之后会发生电离反应，由于放电通道本身是弱电离的等离子体，因此其中离子的电离反应绝大部分应是按照电离反应过程中需求电离能较低的方式进行，其可能的方式为

$$\begin{cases} H_2 = H_2^+ + e - E_{H_2}(eV) \\ O_2 = O_2^+ + e - E_{O_2}(eV) \end{cases} \quad (3-6)$$

式中：E_{H_2} 和 E_{O_2} 分别为氢分子和氧分子的一阶电离能，它们的数值可以在相关文献[25]中查到。

在电离过程中需要吸收的热量的计算式为

$$W_i = \eta_i(N_{H_2}E_{H_2} + N_{O_2}E_{O_2}) \quad (3-7)$$

式中：i 为放电通道的平均电离度。

电离反应之后新生成的电子数为

$$N_e = \eta_i(N_{H_2} + N_{O_2}) \quad (3-8)$$

3) 粒子加热

新产生的带电粒子，包括带负电的电子、带正电的离子和未电离的中性气体分子的温度相对于等离子体中的粒子温度而言仍然非常低，需要进一步吸收能量转化为高能级粒子之后才能成为放电通道等离子体的一部分。根据均分定理，微观粒子的平均平动能为

$$\varepsilon_t = \frac{d}{2}kT \quad (3-9)$$

式中: t 为微观粒子的平均平动能; k 为玻尔兹曼常数; T 为微观粒子的温度; d 为微观粒子的自由度, 单原子分子的自由度为 3, 双原子分子的自由度为 5, 三原子及以上分子的自由度为 6。

在带电粒子加热过程中所需能量的计算式为

$$W_h = (N_{H_2} + N_{O_2}) \cdot \frac{5}{2} kT_i + N_e \cdot \frac{5}{2} kT_e \tag{3-10}$$

式中: T_i 为离子等重粒子的温度; T_e 表示电子温度。

4) 基于能量守恒定律的放电通道等离子体扩张表达式

在时间 $\mathrm{d}t$ 内,放电脉冲电源向放电通道等离子体内输入的放电能量用于放电通道等离子体自身扩张过程消耗的部分为

$$W_p = F_p ui\mathrm{d}t \tag{3-11}$$

式中: F_p 为放电通道等离子体扩张所消耗的能量占总放电能量的百分比; u 为放电维持电压; i 为放电峰值电流。

根据能量守恒定律,在时间 $\mathrm{d}t$ 内输入的放电能量分配到放电通道等离子体扩张上的能量等于其扩张过程中消耗的所有能量的和, 即

$$W_p = W_s + W_i + W_h \tag{3-12}$$

式中: W_s 为裂解消耗能量; W_i 为电离吸收热量; W_h 为加热粒子的能量。

联合以上各式可以得到一个常微分方程:

$$F_p ui\mathrm{d}t = \left\{ L_w + H_w + \frac{1}{M_w} \left[\eta_i \left(E_{H_2} + \frac{1}{2} E_{O_2} + \frac{9}{4} kT_e \right) + \frac{15}{4} kT_i \right] \right\} 2\pi \rho l r \mathrm{d}r \tag{3-13}$$

如果因为放电击穿过程时间非常短暂而被忽略不计, 那么可以认为时间由 0 增加到 t 的时候, 放电通道由击穿半径 r_i 扩张到 R_p, 对常微分方程积分得

$$\int_0^t \frac{C}{2} ui\mathrm{d}t = \int_{r_i}^{R_p} r \mathrm{d}r \tag{3-14}$$

其中

$$C = \frac{F_p}{\left[L_w + H_w + \frac{1}{M_w} \left(\eta_i \left(E_{H_2} + \frac{1}{2} E_{O_2} + \frac{9}{4} kT_e \right) + \frac{15}{4} kT_i \right) \right] \pi \rho l} \tag{3-15}$$

观察式 (3-15) 可以发现, C 是与电介质以及放电通道的状态相关的系数, 可以认为其在放电加工的能量范围内近似保持不变, 那么对式 (3-14) 的积分结果为

$$R_p = \sqrt{Cuit + r_i^2} \tag{3-16}$$

式 (3-16) 是基于物质增长扩张观点推导得到的放电通道等离子体扩张方程。从式 (3-16) 中可以发现, 放电通道半径 (R_p) 和输入放电能量 (uit) 呈抛物线关

系。特别地,当放电维持电压 u、放电峰值电流 i 和放电脉冲宽度 t 三个参数有两个确定之后,放电通道半径和另一个参数 C 呈抛物线增长关系。

3.5.3 与现有的放电通道等离子体扩张方程的比较

新得到的放电通道等离子体扩张方程(3-16)相比于表 3-2 中现有的放电通道等离子体扩张方程具有更多优点,现对它们进行讨论并比较如下:

(1) Patel 提出的放电通道等离子体扩张方程为

$$r = r_0 t^{3/4} \tag{3-17}$$

通过将式(3-17)和式(3-16)比较可以发现,该式只是指出了放电通道半径随时间变化的规律,没有反映电介质、放电维持电压、放电峰值电流和击穿半径对放电通道等离子体扩张的影响,所以它只能用来描述与其限定实验条件相同的放电介质、放电维持电压和放电峰值电流下的放电通道等离子体扩张规律。

(2) Erden 给出的放电通道等离子体扩张方程为

$$r = KQ^m t^n \tag{3-18}$$

通过将式(3-18)和式(3-16)对比可以发现,该表达式中放电能量 Q 中已经包括放电时间,所以放电时间对放电通道等离子体的扩张影响进行了重复考虑,而且没有指出击穿半径对放电通道等离子体扩张的影响,所以它也是一个经验公式。

(3) Pandey 提出的放电通道等离子体扩张方程为

$$T_b = \frac{Qr}{K\sqrt{\pi}} \text{arctan} \left(\frac{4at}{r^2} \right)^{1/2} \tag{3-19}$$

推导这个方程所基于的假设为:阴极发射电子形成阴极热点(cathode hot spot),阴极热点的温度和阴极材料的熔点相同。所以这个扩张表达式指出阴极材料的属性对放电通道等离子体扩张有重要影响,即使在相同的放电条件下,放电通道等离子体的扩张也会因为阴极材料的不同而表现出不同的规律。后来的实验证明这是不符合实际的,所以它应该属于不合理的经验公式。

(4) 对于新推导得到扩张表达式(3-16),当输入放电能量比较大的时候,初始半径的平方 r_i^2 相对 $C \cdot u \cdot i \cdot t$ 非常小,可以忽略,则可以近似为

$$R_p = \sqrt{Cu}\, i^{0.5} t^{0.5} \tag{3-20}$$

而 Ikai 等提出的放电通道等离子体扩张方程为

$$r = 2.04 \times 10^3 I^{0.43} t^{0.44} \tag{3-21}$$

对比以上两式可以发现式(3-20)和 Ikai 通过拟合的方法获得的放电通道等离子体扩张模型表达式比较接近,这说明 Ikai 的模型在放电规准较大的时候是一个比较合理的模型,所以在放电加工机制分析研究中得到广泛应用。但是当放电

规准较小时,初始半径的平方 r_i^2 不再满足远小于 $C \cdot u \cdot i \cdot t$ 的条件,此时 Ikai 的模型近似误差较大,相比于实际实验所获取的数值,该计算得到的放电通道等离子体半径偏小。从表达式中也可以看出,Ikai 的放电通道等离子体扩张模型没有反映放电介质和放电维持电压对扩张速率的影响,所以严格来讲其只能用来描述特定条件下的放电通道扩张规律。

3.5.4 新放电通道等离子体扩张方程的实验验证

一方面,由于放电通道等离子体是高压高温的等离子体,与其接触的电极材料会在瞬间被熔化或者汽化并被抛出熔池,进而形成电蚀坑;另一方面,因为放电通道等离子体存在的时间较短,来不及向与其相邻的电极材料传热。基于这两个事实,通常在分析中用电极表面上蚀坑半径来表征放电通道的半径[17,26-27]。本节将介绍通过单脉冲放电实验来获得放电蚀坑的尺寸,然后将实验值与计算值对比,从而验证新的放电通道等离子体扩张模型的合理性。

1. 实验装置

单脉冲放电实验是在 DMEC C40 型号数控电火花成形加工机床上进行的,图 3-15 是其实验装置的示意图。工具电极材料为紫铜,工件电极材料为 Cr12 模具钢,工作介质为去离子水。实验时,利用机床的接触感知功能检测到工具电极和工件电极接触之后,把 Z 轴回退 $30\mu m$ 作为放电间隙,然后打开脉冲电源,在两电极之间产生一次脉冲放电。放电时,使用每匝分辨率为 0.2mv/A 的 CWT30B 罗氏线圈测量放电电流,使用示波器的电压探头测量电极两端的放电电压,使用 Tektronix DPO2012 示波器记录每次的放电电压和放电电流波形,典型的放电波形如图 3-16 所示。

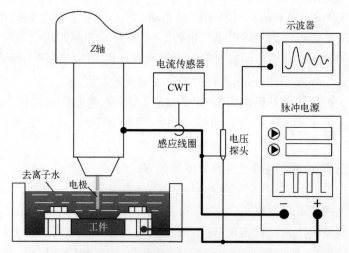

图 3-15 单脉冲放电实验装置示意图

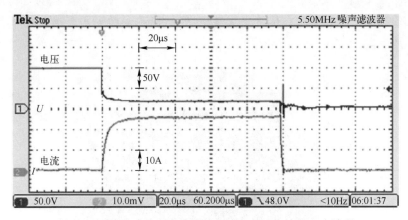

图 3-16 单脉冲放电实验测得的放电电压和放电电流波形

表 3-3 是单脉冲放电实验采用的实验参数和数值,放电结束后使用 ZEISS LSM700 激光共聚焦显微镜得到放电蚀坑的表面显微照片,典型的放电蚀坑显微照片如图 3-17 所示。根据显微照片上的比例尺测量出电蚀坑的直径,然后换算成半径值。为了使结果更具代表性,每个放电参数做 5 次实验,取平均值作为该参数下放电蚀坑的半径。

表 3-3 单脉冲放电实验采用的实验参数和数值

实 验 参 数	参 数 值
工件电极材料	Cr12 模具钢
工具电极材料	紫铜
极性(工件)	正极性
工作介质	去离子水
开路电压/V	100
放电电流/A	3,8,11,25,36,60
放电脉冲宽度/μs	20,40,60,80,100

2. 放电通道等离子体扩张方程中的参数确定

放电通道等离子体由于存在的时间非常短暂,又牵涉许多相互耦合的物理现象,因此到目前为止人们对其内部规律仍然没有充分掌握,如对击穿过程知之甚少,对电离度、电子和离子温度仍然没有准确实用的计算公式和测量方法,所以式(3-16)中反映电介质和等离子体状态的参数 C 以及击穿半径 r_i 无法通过直接计算的方法得到。本节将根据实验结果反向计算出 C 和 r_i 的近似值,用于指导后续的实验和分析。因实验在传统电火花机床上进行,参数涵盖电火花加工及小能量电弧放电。

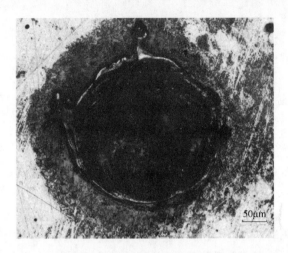

图 3-17 单脉冲放电蚀坑显微照片

令 $\varepsilon = uit$ 表示单个放电脉冲输入的能量,式(3-16)可以变形为

$$\varepsilon C + r_i^2 = R_p^2 \quad (3-22)$$

把 C 和 r_i^2 作为未知数的线性方程组矩阵形式可以记作:

$$\boldsymbol{A}x = \boldsymbol{B} \quad (3-23)$$

其中

$$\boldsymbol{A} = \begin{bmatrix} \varepsilon_1 & 1 \\ \varepsilon_2 & 1 \\ \vdots & \vdots \\ \varepsilon_n & 1 \end{bmatrix}, x = (C, r_i^2)^T, \boldsymbol{B} = (R_{p1}^2, R_{p2}^2, \cdots, R_{pn}^2)^T$$

当 $n \geqslant 3$ 时式(3-23)的最小二乘解为

$$x = (\boldsymbol{A}^T \boldsymbol{A})^{-1} \boldsymbol{A}^T \boldsymbol{B} \quad (3-24)$$

实验中,每个单脉冲的放电能量可以根据采集的放电维持电压、峰值电流和放电脉冲宽度计算获得,每个参数对应的放电蚀坑半径也可以从激光共聚焦显微镜照片中计算获得,表 3-4 是得到的实验结果。将表 3-4 中的放电能量和对应的电蚀坑半径代入式(3-24)就可以计算出扩张表达式中的未知参数,计算结果为 $C = 281.63 (\mu m)^2/J, r_i = 16 \mu m$。图 3-18 是最小二乘法得到的放电通道等离子体扩张曲线和实验结果对比。

表 3-4　不同放电能量下得到的蚀坑半径值

放电能量 ε/mJ	蚀坑半径值 R_p/μm
3.6	37.5
13.2	64
24.0	90.1
30.0	92.7
40.0	111.3
50.0	113.4

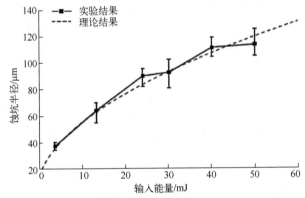

图 3-18　最小二乘法得到的放电通道等离子体扩张曲线和实验结果对比

3. 模型预测与实验验证

图 3-19 是在不同放电峰值电流条件下,在单脉冲放电实验中产生的放电通道等离子体半径理论计算值和工件表面上的放电蚀坑半径实验值的对比结果,其中虚线表示放电通道半径随放电脉冲宽度变化的曲线,离散点表示实验获得的放电蚀坑半径。测得的放电蚀坑半径为做 5 次实验样本的平均值,最大值和最小值分别作为上下误差带。

从图 3-19 中可以看出,在相同的放电峰值电流下,放电蚀坑的半径随着放电脉冲宽度增大而增大;在相同的放电脉冲宽度条件下,电蚀坑的半径则随着放电峰值电流的增大而增大。这是因为放电脉冲宽度或放电峰值电流增大之后,放电能量增加,在放电间隙产生具有更大半径的放电通道等离子体,因而产生了更大的放电蚀坑。

通过对比放电蚀坑半径的测量值和放电通道等离子体半径的理论曲线,发现电蚀坑的半径和放电通道半径随放电脉冲宽度或者峰值电流的增大而具有相同的变化趋势,且都符合抛物线变化规律。在误差允许的范围内,可以认为放电通道等离子体的半径与放电蚀坑半径相等,而且式(3-16)可以用来描述放电通道等离子体半径随着放电峰值电流或放电脉冲宽度增大而扩张的规律。

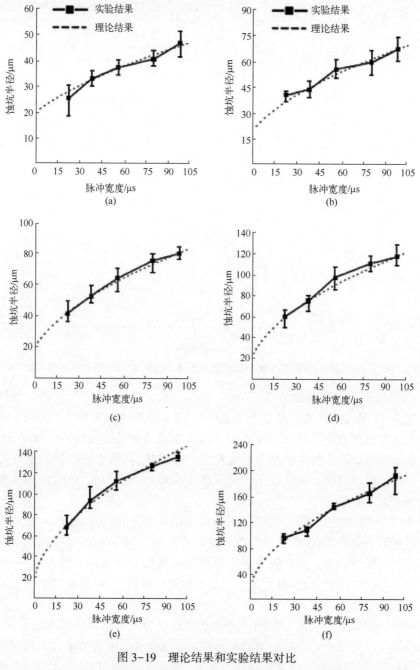

图 3-19 理论结果和实验结果对比

(a) $i=3A$;(b) $i=8A$;(c) $i=11A$;(d) $i=25A$;(e) $i=36A$;(f) $i=60A$。

图 3-19 也显示出放电蚀坑的半径和放电通道等离子体的半径增长速率随放电脉冲宽度或放电峰值电流的增大而减小,这是因为放电通道等离子体半径越大,其扩张相同的数值则需要消耗的能量越多。

此外,仿照此前介绍的方法,确定在不同放电介质中的扩张系数 C 和击穿半径 r_i 之后,则可以用式(3-16)来描述不同工作液介质中的放电通道等离子体扩张规律。

3.6 电弧等离子体与工件界面的温度场分析

在放电加工中材料的蚀除过程就其物理本质而言是一个以瞬态固体传热为主、流场为辅的多场耦合问题,因此对材料受热过程的解析是建立材料蚀除模型的关键。为了研究放电加工中的材料蚀除过程,研究者提出了使用有限元法建立热分析模型及数值仿真的方法,其中假设热流密度呈高斯分布的热分析模型因仿真结果与实验测量值较接近而得到广泛应用。然而,这种热分析模型存在诸如没有考虑放电通道等离子体发展的动态过程,且得到的温度场温度随脉冲宽度增大而快速下降等问题,所以用于高速电弧放电加工的材料去除过程仿真分析时失真较大,精度较差。

在电弧放电加工中,可以在前面所推导的放电通道等离子体扩张模型的基础上,根据放电通道等离子体与工件界面上扩张热源的能量传递特点,首先推导建立放电通道等离子体扩张的量化公式,然后据此建立放电通道等离子体扩张阶段材料热蚀除过程的分析模型,进而得到工件材料内的温度场分布;然后通过假设温度超过沸点和熔点的材料全部被去除,可以根据求解得到的温度场预测出单脉冲放电产生的放电蚀坑几何形貌;最后通过蚀坑的几何形貌可以计算出蚀坑内的材料体积,并进一步预测出连续放电加工时的材料去除率。

3.6.1 传热界面上的热流密度分布

目前的绝大多数放电加工材料蚀除过程的热分析模型均假设放电通道等离子体向工件传热的热流密度符合高斯分布,即热流密度的数值在放电通道中心最大,沿径向从中心向边缘按照正态分布曲线的规律逐渐减小,这也与蚀坑深度由中间到边缘逐渐变浅的特点相吻合。但这一假设到目前为止仍然没有获得直接测量结果的支持。Kojima 和 Kunieda 等[24]在峰值电流为 17A、放电脉冲宽度为 300μs 的实验条件下,测算出图 3-20 所示的放电通道等离子体沿径向分布的(a)、(b)、(c)三个点在不同时刻的温度。从图 3-21 的实验结果可以看出,在每个采样时刻放电通道(a)、(b)、(c)三个点的温度相差都不大,考虑到随机误差和测量计算误差,可以认为它们的数值近似相等。这表明放电通道等离子体的热流密度采用均匀分布模型比采用高斯分布更合理。事实上，由于单位面积受热面上吸收的热量等于热流密度与作用时间的乘积，因此高斯分布热流密度模型与蚀坑中间深边缘浅的特点相近很可能是放电通道等离子体作用于中间部分的时间远大于边缘的结果。原因是放电通道等离子体是沿径向扩张的。中间深、边缘浅的形貌是传热时间不均匀分布的一种等效或近似。基于上述分析，这里提出一种基于热流密度瞬时均匀分布的模型并用于材料蚀除过程的数值仿真分析。

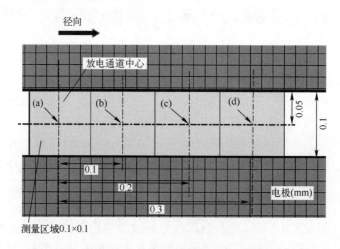

图 3-20 放电通道测温点示意图

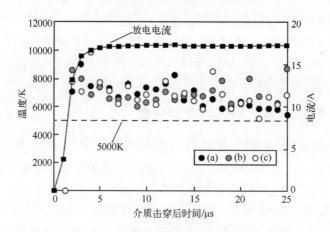

图 3-21 放电通道沿径向的瞬态温度分布

在放电通道等离子体扩张的时候，其覆盖的工件表面积也在逐渐增大，在以放电通道中心轴线为 Z 轴的圆柱坐标系内,坐标为 $(r,0)$ 的点刚被放电通道覆盖的时刻 $t_s(r)$ 可以通过建立的放电通道等离子体扩张公式[式(3-16)]得到,当 $r \geqslant r_i$ 时：

$$t_s(r) = \frac{r^2 - r_i^2}{C \cdot u \cdot i} \tag{3-25}$$

考虑到击穿过程放电通道处于形成阶段,其运动主要是沿着轴向延伸而不是沿着径向扩张的过程,所以在击穿半径区域内 $(0 \leqslant r < r_i)$,所有的点都同时被放电通道覆盖,而且其覆盖时刻若不考虑击穿时间,则 t 等于 0。所以 $t_s(r)$ 是一个分段函数,其完整表达式为

$$t_s(r) = \begin{cases} 0 & (0 \leqslant r < r_i) \\ \dfrac{r^2 - r_i^2}{C \cdot u \cdot i} & (r \geqslant r_i) \end{cases} \tag{3-26}$$

对于工件表面的材料,只有从被放电通道覆盖的那一时刻之后才开始接受热量传入,并一直持续到放电结束,且放电通道等离子体消失,所以在 $(r,0)$ 处的材料接受传热的持续实时间 $t_h(r)$ 为

$$t_h(r) = t_{on} - t_s(r) = \begin{cases} t_{on} & (0 \leqslant r < r_i) \\ t_{on} - \dfrac{r^2 - r_i^2}{C \cdot u \cdot i} & (r \geqslant r_i) \end{cases} \tag{3-27}$$

式中：t_{on} 为每次放电的脉冲持续时间。

分段函数式(3-27)可称作扩张热源的传热时间累积效应,图 3-22 是它的函数曲线示意图。它表明在放电通道覆盖的传热界面上,总传热时间从中心到边缘大体符合抛物线分布。按照图 3-21 中的实验结果,如果放电通道内的热流密度是均匀的,那么放电通道传递到电极传热界面上的放电总能量分布也应接近抛物线形状。通过这个分析结果,可以解释采用高斯分布热源仿真时结果与实际测量值接近的原因：放电通道的高斯分布热流密度模型是对时间累积效应的一种近似等效,它是把传热效果在空间和时间上分布等效到热流密度的最终分布,从而使二者的乘积保持不变。这样处理虽然能简化建模过程,同时也使数值求解的时候更容易收敛,但是会带来一些难以克服的问题：首先,高斯分布中的参数没有一个统一的确定方法,只能凭借经验或实验结果进行指定；其次,热流密度从放电通道等离子体的中间向边缘逐渐减小到 0,中间位置分配的热量更多,而计算时所用的传热时间等于放电脉冲持续时间,导致温度场的最高温度值随着放电脉冲宽度增加而迅速降低,在边缘部分会因为热流密度很低而导致温度低于材料熔点,得到无材料蚀除的结果。

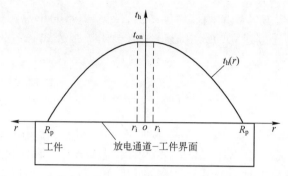

图 3-22 在放电通道-工件界面上总传热时间空间分布曲线

鉴于上述分析,本章将建立一个考虑传热时间累积效应而不是依赖高斯分布热源的新模型,用于研究高速电弧放电加工中的温度场分布和材料去除问题。

3.6.2 考虑传热时间累积效应的热分析模型的建立及求解

1. 问题的简化

放电加工中的材料去除是一个多物理场综合作用的结果,且由于放电等离子体所在区域过于狭小,多个参数无法获得准确值,因此现阶段很难建立一个既可操作又面面俱到的模型来描述。为了得到一个计算量负载可接受,并能够有效收敛且具有合理精度的计算模型,需要对问题进行提炼和简化,把对过程或者结果没有影响或者只有细微影响的因素忽略。根据放电加工的特点,对所要分析的问题做出如下简化:

(1) 放电材料蚀除过程可视为一个瞬态固体传热过程;
(2) 放电通道等离子体是一个圆柱体;
(3) 工件和工具材料都是各向同性的;
(4) 在分析的温度范围内,使用平均值代替材料随温度变化的热物理参数;
(5) 放电能量在工具、工件和放电通道上分配系数近似不变;
(6) 放电通道和电极材料之间只考虑热传导,忽略热辐射和热对流过程。

根据上述假设,考虑到图 3-23(a) 中的热源和求解域都具有轴对称性质,为了提高效率,减轻计算机的计算时间,可以将三维问题简化为二维轴对称问题,简化过程和简化后的模型如图 3-23(b)所示。

2. 求解域的控制方程及材料属性

分析放电加工的材料去除过程是一个求解瞬态固体传热的问题,求解域的控制方程是无内热源的导热微分方程,在柱坐标下的形式为

$$\rho c_p \frac{\partial T}{\partial t} = \frac{1}{r}\frac{\partial}{\partial r}\left(Kr\frac{\partial T}{\partial r}\right) + \frac{\partial}{\partial z}\left(K\frac{\partial T}{\partial z}\right) \quad (3-28)$$

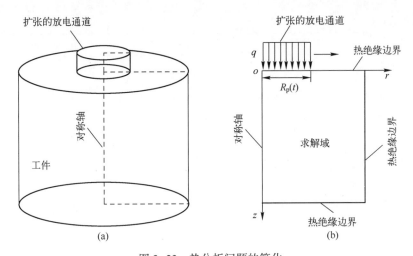

图 3-23 热分析问题的简化

(a) 问题的三维示意图；(b) 简化二维示意图。

式中：ρ 为求解域材料的密度；c_p 为求解域材料的比热容；K 为求解域材料的导热系数；r,z 为柱坐标系下的坐标值；T 为求解域材料的温度；t 为时间。

在放电加工过程中，放电通道等离子体的可视作高温热源作用于两极材料表面，使材料熔融甚至汽化后去除。这个过程包含相变的过程，因此相变潜热是建模时需要考虑的一个重要参数。对相变问题建模分析的时候，通过定义一个与温度相关的热焓 $[H(T)]$ 来考虑相变潜热，其定义表达式为

$$H(T) = \begin{cases} \int_{T_i}^{T} \rho c_p \mathrm{d}T & (T < T_m) \\ \int_{T_i}^{T} \rho c_p \mathrm{d}T + L_m & (T_m \leqslant T < T_b) \\ \int_{T_i}^{T} \rho c_p \mathrm{d}T + L_m + L_b & (T \geqslant T_b) \end{cases} \quad (3-29)$$

式中：T_i 为求解的初始温度；T_m 为求解域材料的熔点；T_b 为求解域材料的沸点；L_m 为求解域材料的熔化潜热；L_b 为求解域材料的气化潜热。

模型求解域材料（工件一侧）为 Cr12 模具钢，表 3-5 是其相关的热物理属性及属性值。

表 3-5 Cr12 模具钢的热物理属性及属性值

属　　性	属　性　值
平均密度/(kg/m³)	7800
平均导热系数/(W/(m·K))	40

续表

属　性	属　性　值
平均比热容/(J/(kg·K))	420
熔点/K	1600
沸点/K	2700
熔化潜热/(kJ/kg)	265
汽化潜热/(kJ/kg)	4100

3. 热流密度

根据能量守恒定律可以得到式(3-30)：

$$F_a \cdot u \cdot i \cdot t_{on} = \int_0^{R_p} q \cdot dV \tag{3-30}$$

式中：q 为放电通道的热流密度；dV 为图 3-22 中的 $t_h(r)$ 曲线绕纵轴旋转一周所得到旋转体的体积微分，那么有

$$dV = 2\pi t_h(r) r dr \tag{3-31}$$

再结合式(3-16)可以得到放电通道内均匀分布的热流密度的计算式：

$$q = \frac{2F_a \cdot u \cdot i}{\pi(C \cdot u \cdot i \cdot t_e + 2r_i^2)} \tag{3-32}$$

式中：F_a 为通过放电等离子体通道传递给工件的能量占放电总能量的百分比，根据以前学者[6,28-29]研究的结果，这里设定其数值为 $F_a = 30\%$。

4. 边界条件

参照图 3-23(b)，根据实际问题的特点，求解的边界条件设定如下：

(1) o-z 边界位于对称轴上，所以把其设定为轴对称边界；

(2) o-r 边界上被放电通道覆盖的区域从放电通道接受传热，未被覆盖的区域与外界未发生热交换，所以在 o-r 边界上的边界条件为

$$K\frac{\partial T}{\partial z} = \begin{cases} q & (0 < r \leq R_p(t)) \\ 0 & (r > R_p(t)) \end{cases} \tag{3-33}$$

式中：$R_p(t)$ 为放电通道在 t 时刻扩张达到的半径。

因为求解区域足够大，所以在其他边界上温度无变化，与电介质之间无温度交换，可以设定为热绝缘边界条件。

5. 网格划分及载荷设定

对上述问题进行有限元求解时需要对求解区域进行网格化处理。结构化网格相比于非结构化网格具有网格质量较好，数据结构简单和划分网格速度较快等特点，而且在求解的时候能够在大幅降低计算量的同时提高计算精度和收敛速度。本模型求解问题具有较强的非线性，为提高收敛速度，对求解域进行结构化网格划

分。单元类型选择轴对称于热分析面单元 PLANE 55,单元尺寸设定为 $1\mu m$。

为了在划分好网格的求解域上施加式(3-33)确定的逐渐扩张的热流密度边界条件,需要对放电通道扩张过程进行离散化处理。如图 3-24 所示,在建模的时候首先把放电时间进行 n 等分离散,然后在每个离散时间点上设定一个载荷步(LS),该载荷步的热流密度为 q,见式(3-32),其所覆盖的圆面半径为该离散时间点所对应的放电通道半径。在求解的时候,按照先后顺序逐个加载每个载荷步进行计算,以此来模拟实际放电加工中的放电通道等离子体扩张过程。

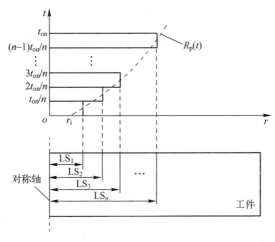

图 3-24 载荷步设定示意图

当离散数 n 取值比较大的时候,在一次建模过程中会离散生成很多的载荷步,而且在求解的时候逐个加载这些载荷步也是一项非常烦琐的工作。况且建立的模型应具有很强的通用性,当应用于不同的峰值电流或放电脉冲宽度时,修改其中一些相关参数即可,而不用全部推倒重建。

为了减少离散过程中的手工计算量,并进一步提高建模效率和准确性,开发了一个能自动生成 APDL 文件的可执行程序,其界面如图 3-25 所示。给出诸如放电维持电压、峰值电流、脉冲宽度、能量分配系数、初始半径和离散步长六个参数,并指定文件存储路径之后,就能得到包含可用于数值计算的仿真代码文件。

3.6.3 仿真结果分析

1. 温度场分布

选择轴对称热分析面单元 PLANE 55 对前述的几何模型进行结构化网格剖分,按照时间先后顺序逐个加载所有载荷步,使用瞬态求解器对模型进行求解,所有的计算步骤结束后再通用后处理模块绘制出工件材料内的温度场分布云图。

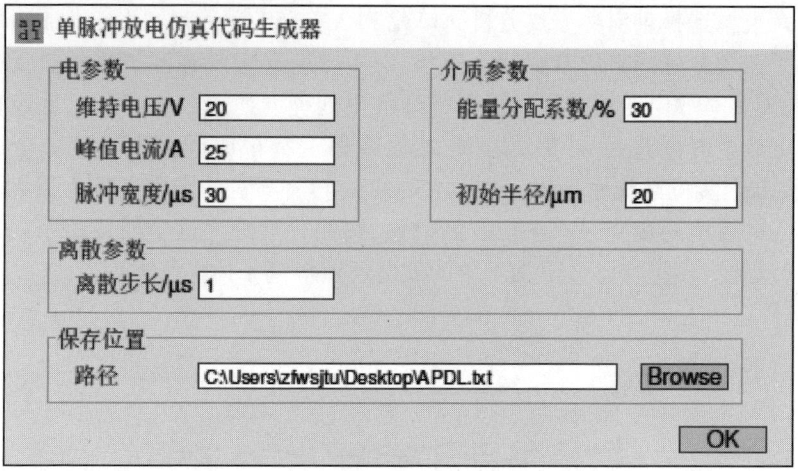

图 3-25　生成 APDL 文件的可执行程序界面

图 3-26 是在放电维持电压等于 20V、峰值电流等于 11A、放电脉冲宽度等于 20μs 条件下仿真得到的温度场分布云图。从温度图例标尺可以看出,放电通道在不受干扰的情况下热能作用的区域非常集中,只局限于放电通道等离子体所覆盖到的范围内,所以工件材料的温度迅速超过熔点和沸点。计算后发现,该实验条件下蚀除的材料超过 1/3 的部分是以汽化的方式去除的,所以有很大一部分放电能量被过热金属的汽化潜热消耗。

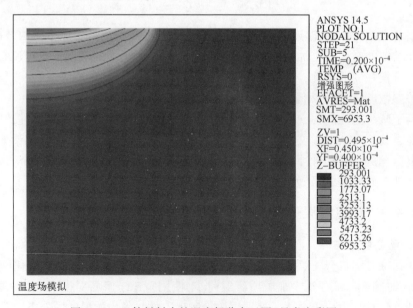

图 3-26　工件材料内的温度场分布云图(见书末彩图)

在对求解结果进行后处理时,把温度超过熔点的单元和节点设定为在温度云图上不显示,这样可以直观地显示出蚀坑的截面轮廓。图 3-27 是在击穿放电后第 5μs、第 10μs、第 15μs 和第 20μs 时的放电蚀坑截面轮廓,对比不同时刻的蚀坑界面轮廓可以发现放电蚀坑的表面半径和深度都随放电时间的增加而增加,这反映了放电通道逐渐扩张的过程。

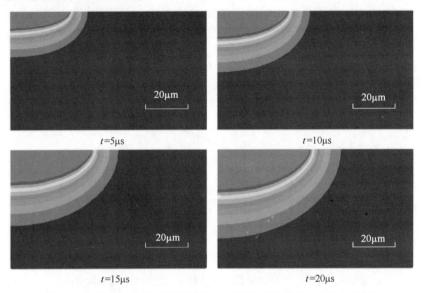

图 3-27　放电蚀坑截面轮廓随放电时间的变化过程(见书末彩图)

在求解域的左边界和上边界分别设定沿纵向和径向的两条采样路径,做数据映射后可以得到温度沿着这两条采样路径分布的曲线,如图 3-28 所示。假设熔融和沸腾的材料能够全部去除,那么 1600K 熔点线与两条曲线交点的横坐标则是仿真得到的蚀坑的深度和表面直径。

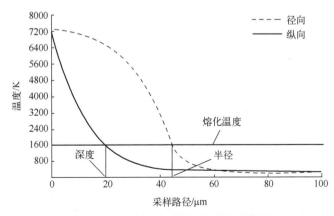

图 3-28　温度沿着采样路径分布的曲线

图 3-29 和图 3-30 分别是通过仿真计算得到的放电蚀坑半径和蚀坑深度与通过单脉冲实验得到的对应实验数值之间的对比。图 3-29 表明在不同的放电峰值电流下,放电蚀坑半径的仿真值都和实验值吻合较好,这说明放电通道等离子体的高温使得与其接触的工件材料瞬间熔化甚至汽化并被完全地抛出,留下与放电通道等离子体半径几乎相等的蚀坑。图 3-30 显示,在不同的放电峰值电流条件下,虽然放电蚀坑深度的仿真值和实验值变化趋势一致,但是其波动误差显然要比放电蚀坑半径的仿真值与实验值之间的误差大了许多。

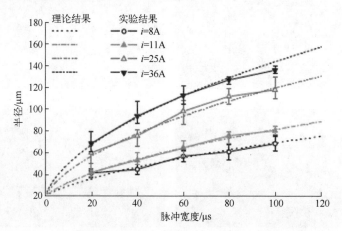

图 3-29 放电蚀坑半径的仿真值和实验值对比(见书末彩图)

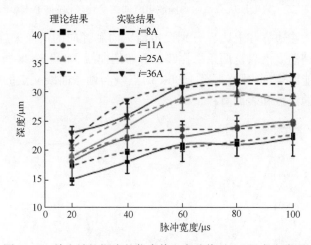

图 3-30 放电蚀坑深度的仿真值和实验值对比(见书末彩图)

放电蚀坑的直径和深度预测值精度之间的差异可能是由放电蚀除材料的特点决定的。在单脉冲放电实验中工件表面的材料被放电蚀除后产生的放电蚀坑尺寸微小,为了便于观察,使用激光共聚焦显微镜通过逐层扫描的方式得到蚀坑表面各点的三维坐标数据,再以等高云图的形式给出蚀坑的三维形貌,如图 3-31 所示。从图 3-31 中可以看到放电通道等离子体通过热效应在工件表面蚀除材料后形成一个圆形的放电蚀坑,蚀坑的表面圆形轮廓可以被清晰地界定出来,但是深度轮廓却非常不规则。这是因为在放电结束后,熔池内的熔融金属只有一部分被放电通道等离子体坍缩后形成的爆炸力排出并形成蚀坑,另一部分熔融金属材料并没有被完全排出,而被工作液介质冷却之后重新凝固在放电蚀坑的表面上,形成重铸层。重铸层本身及其凹凸不平的表面形貌给蚀坑的深度测量带来了难以避免的误差,所以造成了图 3-30 中较大的误差波动。

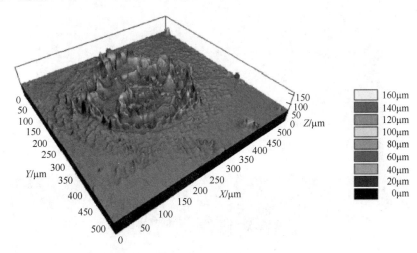

图 3-31 典型的放电蚀坑的三维形貌显微图像(见书末彩图)

2. 材料去除率的计算

式(3-26)和图 3-22 都表明,在一个放电周期中,放电通道等离子体与工件传热界面上放电通道等离子体向工件材料注入的热量分布曲线是一条开口朝下的抛物线。如果工件材料热力学性质是各向同性的,不考虑重铸层表面形状的影响,那么在工件材料上形成的放电蚀坑的截面轮廓应是一条开口向上的抛物线。图 3-32 是仿真获得的放电蚀坑中心剖面轮廓图,图 3-33 是实验得到的重铸层分布比较均匀的放电蚀坑中心剖面轮廓图。对比两图可以发现,无论是仿真蚀坑轮廓曲线还是实验得到的实际蚀坑轮廓曲线,都非常近似于一条开口向上的抛物线,这说明了根据式(3-26)和图 3-22 推测出的抛物线截面蚀坑形貌是合理的。

图 3-34 是在不同峰值电流和放电脉冲宽度条件下得到的放电蚀坑的深径比曲线。观察曲线特点可以发现:蚀坑的深径比随着放电电流或者放电脉冲宽度的增加而逐渐减小,在电流从 10A 增大到 55A 的过程中,最大值从 0.23 减小到

0.15,这个现象说明放电通道等离子体所产生的放电蚀坑的深度要远小于其表面直径。综合上述讨论结果可以得出:不考虑重铸层影响的理想电蚀坑的空间形状是一个旋转抛物面,它的体积(V_c)计算式为

$$V_c = \frac{1}{2}\pi R_c^2 h_c \tag{3-34}$$

式中:R_c 和 h_c 分别为蚀坑的表面半径和深度值。

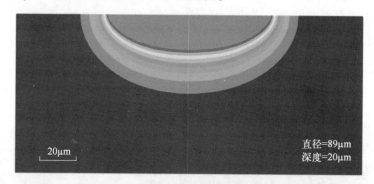

图 3-32 仿真获得的放电蚀坑中心剖面轮廓图(见书末彩图)

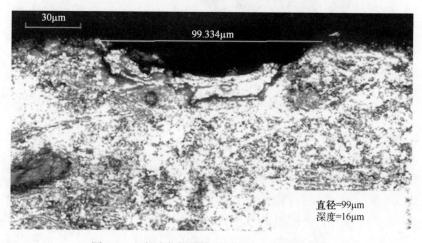

图 3-33 实验获得的放电蚀坑中心剖面轮廓图

那么连续序列脉冲放电加工的材料去除率(MRR)可以用单次脉冲放电去除的材料体积 V_c、放电脉冲宽度 t_{on} 和放电脉冲间隔 t_{off} 表示:

$$\text{MRR} = \frac{V_c}{t_{on} + t_{off}} \cdot \xi \tag{3-35}$$

式中:ξ 为放电通道等离子体冲刷率(plasma flushing efficiency,PFE),是为了考虑由于重铸层导致的熔融材料没有被全部去除而引入的系数。此外,放电加工的时

候机床主轴伺服控制无法做到尽善尽美,因短路或者不能击穿放电而出现零蚀除脉冲的现象时有发生,所以有效放电率也会小于1,这里的 ξ 是考虑冲刷效率和有效放电率的综合系数。

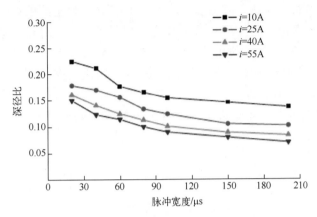

图 3-34 实验获得的放电蚀坑深径比曲线

为了检验式(3-35)计算出的理论材料去除率的合理性,在放电加工机床上进行了不同参数下的连续脉冲放电加工实验以得到实际材料去除率。表 3-6 是单脉冲放电实验参数及参数值。为了消除脉冲间隔对实验结果带来的影响,将其数值统一设定为 $10\mu s$。为了确保放电能够持续稳定地进行,在进行加工实验时启用抬刀运动,在计算材料去除率的时候需要减掉抬刀时间。工件在放电实验前后均进行超声清洗,并在烘干之后使用分辨率为 1mg 电子天平称重,根据前后质量差换算成体积然后除以放电时间作为材料去除率实验数据。每个实验参数都进行 5~6 次实验并取其平均值作为最终实验结果。

表 3-6 单脉冲放电实验参数和参数值

实 验 参 数	参 数 值
工件电极材料	Cr12 模具钢
工具电极材料	纯铜
极性(工件)	正极性
工作介质	去离子水
峰值电流/A	3,25,36,60
放电脉冲宽度/μs	20,40,60,80,100,150,200
放电脉冲间隔/μs	10
抬刀参数	UP/DOWN=1/1

实验结果显示,根据式(3-35)计算得到的理论材料去除率要大于实验得到的实际材料去除率,二者的比值近似为一个常数,把这个常数作为冲刷效率和有效放电率的综合系数 PFE 的数值。图 3-36 显示了在不同放电峰值电流和放电脉冲宽度条件下材料去除率的理论值和实际值之间的对比。对比结果表明式(3-35)给出的材料去除率理论预测值在考虑 PFE 之后与实验获得的材料去除率非常吻合,平均百分比误差在放电峰值电流为 3A、25A、36A、60A 时分别为 8.5%、7.6%、7.8% 和 7.4%,均小于 10%。图 3-35 也表明在放电通道不受扰动的稳态放电情况下,PFE 取值大约在 10%。由此可见,按照理论计算模型推算,如果全部熔融材料都能被去除,且有效放电率进一步提高,则放电加工的材料去除率仍有很大的提升空间。

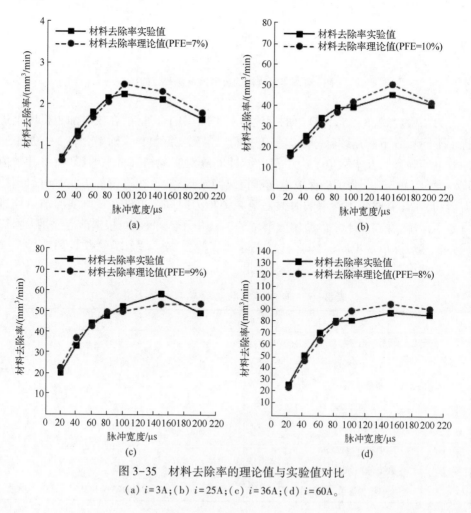

图 3-35 材料去除率的理论值与实验值对比
(a) $i=3A$;(b) $i=25A$;(c) $i=36A$;(d) $i=60A$。

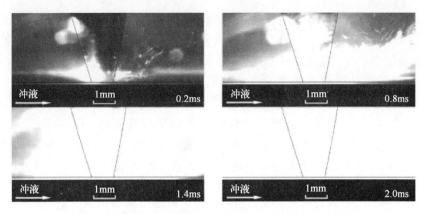

图 3-36　引弧和扩张阶段（$u_o = 90\text{V}, i = 100\text{A}, t_{on} = 5\text{ms}$）

3.7　冲液对高速电弧放电加工过程的影响

对电弧形态及放电波形的观测和分析都证实了在高速电弧放电加工过程中流体动力断弧机制对控制电弧且稳定加工状态所起的重要作用。观测的结果也直观地说明了冲液流速对放电等离子体弧柱形态以及对所形成的放电蚀坑形貌的影响规律。

为了进一步研究流体动力断弧机制对电弧的控制过程以及其对高速电弧放电加工过程的影响规律，首先需要开展在冲液作用下的电弧放电等离子体的观测；然后在此基础上建立冲液作用放电间隙中的计算流体力学模型，通过仿真分析得到放电间隙中的流场分布；最后结合仿真结果和实验结果，详细分析流体动力断弧机制形成的原因以及其对高速电弧放电加工过程的影响规律。

3.7.1　冲液作用下的电弧放电实验观测与分析

1. 弧柱及蚀除产物抛出过程观测

观测实验的主要目的是通过观察电弧放电等离子体在冲液流场的作用下的形态变化来证实流体动力断弧机制的作用原理，为了发现除了电弧形态之外的更多其他可能的细节，本实验未使用滤光镜。

根据放电过程中出现的不同现象特征，可以把高速电弧放电过程分为三个主要阶段，即引弧及扩张阶段、加工产物排出阶段和熄弧阶段。

图 3-36 是利用高速摄像机拍摄得到的引弧和扩张阶段放电现象的照片。可以看出，引弧过程（工作液介质被极间电场击穿而形成初始放电通道等离子体的过程）在间隙加上电压之后的 0.2ms 内完成，引弧位置在电极靠近冲液上游的

一侧。在引弧之后,电弧等离子体内的高速运动的电子不断地通过轰击作用把周围的工作液分子裂解、电离、加热之后变成等离子体态,使电弧通过这种方式不断地沿径向扩张,这就是放电通道等离子体的扩张阶段。在 0.8~2.0ms 的时间里,电弧的弧光逐渐布满摄像机整个镜头的视野,反映的正是弧柱扩张过程。由于未加滤镜,炫光较为强烈。从图像中可以看出,引弧和扩张阶段大约持续了 1.8ms。在这一阶段,工作液首先被强电场击穿形成放电通道等离子体,之后放电通道等离子体扩张并逐渐形成了处于局部热平衡状态的电弧等离子体弧柱,同时工件和电极被放电通道高温熔化形成熔融金属的熔池,还有一部分被直接汽化抛出。

图 3-37 是高速摄像机拍摄的放电通道完成扩张过程之后的放电现象。这一拍摄过程引入了氙气灯作为背光光源,弱化了过强的弧光产生的过饱和曝光所形成的一片亮白效果。图 3-37 中对电极的轮廓进行了标注处理,以便了解点击所处位置。从该图中可以发现,放电 2.4ms 时在靠近冲液下游的电极侧壁上出现了加工产物排出的现象,排出的加工屑颗粒在工作液中呈形状不断变化的云状分布。在随后的持续放电时间里,加工屑颗粒云团的面积和浓度逐渐增大,并在 3.4ms 的时候达到最大,之后加工屑颗粒云团的面积和浓度随着时间逐渐减小,并在 4.2ms 之后开始消失。加工屑颗粒排出阶段从 2.4ms 开始,到 4.2ms 结束,持续时间为 1.8ms。

加工屑颗粒云团消失后,电弧放电进入最后一个阶段即熄弧阶段,如图 3-38 所示。在这一阶段里,已观测不到加工产物的排出,弧光也逐渐减弱,加工间隙内的工作液介质消电离后恢复初始的绝缘状态,整个电弧放电过程就此结束。

2. 材料蚀除过程观测

为了更清晰地观察电弧放电过程中工件电极和工具电极的熔融材料排出及蚀坑的形成过程,基于搭建的实验平台,采用激光背光源和窄带滤光片将电弧弧光过滤,用高速摄像机拍摄了单次放电的蚀除过程。实验条件:石墨电极接负极性,放电峰值电流为 100A,脉冲宽度为 8ms,脉冲间隔为 3ms,冲液压力为 0.02MPa,工件材料为 304 不锈钢。

图 3-39 所示为一个放电周期内的电弧放电区域的变化过程。可以看出,在防电介质击穿并形成放电等离子通道后,放电区域周边形成大量气泡,在放电等离子体的作用下,工件材料表面形成圆形熔池;因为采用了和激光照明光源波长相同的窄带带通绿光镜片对电弧所发出的强光进行了有效过滤,在图像中是看不到电弧等离子体的影响的。随着电弧放电的继续进行,气泡在冲液流场影响下向右偏移,与此同时,蚀除区域也随之向右方扩大。在电弧放电结束之前,放电通道等离子体被拉伸到一定程度后便发生了断弧,气泡也随之破灭。电弧放电结束后,在工件表面形成蝌蚪形的蚀坑。

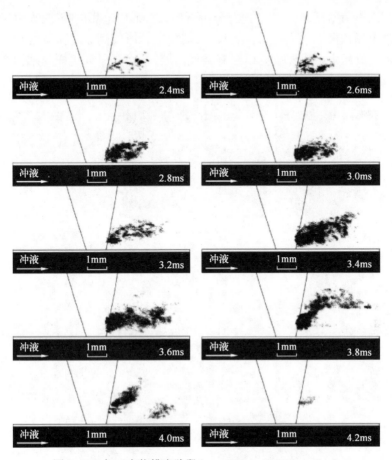

图 3-37 加工产物排出阶段($u_o=90\text{V}, i=100\text{A}, t_{on}=5\text{ms}$)

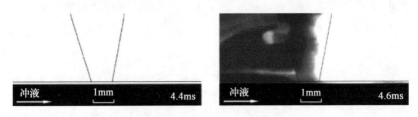

图 3-38 熄弧阶段($u_o=90\text{V}, i=100\text{A}, t_{on}=5\text{ms}$)

根据场致发射理论和流注放电理论,阴极表面的电子在两极间的强电场作用下克服材料逸出而脱离阴极表面,然后在极间电场的加速之下高速进入极间工作液介质中,使工作液介质不断地被电子碰撞电离并形成流注。流注不断地扩展、伸长,直到桥接两个电极而完成击穿过程,形成放电通道等离子体[30-32]。而导体在处于静电平衡的时候,它的表面各处的面电荷密度与各处表面的曲率有关,曲率越大的地方面电荷密度越大[33]。电荷分布不均匀会形成电场的畸变,在电极表面突起顶端处电场被极大地强化,直至引起尖端放电。所以高速电弧放电加工的击穿放电条件与针板电极击穿放电模型有类似之处,有必要研究这样的结构产生的流场特性及其对高速电弧放电过程的影响。

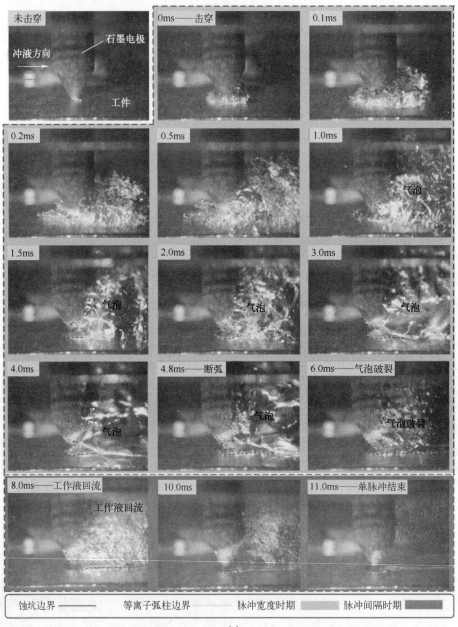

(a)

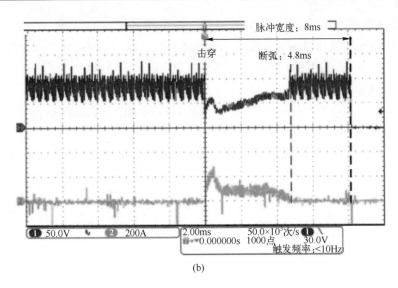

(b)

图 3-39 水中单次放电蚀除过程

（a）蚀除过程；（b）放电过程波形。

3.7.2 针板电极对冲液流场仿真

1. 几何模型

图 3-40 是单次电弧放电实验观测平台的冲液流道的剖视图。在进行计算流体力学仿真时，实际的求解域在实验时是充满流体的腔体，其余的流道和电极边界可以简化为一个壁面。经初步分析可以发现求解问题具有关于中心平面对称的

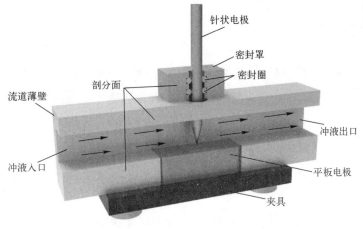

图 3-40 单次电弧放电实观测平台的冲液流道的剖视图

性质,所以为缩短计算时间可以只建立 1/2 的三维几何模型,如图 3-41(a)所示。根据实际实验装置尺寸和实验条件,求解域的尺寸设定为 4mm×8mm×150mm,电极直径为 2.5mm,锥顶角 15°,加工间隙设定为 100μm。

2. 网格剖分

建立好求解域的几何模型后,需要对其进行网格剖分。而网格剖分是否合理对求解精度和计算收敛性具有重要影响。分析求解域的特点可以预见,在针状电极的表面和加工间隙处流场变化梯度会比较大,为了得到准确的流场分析结果,需要对电极端部表面附近的网格进行适当细化并添加边界层网格。该问题中边界层网格设定为平滑过渡类型,共 5 层,增长率为 1.2。在流道的其他部位流场变化会比较平缓,所以对网格进行了适当的粗化,以减少计算量并缩短计算时间。按照上述分析结果对几何模型剖分后的网格如图 3-41(b)所示。

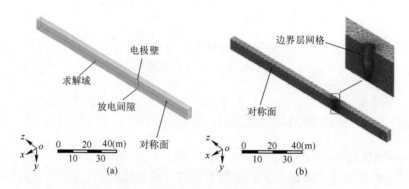

图 3-41 求解域的几何模型和网格剖分
(a) 几何模型;(b) 网格剖分。

3. 数学物理模型

由于实际问题涉及的影响因素较多,远远超过流体动力学模型所能处理的边界条件。为了简化数值计算,还需要在一些合理假设的基础上进行简化:

(1) 工作液为不可压缩流体,实验中的水基工作液密度为 1000kg/m³,黏度为 0.001kg/(m·s);

(2) 冲液状态良好时,通道内电弧放电蚀除产物的堆积可以忽略,且认为通道内的流体是单相流;

(3) 放电能量主要分配于两极及等离子体弧柱,工作液由于热传导所导致的温升忽略不计;

(4) 流体内温度均匀且等于室温,由于流道尺寸较小,温度梯度和重力梯度对流体的影响忽略不计。

基于以上假设,可以认为针板电极对流场的求解问题是恒温下的单相流问题。流场的数学物理模型的控制方程和流体的流动状态密切相关,流动状态不同则使用不同的数学物理方程描述。流体的流动状态是由雷诺数决定的。雷诺数的定义如下:

$$Re = \frac{\rho u D}{\mu} \tag{3-36}$$

式中:ρ 为流体的密度;u 为入口流速;μ 为流体的运动黏度;D 为求解域的特征长度。对于非圆形界面管道,其数值等于水力半径,即过流面积与湿周的比值。

代入模型的相应数值进行计算可知,在流速为 7m/s 的实验条件下雷诺数计算结果是 29000,流体处于完全湍流状态,其遵循的物理规律可以使用标准 k-ε 模型描述。标准 k-ε 模型[34]是基于湍流动能(k)模型及其消散率(ε)的输运方程模型得到,k 和 ε 可以通过式(3-37) 和式(3-38)计算获得。

$$\frac{\partial}{\partial t}(\rho k) + \frac{\partial}{\partial x_i}(\rho k u_i) = \frac{\partial}{\partial x_j}\left[\left(\mu + \frac{\mu_t}{\sigma_k}\right)\frac{\partial k}{\partial x_j}\right] + G_k + G_b - \rho\varepsilon + s_k \tag{3-37}$$

$$\frac{\partial}{\partial t}(\rho\varepsilon) + \frac{\partial}{\partial x_i}(\rho\varepsilon u_i) = \frac{\partial}{\partial x_j}\left[\left(\mu + \frac{\mu_t}{\sigma_\varepsilon}\right)\frac{\partial \varepsilon}{\partial x_j}\right] + C_{1\varepsilon}\frac{\varepsilon}{k}(G_k + C_{3\varepsilon}G_b) - C_{2\varepsilon}\rho\frac{\varepsilon^2}{k} + s_\varepsilon \tag{3-38}$$

式中:x_i,x_j 为笛卡儿坐标系下的坐标值;u_i 为流体微元流速在 i 方向上的分量;σ_k,σ_ε 分别为湍流动能和湍流动能消散率的 Prandtl 数;$C_{1\varepsilon}$、$C_{2\varepsilon}$、$C_{3\varepsilon}$ 为经验常数;s_k,s_ε 为用户定义的源项,由于本模型不包含源项,故其数值为零;μ_t 为湍流黏度;G_b 为由浮力产生的湍流动能,在本模型中温度梯度和重力梯度被忽略,所以其数值为零;G_k 为由平均速度梯度产生的湍流动能。

其中,湍流黏度 μ_t 的计算式为

$$\mu_t = \rho C_\mu \frac{k^2}{\varepsilon} \tag{3-39}$$

式中:C 为经验常数,在本模型中接受软件默认值。

平均速度梯度产生的湍流动能 G_k 的计算式为

$$G_k = -\rho\overline{u'_i u'_j}\frac{\partial \mu_j}{\partial x_i} \tag{3-40}$$

4. 边界条件

在求解式(3-38)和式(3-39)的时候为了得到定解,还需要知道边界条件。结合实际问题,设定模型的边界条件如下:

(1) 冲液入口设定为流速入口边界,入口流速为 7m/s,方向垂直于入口截面;

（2）因为流道轴向尺寸相对于界面尺寸足够长，可以认为在出口处流体已经得到充分发展，所以出口边界条件为流出边界；

（3）几何模型的对称面设定为对称边界；

（4）其余的边界设定为壁面边界；

（5）参考压力点选取在出口截面的中心，因为流道出口直接暴露于大气中，所以参考压力值设定为一个大气压。

5. 仿真结果

图3-42(a)是流道对称面上的冲液流速分布仿真云图。可以看出，虽然在靠近流道或电极的边界上的一薄层内冲液的速度迅速减小到零，但是流道内绝大部分的冲液流速损失很小。此外，冲液在绕流过针状电极之后，在电极的下游一边出现了明显的"涡"，流速急剧下降，而在流过电极针尖后在涡的斜下方区域流速明显增加，并逐渐过渡到平稳的平均流速。这种流场压力的急剧变化非常有利于将电弧放电加工产生的加工屑颗粒和放电通道等离子体产生的热量从放电间隙中带走，保证新鲜的工作液介质补充进来，实现在脉冲间隔内迅速消电离，促进电弧放电加工的持续稳定进行。

图3-42(b)是流道对称面上的冲液压力分布仿真云图。由于建模的时候参考压力选择的是一个标准大气压，所以图3-42(b)是流道内各处表显压力（实际压力减去标准大气压）云图。从图中可以看出，在冲液下游侧的电极表面附近存在着一个低压区，这是由于高速流体通过障碍物之后流线无法立即合拢而在障碍物的下游侧形成了低压涡。这个低压涡会在放电点附近形成一个很强的压力梯度，对放电等离子体弧柱的形态、加工屑颗粒的运动状态，以及电弧放电加工过程产生很大的影响。

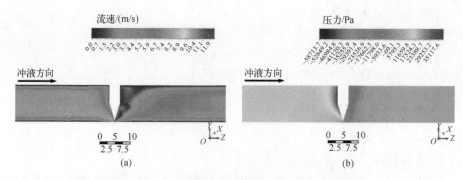

图3-42 流道对称面上的流场分布（见书末彩图）

(a) 流道对称面上的冲液流速分布仿真云图；(b) 流道对称面上的冲液压力分布仿真云图。

为了研究流场在加工间隙内的变化规律，在对仿真结果进行后处理时，设定一条位于流道对称面且经过加工间隙的采样路径。根据获得的采样数据绘制的采样路径上压力分布曲线如图3-43所示。从图3-43中可以发现,在流道内冲液压力变化较平缓,但是在加工间隙中的压力出现一个陡峭的下降沿,并在放电点靠近冲液下游一侧形成低压区。仿真结果表明:压力下降值随着入口冲液速度的增加而增大,在入口冲液流速为$v_f=7\text{m/s}$的时候,放电点附近的压力计算值已经低于0,形成负压区。这个负压区的存在,将极大促进熔池中的熔融材料的排出以及工作液进入并冷却熔池的效果,形成较薄的重铸层及热影响层。

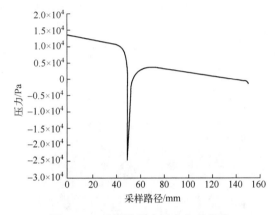

图3-43 采样路径上压力分布曲线

3.7.3 基于仿真结果对实验观测结果的分析

间隙的工作液介质击穿放电后,放电通道等离子体在其内部电子碰撞电离的作用下不断沿径向扩张,直到在自身电磁箍束的作用下进入局部热平衡状态而形成电弧等离子体。电弧等离子体在扩张过程中,放电通道的高温迅速把工件和电极上的材料熔化,形成熔池。从图3-43中可以看出,由高速冲液所致,在电极的针尖部位和针尖之后存在一个很大的压力差,该压力差会推动放电通道等离子体沿着冲液的方向偏转。从拍摄到的放电过程照片中可以发现,在0.2ms的时候引弧位置是在电极的左侧,而在4.6ms熄弧之前电弧的位置是在电极的右侧,这是由流体动力对电弧的作用所引起的。

由于电弧是高压的热等离子体,且熔池内金属汽化时其体积高速膨胀,所以熔融金属和电极针尖下游低压区的负压形成一个很大的压力梯度,该压力梯度会把熔池内的熔融金属抽吸出来并抛入工作液中。在工作液的冷却作用下熔融金属变成颗粒状加工屑,被高速流动的工作液迅速带走,如图3-37所示的该过程可以称为高速冲液形成的负压抽吸效应。在负压抽吸作用下和电弧等离子体爆炸性蚀除的双重作用下,熔池内的熔融金属得以及时、高效地从熔池内排出,而不是像普通电火花加工那样单纯依靠放电通道等离子体的爆炸力排出。这样在放电过程中这些金属熔融之后就不会一直滞留在熔池内持续从电弧中吸收能量而形成过热金属,从而降低了形成过热金属过程中潜热所消耗的能量,大幅提高了放电能量的利用效率。

从图 3-44 所示的加工屑颗粒显微照片来看,虽然高速电弧放电加工的材料去除率很高,但是加工屑颗粒的直径和传统电火花放电加工的加工屑颗粒直径[35]相比并没有明显的增大。这也许得益于高速冲液形成的负压抽吸和电弧等离子体的爆炸蚀除效应的结合,使熔池内产生的熔融金属得以及时排出,不致于因形成熔融金属体积较大而形成大尺寸的加工屑颗粒。细小的加工屑颗粒更容易被高速的工作液带走,不会滞留在加工间隙,因而极大地降低了高速电弧放电过程中的短路率,对维持稳定的电弧放电加工过程是非常有利的。

图 3-44 加工屑颗粒显微照片

高速冲液产生的流体动力推动电弧发生偏转,电弧在工件表面移动后形成图 3-45(a)所示的尾状放电痕,并在电极侧面产生了偏蚀现象,形成图 3-45(b)所示的具有明显冲蚀特征的蚀坑。电弧等离子体相比于火花放电等离子体有更高的能量密度,如果任其在某一位置驻留,除了会造成局部金属过热,降低能量利用效率之外,还会烧伤工件表面和基体材料,造成加工失败。而流体动力移弧、断弧效应会主动控制电弧等离子体在工件表面的移动,很好地避免了电弧烧伤问题,而且断弧瞬间所引起的爆炸性蚀除还会大幅度提高熔融金属的蚀除效率。所以说高速冲液对高速电弧放电加工至关重要,甚至是不可或缺的控制手段。通过采用高速冲液,在高速电弧放电加工中引入了流体动力断弧机制,因而材料蚀除特征和过程与传统电火花加工相比具有极其明显的区别,其中最主要的特征就是产生尾状放电痕。

图 3-45 工件上的放电蚀坑与工具表面蚀坑形貌
（a）工件表面蚀坑形貌；（b）工具表面蚀坑形貌。

3.8 电弧运动对加工的影响

在前面的叙述中，对高速电弧放电加工中存在的流体动力断弧机制、放电击穿后放电通道等离子体的扩张与发展，以及放电通道发展阶段在工件材料内形成的温度场等进行了逐一分析与论述。在这些针对放电过程各个阶段的研究成果基础上，本节将综合利用这些成果对高速电弧放电加工的过程进行理论建模。

3.8.1 高速电弧放电加工材料蚀除特点

在高速电弧放电加工中，通过使用多孔电极引入强化内冲液，主控控制电弧等离子体的移动和切断，即可实现高效、稳定的电弧放电加工，又可防止出现电弧灼伤，还能充分冷却工件和电极，减小热影响层、残余应力及微裂纹。

图 3-46 是实验得到的不同加工参数下高速电弧放电加工所产生的尾状放电痕的形态[36]。比较图 3-46 中的实验结果，可以总结出加工参数对形成尾状放电痕的影响规律：

（1）更大脉冲宽度产生更长的拖尾。在大脉冲宽度条件下，放电通道等离子体由火花放电阶段充分发展后进入电弧放电阶段，达到局部热平衡状态，同时放电通道等离子体在流体动力作用下有更多的时间来移动更长的距离。

（2）更大的峰值电流也会产生更长的拖尾。当峰值电流比较大时，放电能量密度增大，放电通道等离子体扩张的速度更快，发展到电弧放电阶段用时更短，电弧等离子体有相对更长的时间被流体动力推移，所以产生了更长的拖尾，且放电蚀坑更深。

（3）更大的冲液流速产生更长的拖尾。冲液流场产生的流体动力和冲液流速的平方呈正比例关系，只有当流速足够大的时候，才会有足够的流体动力使放电通道等离子体产生明显的偏移，进而产生带有明显拖尾的尾状放电痕。

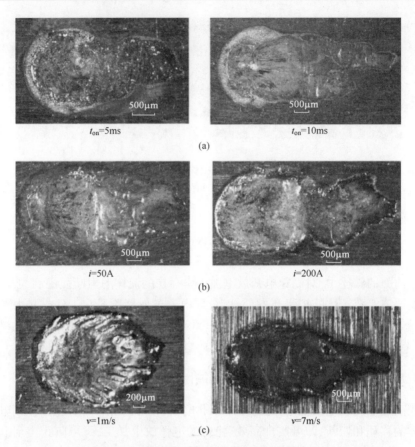

图 3-46 不同加工参数下产生的尾状放电痕

(a) 脉冲宽度的影响($i=100A,v=7m/s$);(b) 峰值电流的影响($t_{on}=5ms,v=7m/s$);

(c) 冲液速度的影响($i=150A,t_{on}=5ms$)。

通过上述分析可知,产生尾状放电痕的根本原因是放电通道等离子体在流体动力作用下发生了明显偏移,因而分析放电通道等离子体在高速冲液作用下的运动规律是对尾状放电痕现象建模仿真的前提。

3.8.2 高速冲液流场中的放电通道等离子体

图 3-47 所示的是在放电维持电压 25V、峰值电流 100A、放电脉冲宽度 5ms、冲液速度 7m/s 的条件下放电通道等离子体发展演变的过程。从该图中可以看出,在 0.5~2.0ms 的时间段内放电通道等离子体直径逐渐由小变大,弧光也逐渐地由弱变强,在这个阶段中放电通道等离子体的发展主要是沿径向扩张,此时放电通道等离子体比较细小,而且是通过电离周边的工作液介质的方式进行扩张的,此时的放电通道等离子体的内部压力很高,向四周扩张的趋势占主导地位,故在此阶段放电

通道等离子体受冲液所产生的流体动力的影响相对较小。在 2.5~3.0ms 的时间段内拍摄到的照片显示,放电通道等离子体的直径不再变大,弧光强度也维持在一个稳定的水平,故此时放电通道等离子体经扩张后迎流截面积增大了很多,且放电通道等离子体的内压逐渐达到稳定状态,于是流体动力的作用将对放电通道等离子体的行为产生决定性的影响,并推动放电通道等离子体产生显著的偏移。在 3.0ms 之后的时间段内,弧光逐渐消失,说明在流体动力作用下放电通道等离子体的偏移量超过了维持电弧放电的临界值,从而产生了断弧。

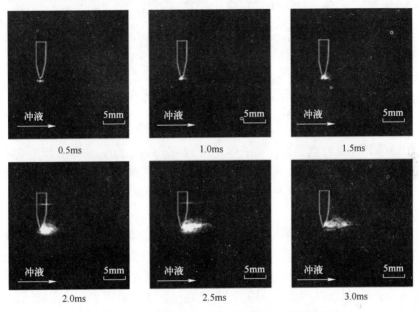

图 3-47 高速冲液条件下放电通道的发展演变过程

图 3-48 是在不同冲液流速条件下产生的两个典型的尾状放电痕。可以看出,尾状放电痕由两部分组成,沿着冲液的方向,首先是一个圆形的放电蚀坑部分,随后为一个逐渐变窄的拖尾部分。由此可以推断:尾状放电痕的圆形蚀坑部分正是在击穿放电之后在放电通道等离子体扩张过程中产生的,实验结果表明圆形蚀坑的直径与冲液流速无明显关系,其大小只与峰值电流、放电脉冲宽度和维持电压有关。尾状放电痕的拖尾部分则明显是受到流体动力的影响,且冲液流速越大拖尾越长。根据对尾状放电痕的形貌特征分析,结合图 3-47 对放电通道等离子体形态演化的实验观测结果,可以归纳出高速冲液条件下放电通道等离子体的发展过程假说如下:

(1) 放电击穿与等离子体扩张阶段:这个阶段的放电通道等离子体不断吸收能量并电离周边的工作液介质,使放电通道等离子体的内压不断增加,其膨胀与扩张占据了主导地位,足以抵抗流体动力的影响,因此冲液不会明显地干扰放电通道等离子体的形成及扩张过程。在这个过程中放电通道以物质增长的方式扩张,放电通道等离子体半径遵循前面描述的放电通道抛物线扩张规律,在工件表面产生近似圆形的蚀坑。

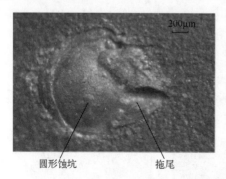 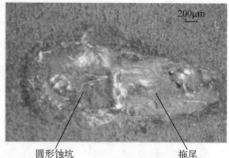

图 3-48　尾状放电痕形状特征

（2）移弧阶段:放电通道等离子体扩张到一定程度之后,在电流产生的电磁箍束和静电力作用下停止扩张,进入内外作用力相对平衡的电弧放电阶段。此时放电通道等离子体的迎流截面也足够大,因承受较大的流体动力驱使而发生偏转,形成蚀坑的拖尾部分。

（3）断弧阶段:当电弧等离子体被拉得足够长时,等离子体内的阻抗液随之增加,放电维持电流也迅速下降,到达一个临界点之后,维持电弧放电的条件被破坏,导致电弧被拉断而终止放电,或因到达脉冲间隙而熄弧。

图 3-49 是尾状放电痕的形成过程及其断面轮廓示意图。高速摄像结果显示,放电通道等离子体在高速冲液的流体动力驱动下沿着工件表面移动,虽然冲液的波动会偶尔引起电弧等离子体在垂直冲液方向上发生偏移,但是在满足简化且又能够说明问题条件下,可认为在偏移的过程中放电通道等离子体与工件接触端面在做近似匀速直线移动,移动速度 v_a 与冲液速度 v_f 成正比,即

$$v_a = \alpha v_f \quad (3\text{-}41)$$

式中:α 为一个常数。由于放电通道等离子体与工件接触面会对放电通道的等离子体的移动产生黏滞阻力,因此 $\alpha<1$,根据高速摄像机拍得的放电通道位置随时间变化的照片测得其数值接近 0.2。

在高速电弧放电的过程中,在小脉冲宽度条件下放电通道等离子体的移动会因放电脉冲终止而使放电强制结束。而大脉冲宽度加工条件下放电通道等离子体则会持续移动直到断弧或放电脉冲宽度结束而中断放电。因而不同冲液速度下放电通道有一个最大移动距离,基于不同流速的放电实验,最大移动距离 L_{max} 可用如下经验公式表示:

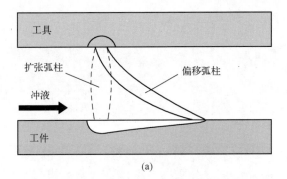

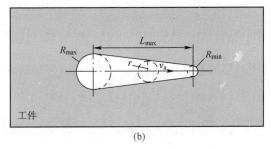

图 3-49 尾状放电痕的形成过程及其断面轮廓示意图
(a) 工作间隙侧视图;(b) 尾状放电痕俯视图。

$$L_{max} = \frac{6v_f}{v_f+2} \times 10^3 (mm) \qquad (3-42)$$

式(3-42)的最大值 L_{max} 约为 6mm。因为流体动力断弧机制的存在,加上放电通道等离子体临界长度即被流体动力断弧机制拉断的长度是有限的,超过这个临界长度放电通道等离子体的截面积会变得很小,阻抗增大,流过放电通道等离子体的电流会变小,最终因无法维持等离子体的平衡而被拉断。因此,拖尾的最大长度不会随着冲液速度的增大而无限增大,在实验中也没有发现拖尾长度超过 6mm 的尾状放电痕。

图 3-49 中 R_{max} 表示放电通道等离子体充分扩张后其半径所达到的最大值,这个数值可以通过测量大脉冲宽度下单脉冲放电实验所得到的蚀坑半径来获得,实验结果如图 3-50 所示,按照显微照片的标尺可以测出 R_{max} 的数值大约为 1mm。电弧在流体动力作用下发生偏转,最后因无法维持而断弧,R_{min} 是断弧时的临界半径,实验结果表明其数值大约为 200μm。放电通道等离子体在偏移的时候,与工件界面接触的半径也在逐渐减小,根据图 3-49(b)所示的几何关系经过简单的推导可以知道其半径变化符合下式:

$$r = R_{max} - \frac{(R_{max}-R_{min})v_a}{L_{max}} \cdot t \qquad (3-43)$$

式中：t 为放电通道等离子体结束扩张之后的时间。

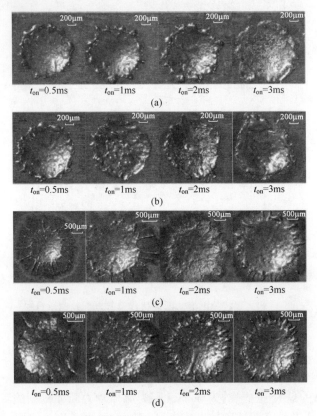

图 3-50　不同放电参数下的蚀坑显微照片
（a）$i=50A$；（b）$i=100A$；（c）$i=300A$；（d）$i=500A$。

为了验证"先扩张后偏移"模型，在下一节将采用有限元方法对其进行数值仿真，根据仿真得到的工件内的温度场分布来考察和分析高速电弧放电加工的材料蚀除及尾状放电痕的形成过程。

3.8.3　"先扩张后偏移"的放电通道等离子体模型

1. 问题的简化

建立高速电弧放电加工材料放电蚀除过程的分析模型不仅需要考虑放电通道等离子体的扩张过程，而且需要考虑放电通道等离子体在高速冲液流体动力作用下偏移所带来的影响。为了使建模过程能够顺利进行，必须对问题进行合理简化以忽略一些在过程中非主要作用因素，简化方法与 3.6 节类似。

2. 求解域及其属性

在高速冲液作用下,放电通道等离子体沿着冲液方向发生偏移,垂直于冲液方向上的速度分量忽略不计,而且工件材料属性各向同性,所分析的问题关于平行于冲液方向的放电通道等离子体中心平面对称。因此可以建立 1/2 的三维几何模型作为求解域,如图 3-52(a)所示。对于瞬态固体传热问题,求解域的控制方程为笛卡儿坐标系下的无内热源的导热微分方程:

$$\rho c_p \frac{\partial T}{\partial t} = \frac{\partial}{\partial x}\left(K\frac{\partial T}{\partial x}\right) + \frac{\partial}{\partial y}\left(K\frac{\partial T}{\partial y}\right) + \frac{\partial}{\partial z}\left(K\frac{\partial T}{\partial z}\right) \qquad (3-44)$$

式中:ρ 为求解域材料的密度;c_p 为求解域材料的比热容;K 为求解域材料的导热系数;x,y,z 为笛卡儿坐标系下的坐标值;T 为求解域材料的温度;t 为时间。

在高速电弧放电加工过程中的相变潜热 $H(T)$ 表达式为式(3-29)。

3. 网格剖分

图 3-51(a)中的求解域几何模型是规则的长方体,可以进行结构化网格剖分来得到高质量的网格。本模型使用 ANSYS 软件的热分析体单元 SOLID 278 对求解域进行六面体网格剖分,得到包含较少节点的高质量网格,结果如图 3-51(b)所示。

4. 边界条件

引用前面强冲液条件下高速电弧放电加工产生的放电通道等离子体运动规律的分析结果,参考图 3-51(a),设定求解域的边界条件如下:

(1) 在工件表面,与放电通道等离子体接触的区域发生热交换,热交换的热流密度通过式(4-8)计算得到。由于高速电弧放电加工的热源是能量密度更高的电弧等离子体,故传递给工件的能量占放电总能量的百分比要高于火花放电阶,参考以前学者的研究成果取其数值为 $F_a = 70\%$[37]。

(2) 放电通道的演变过程分为扩张和偏移两个阶段。扩张阶段模拟放电间隙介质被击穿之后,放电通道等离子体半径逐渐扩张的过程;偏移阶段则是模拟放电通道等离子体完成扩张之后在高速冲液的流体动力驱动下偏移的过程。

(3) 工件表面上未与放电通道等离子体接触的区域、对称平面和其他界面上都可认为与外界没有发生热量交换,即

$$K\frac{\partial T}{\partial \boldsymbol{n}} = 0 \qquad (3-45)$$

式中:$\boldsymbol{n}$ 为平面的法向量。

5. 求解方法

放电通道等离子体扩张阶段的建模和求解过程在前面已有详细阐述,这里不再赘述。在偏移阶段,流体动力驱动放电通道等离子体在工件表面上按式(3-44)所给的速度沿冲液方向偏移。在偏移的过程中,放电通道等离子体与工件的接触

面半径逐渐变小,其初始值即是扩张阶段的最终值。在模型中同样首先对放电时间进行离散,并计算出在每个离散时刻热源的位置、半径大小和热流密度,然后把这些参数写成载荷步(LS),最后逐步加载这些载荷步进行求解计算,计算结束后便可得到工件内部温度场的分布。

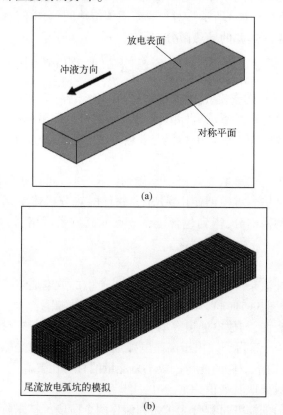

图3-51 求解域几何模型及剖分网格(见书末彩图)
(a) 几何模型;(b) 剖分网格。

3.8.4 仿真结果与讨论

图3-53是在放电维持电压25V、峰值电流100A、放电脉冲宽度5ms、冲液速度7m/s的条件下,求解"先扩张后偏移"模型所得到的工件内温度场分布云图。从图示的温度场分布可以看出,位于放电通道等离子体扩张中心的位置温度最高,这是因为放电通道等离子体扩张时其中心位置几乎不发生移动,工件材料长时间被放电通道等离子体加热导致温升比较大。由于通道扩张时产生的传热时间累积效应,这部分材料的熔融去除会形成表面投影形状接近圆形的蚀坑。放电通道等离

子体完成扩张后被流体动力驱动而偏转,使放电通道传热界面逐渐缩小而且传递的热量也被分散到沿途,在圆形蚀坑的冲液下游方向,高温区的宽度逐渐降低,而且温度值也在逐渐下降,这部分的材料熔融去除后便形成一个逐渐收敛的拖尾形态。

图 3-52 直观地显示出放电通道等离子体"先扩张后偏移"模型能够合理地解释流体动力断弧机制,而且通过仿真得到了拖尾长度约为 5.2mm 的尾状放电痕。通过仿真得到的尾状放电痕在冲液来流上游一端呈现出一个在放电通道等离子体扩张阶段所形成的较深的圆形蚀坑,在拖尾部分深度则逐渐变浅、宽度逐渐变窄,这与图 3-9 中拍摄的尾状放电痕的实验结果一致。

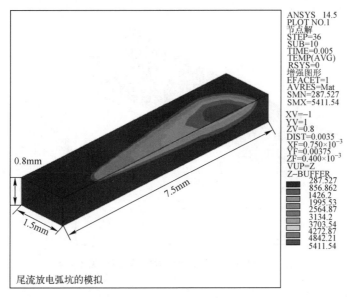

图 3-52　尾状放电痕的仿真温度场(见书末彩图)

图 3-53 是在放电维持电压 25V、峰值电流 100A、放电脉冲宽度 5ms、冲液速度 0 条件下模拟无冲液时加工中工件的温度场分布云图。从图中可以看出,在不受冲液扰动时,放电通道中心始终不发生移动。在这种情况下,材料熔融去除后在工件表面产生一个不带拖尾的圆形蚀坑,蚀坑的深度相比于尾状放电痕的圆形蚀坑直径略大,这些仿真结论都与图 3-10 的实验结果一致。

比较图 3-52 和图 3-53 可以发现,在没有冲液的稳态电弧放电条件下高温区域所占比例更大。这是因为在没有外力作用情况下熔融的金属在放电期间一直在熔池内持续吸收来自电弧等离子体的热量,从而形成过热金属。所以在放电结束之后,很大一部分放电能量以潜热(熔化潜热和汽化潜热)的形式被加工屑颗粒带走了。相比之下,高速冲液作用下的电弧放电产生了更大容积的蚀坑,即在一个放电脉冲内可去除更多的工件材料。这是因为:一方面,电弧被冲液驱动在工件表面产生移动,使工件表面受热面积增大,热量分布较为分散;另一方面,运动的电弧等离子体将工件材料熔化后即移动至相邻位置,形成熔池内的金属无法继续从电弧等离子体吸收热能,在加上冲液的爆炸性蚀除作用和负压抽吸作用都使熔融金属及时以加工屑颗粒的形式排出,所以被潜热形式浪费的放电能量相比于稳态电弧也大大降低。综上所述,高速电弧放电加工不仅可以获得稳定的加工过程,而且进一步提高了放电能量的利用效率,获得更高的材料去除率。

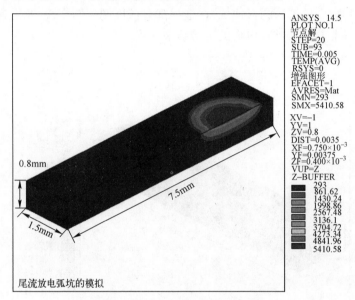

图 3-53　不冲液电弧放电工件温度场分布(见书末彩图)

3.9　小　　结

本章以高速电弧放电加工的物理过程研究为主线,揭示了两种主要的断弧机制及基于流体动力断弧机制的高速电弧放电加工机制。通过观察实验对放电等离子体的形态进行了观测,验证了流体动力断弧机制的存在,并对该机制如何影响放电等离子体及蚀除过程进行了分析。利用激光照明和窄带带通滤波器配合高速摄像技术获得了电弧放电过程中的间隙气泡及熔池变化过程。依据高速电弧放电加工的加工机制和加工方式,根据电弧放电加工的特点,对复杂的放电通道等离子体进行了合理的简化。在此基础上,从物质增长扩张和能量守恒的观点出发,使用微元法推导出以水为工作液介质的放电通道等离子体扩张表达式。提出了一种均匀分布热流密度逐步加载来模拟放电通道等离子体扩张的思路,建立了一个新的分析放电加工材料去除过程的有限元模型。利用所建立的计算流体力学模型,得到针板电极对模型中冲液流道的流场分布结果,并结合仿真结果和实验结果对高速电弧放电过程中的冲液效应进行了研究。最后依据高速电弧放电加工过程高速摄像结果,深入分析了在高速冲液作用下放电通道等离子体在工件表面运动的规律,提出并建立了一个放电通道等离子体"先扩张后偏移"模型来分析高速电弧放电加工中材料的蚀除过程,并通过有限元方法对模型进行仿真,得到与尾状放电痕接近的放电蚀坑形貌仿真结果。

参考文献

[1] LI L,ZHAO W S,GU L. Observation of Tailing Crater Phenomenon in Bunched-electrode EDM [C]. The 8th International Conference on Froniters of Design and Manufacturing,Tianjin,China,2008:454-458.

[2] ZHAO W,GU L,XU H,et al. A Novel High Efficiency Electrical Erosion Process-Blasting Erosion Arc Machining [J]. Procedia CIRP,2013,6:622-626.

[3] ZHAO W S,GU L,ZHANG F W,et al. Modeling study of the hydrodynamic arc breaking mechanism in BEAM[J]. CIRP Annals - Manufacturing Technology,2018(67):189-192.

[4] MESHCHERIAKOV G,et al. Physical and technological control of arc dimensional machining [J]. CIRP Annals-Manufacturing Technology,1988,37(1):209-212.

[5] MESHCHERIAKOV G,NOSULENKO V,MESHCHERIAKOV N,et al. Physical and Technological Control of Arc Dimensional Machining[J]. CIRP Annals - Manufacturing Technology,1988,37(1):209-212.

[6] XIA H,KUNIEDA M,NISHIWAKI N. Removal Amount Difference between Anode and Cathode in EDM Process[J]. International Journal of Electrical Machining,1996,1:45-52.

[7] HAYAKAWA S,et al. Time Variation and Mechanism of Determining Power Distribution in Electrodes during EDM Process[J]. Ijem,2001,6:19-25.

[8] 韩永全,赵鹏,杜茂华,等. 铝合金变极性等离子弧焊温度场数值模拟[J]. 机械工程学报,2012,48(24):33-37.

[9] KUNIEDA M,KAMEYAMA A. Study on decreasing tool wear in EDM due to arc spots sliding on electrodes [J]. Precision Engineering,2010,34(3):546-553.

[10] KUNIEDA M,KOBAYASHI T. Clarifying mechanism of determining tool electrodewear ratio in EDM using spectroscopic measurement of vapor density [J]. Journal of Materials Processing Technology,2004,149(1-3):284-288.

[11] NUNES A C,BAYLESS E O,JONES C S,et al. Variable polarity plasma arc welding on the space shuttle external tank [J]. Weld Jounal. 1984,63(9):27-35.

[12] EUBANK,PHILIP T,PATEL,et al. Theoretical models of the electrical discharge machining process. Ⅲ. The variable mass,cylindrical plasma model. [J]. Journal of Applied Physics,1993.

[13] LHIAUBET C, MEYER R. Method of indirect determination of the anodic and cathodic voltage drops in short high-current electric discharges in a dielectric liquid[J]. Journal of Applied Physics,1981,52：3929-3934.

[14] ERDEN A, KAFTANOǦLU B. Thermo-mathematical modelling and optimization of energy pulse forms in electric discharge machining (EDM)[J]. International Journal of Machine Tool Design and Research,1981,21(1)：11-22.

[15] PANDEY P, JILANI S. Plasma channel growth and the resolidified layer in EDM[J]. Precision Engineering,1986,8(2)：104-110.

[16] PATEL M R, BARRUFET M A. Theoretical models of the electrical discharge machining process. Ⅱ. The anode erosion model[J]. Journal of applied physics,1989,66(9)：4104-4111.

[17] IKAI T, HASHIGUSHI K. Heat input for crater formation in EDM[C]. In：Proceedings of the 11th International Symposium on Electromachining, EPFL. Lausanne,1995：163-170.

[18] WATARU NATSU, MAYUMI SHIMOYAMADA, MASANORI KUNIEDA. Study on Expansion Process of EDM Arc Plasma[J]. The Japan Society of Mechanical Engineers,2006,49(2).

[19] PEREZ ROBERTO, ROJAS HUGO, WALDER GEORG, et al. Theoretical modeling of energy balance in electroerosion[J]. Journal of Materials Processing Tech. ,2003,149(1).

[20] DESCOEUDRES A. Characterization of electrical discharge machining plasmas[D]. Lausanne：EPFL,2006.

[21] BÅRMANN P, KRÖLL S, SUNESSON A. Spectroscopic measurements of streamer filaments in electric breakdown in a dielectric liquid[J]. Journal of Physics D Applied Physics,1998,29(5)：1188-1196.

[22] SOLTIS D A, SKALKA A M. Characterization of an inductively coupled nitrogen-argon plasma by Langmuir probe combined with optical emission spectroscopy[J]. Physics of Plasmas,2011,18(2)：557-583.

[23] KIM S W. Experimental investigations of plasma parameters and species-dependent ion energy distribution in the plasma exhaust plume of a hall thruster[D]. State of Michigan：University of Michigan,1999.

[24] KOJIMA A, NATSU W, KUNIEDA M. Spectroscopic measurement of arc plasma diameter in EDM[J]. CIRP Annals-Manufacturing Technology,2008,57(1)：203-207.

[25] DR L. CRC Handbook of chemistry and physics[M]. Boca Raton：CRC Press Press,1999.

[26] ZHOU X, HEBERLEI J. Analysis of the Arc-cathode Interaction of Free-burning Arcs[J]. Plasma Sources Science and Technology,1994,3：564-574.

[27] ZING A. Effect of thermal conductivity upon the electrical erosion of metals[J]. Sovit Physics-Technical Physics,1994,1(56)：1945-1958.

[28] 薛荣,顾琳,杨凯,等. 喷雾电火花铣削加工的能量分配与材料蚀除模型[J]. 机械工程学报,2012,48(21)：175-182.

[29] ZHANG Y, LIU Y, SHEN Y, et al. A New Method of Investigation the Characteristic of the Heat

Flux of EDM Plasma[J]. Procedia CIRP,2013,6.

[30] RAIZER Y P,ALLEN J E. Gas discharge physics [M]. Berlin:Springer-Verlag,1991.

[31] TOBAZCON R. Prebreakdown phenomena in dielectric liquids[C]. In:IEEE International Conference on Conduction and Breakdown in Dielectric Liquids,1993:1132-1147.

[32] YAMADA H,SATO T,FUJIWARA T. High-speed photography of prebreakdown phenomena in dielectric liquids under highly non-uniform field conditions[J]. Journal of Physics D Applied Physics,2000,23(12):1715-1722.

[33] 张三慧. 大学物理学-电磁学 [M]. 北京:清华大学出版社,2008.

[34] LAUNDER B E,SPALDING D B. Lectures in Mathematical Models of Turbulence [M]. London:Academic Press,1972.

[35] CABANILLAS E D,PASQUALINI E E,LÓPEZ M,et al. Morphology and Phase Composition of Particles Produced by Electro-Discharge-Machining of Iron[J]. Hyperfine Interactions,2001,134(1):179-185.

[36] 李磊. 集束电极电火花加工性能研究[D]. 上海:上海交通大学,2011.

[37] ZACHARIA T,ERASLAN A H,AIDUN D K,et al. Three-dimensional transient model for arc welding process[J]. Metallurgical Transactions B,1989,20(5):645-659.

第4章

电弧放电加工中电弧的特性

在高速电弧放电加工中,放电电弧扮演着能量场携带者的角色,因而放电电弧等离子体的物理性质以及和周围物质的相互作用与规律决定着高速电弧放电加工过程中的各项加工性能指标。因此,研究放电电弧等离子体的特性,包括电弧等离子体的温度、放电作用力、声发射特性等都具有重要意义。

4.1 放电电弧等离子体主要物理量的测量实验平台

单次放电实验平台以连续放电实验平台为基础,并通过增加部分观测装置及传感检测单元实现所需的观测与检测功能。

如图4-1所示,单次放电实验采用实心棒状紫铜电极,工件浸没于工作液槽中,工作液为去离子水。根据单次放电实验的测量对象的不同,工作液槽的质量、尺寸及结构可做相应调整以适应实验要求。该实验平台主要用于电弧放电时的极间放电通道等离子体温度、放电作用力和放电爆炸声的测量。测量极间放电通道等离子体温度时,采用光谱测量装置对原子发射光谱进行采集,并通过计算来诊断等离子体温度。对放电作用力的测量则采用相应传感器来进行,为避免超出测力传感器的量程,需要将工件和水槽设计成可安装于传感器上方的轻巧结构。采用放置于工作液槽旁的声波传感器对放电爆炸声进行测量。极间放电通道等离子体的温度、作用力和声波测量装置的具体细节和传感器的规格参数等将在后续内容中具体介绍。

单次放电加工的电极和工件采用类似"针—板"结构,电极为直径2mm、长度100mm的实心紫铜杆。紫铜电极安装于机床Z轴下端,可通过机床进给机构实现微米级精度的电极与工件间隙调整。当电极下端和工件表面形成的间隙约为$50\sim100\mu m$时,在脉冲电压作用下,间隙内的工作液介质将被击穿并形成放电。

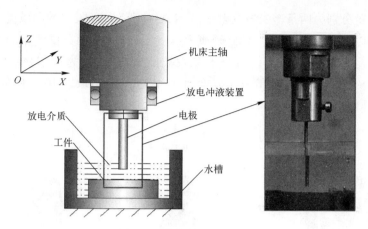

图 4-1 单次放电实验装置

4.2 不同工件材料电弧温度的测量

等离子体温度常用测量方法有探针法和光谱法。由于高速电弧放电加工时极间形成的电弧等离子是处于局部热力学平衡状态(LTE)的热等离子,温度远高于接触式测温仪器的工作范围,且放电间隙的尺度很小,不到1mm,无法在不影响实际放电的情况下采用探针法来进行可靠的测量。原子发射光谱[1-2](atomic emission spectrometry, AES)是一种可利用火花放电、电弧放电等发射出的特征光谱实现元素的定性与定量分析的方法,发射光谱波长对应某一特定元素,光谱的强度则对应了该元素的含量,而某元素的两条特征谱线的强度比则表征了该元素原子发射所对应的激发温度。因此可采用光谱仪采集原子发射光谱,进而用双线法通过计算获得等离子体温度。这里分别测试了 Cr12 模具钢及 20% 和 50% 体积组分的颗粒增强铝基碳化硅为工件材料时的电弧放电温度。

4.2.1 放电通道电弧等离子体温度测量及计算方法

高速电弧放电加工中的极间电弧温度测量装置原理如图4-2所示。为方便辨识原子发射的特征光谱,所用电极材料为紫铜。在水槽上方的光纤探头对准放电区域,在放电时采集电弧产生的光信号并传输至光谱仪(型号:NOVA-EX)。工件和电极分别通过导线连接至脉冲电源的正、负极。

获得等离子的原子发射光谱后,利用双线法计算等离子体温度,计算公式为

$$\frac{\varepsilon_i}{\varepsilon_u} = \frac{\lambda_u A_i g_i}{\lambda_i A_u g_u} \cdot \exp\left(-\frac{E_i - E_u}{kT}\right) \tag{4-1}$$

式中:ε_i 和 ε_u 分别为两条谱线的发射率;λ_i 和 λ_u 分别为原子发射的两条谱线的波长(nm);A_i 和 A_u 为两条谱线对应的跃迁概率(s^{-1}),g_i 和 g_u 为两条谱线相应激发态的统计权重;E_i 和 E_u 为两条谱线各自的激发态能量(eV);k 为玻尔兹曼常数(k = 1.3806505×10^{-23} J/K);T 为等离子温度(K)。将式(4-1)取以 10 为底的对数,可得极间电弧温度 T 的表达式为[3]

$$T = 5040(E_i - E_u) \cdot \left[\lg\left(\frac{A_i g_i}{A_u g_u}\right) - \lg\frac{\lambda_i}{\lambda_u} - \lg\frac{\varepsilon_i}{\varepsilon_u}\right]^{-1} \quad (4-2)$$

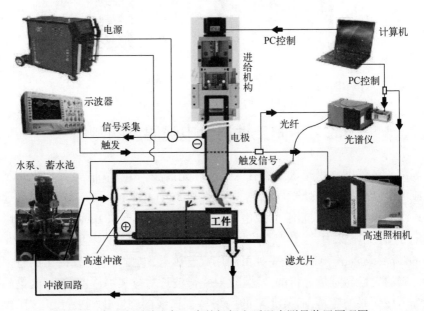

图 4-2　高速电弧放电加工中的极间电弧温度测量装置原理图

在激发温度的计算中,每组谱线对应的跃迁概率、激发态能量和激发态的统计权重可通过文献或美国国家标准技术研究所(NIST)的 NIST Atomic Spectra Database,以及 SpectraPlot 的网络数据库(http://spectraplot.com/emission)等相关网络数据库查询。

4.2.2　加工 Cr12 模具钢时极间温度测量结果及分析

Cr12 模具钢的电弧放电加工温度测量实验条件如表 4-1 所列。

表 4-1　实验参数及参数值

实验参数	参　数　值
工作液	水基工作液
工具电极材料	工业纯铜

续表

实 验 参 数	参 数 值
工件电极材料	Cr12模具钢
放电间隙 $l/\mu m$	50
开路电压 u/V	90
放电电流 i/A	50,100,200

在电弧放电过程中,光谱仪记录了工作液中放电通道的光谱分布图,图4-3是在放电电流为100A,脉冲宽度为10ms,冲液流速为7m/s条件下的电弧光谱分布图。获得发射光谱分布图之后,对照标准谱线图中波长472.2nm和480.1nm的Fe Ⅰ发射谱线,使用双谱线法计算得到不同放电条件下的放电通道电弧等离子体的温度。每组参数重复5次实验,将平均值作为该组参数下的测得值,最大值和最小值分别作为上下误差带。高速电弧放电加工放电通道电弧等离子体温度如图4-4所示。

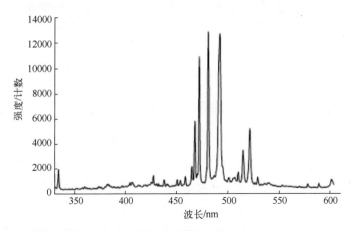

图4-3 高速电弧放电加工典型电弧光谱分布图($u=90V, i=100A, t_{on}=10ms$)

从图4-4中可以发现高速电弧放电加工的电弧等离子体温度特征为:弧柱的温度随电流或脉冲宽度的增加而增加。这是因为在大电流或大脉冲宽度条件下,电弧放电等离子体所产生的磁场和静电场更强,从而对等离子体产生的电磁箍束作用更强[4],导致其内部粒子碰撞运动更剧烈,其宏观表现为更高的弧柱等离子体温度。当电流达到200A,放电脉冲宽度为6ms时,弧柱等离子体温度已高于10000K。Kojima等[5]用双线法测得普通电火花放电通道的等离子体温度约为6000K,这说明电弧比电火花具有更高的能量密度,在高效去除材料方面是更加强大的能量源。所以在实际应用中,高速电弧放电加工采用毫秒级的大脉冲宽度和数百安培乃至上千安培的大电流加工电规准,以便尽量产生更高温度的电弧等离子体来提高加工的材料去除效率和能量利用效率。另外,从图4-4也可看出,虽然放电参数条件相同,但测得的电弧等离子体温度波动范围较大,幅度可达上千K。这是因为在高速冲液条件下,流体动力断弧机制破坏了放电弧柱的稳定性,从而导致电弧等离子体的温度波动较大,这对于促进大能量电弧加工的稳定性和可控性具有积极的意义。

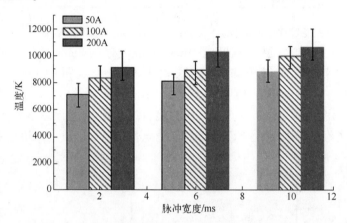

图4-4 高速电弧放电加工放电通道电弧等离子体温度

4.2.3 加工 SiC_p/Al 极间温度测量结果及分析

根据放电能量的不同,针对颗粒增强铝基碳化硅复合材料(SiC_p/Al)将单次高速电弧放电加工时所采用的加工参数划分为表4-2所列的4个等级。其中,小电流、短脉冲宽度对应小能量放电,而大电流、长脉冲宽度则对应大能量放电。由于脉冲间隔时电源不提供能量,因此脉冲间隔大小并不影响每次脉冲放电的能量。为保障高速电弧放电加工的连续性,设置相应脉冲间隔为2ms、5ms或者8ms。

表4-2 单次放电实验参数

水 平	电流 I_p/A	脉冲宽度 T_{on}/ms	脉冲间隔 t_{off}/ms
1	100	2	8
2	300	2	8
3	400	5	5
4	500	8	2

在不同放电参数下所采集的体积分数为20%的 SiC_p/Al 和体积分数为50%的 SiC_p/Al 碳化硅颗粒增强铝基复合材料在电弧放电原子发射光谱分别如图4-5和

图 4-6 所示。由于电极材料和工件材料含有铜(Cu)、铝(Al)、硅(Si)等元素,因此可根据上述元素的原子发射光谱波长特征进行辨识,寻找信号稳定的谱线。可清晰判别的特征谱线为:第一激发态的 Cu Ⅰ,波长分别为 470.459nm、515.323nm、521.8202nm 和 578.2132nm;第一激发态的 Si Ⅰ,波长为 655.546nm;第二激发态的 Si Ⅱ,波长为 545.146nm。

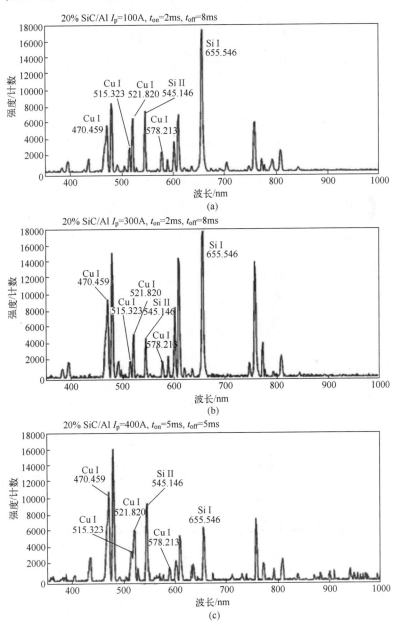

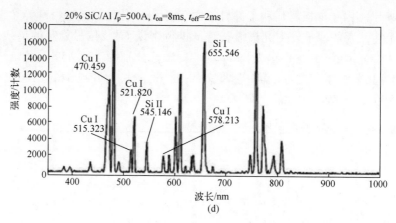

图 4-5　体积分数为 20% SiCp/Al 原子发射光谱

(a) $I_p=100A$；(b) $I_p=300A$；(c) $I_p=400A$；(d) $I_p=500A$。

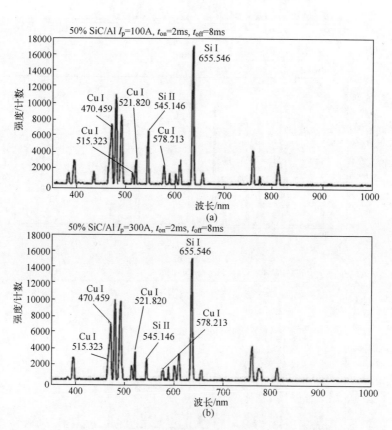

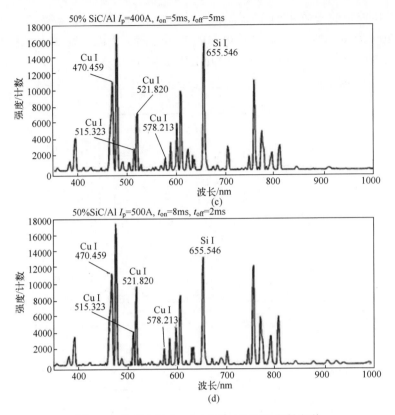

图 4-6 体积分数为 50% SiCp/Al 原子发射光谱
(a) $I_p=100A$;(b) $I_p=300A$;(c) $I_p=400A$;(d) $I_p=500A$。

在计算等离子体温度时,若跃迁概率、激发态能量等参数选取不当,容易导致计算值与实际值有较大偏差。由于图中 Si 元素两条特征谱线对应的分别为第一激发态和第二激发态,两者处于不同能级,而 Cu 元素的几条特征谱线均处于第一激发态,并且 Cu 元素的谱线可辨识性高,因而选用 Cu 元素的原子发射光谱进行计算。为提高可靠性,分别选取两组铜元素的特征谱:第一组(Group Ⅰ)为 Cu Ⅰ: $\lambda_u = 515.323nm, \lambda_i = 578.213nm$;第二组(Group Ⅱ)为 Cu Ⅰ: $\lambda_u = 521.820nm, \lambda_i = 578.213nm$。每组光谱均重复采集 5 次,得到的数据处理后进行等离子体温度计算,并对 5 次计算结果取平均值。

体积分数为 20% 的 SiC_p/Al 和体积分数为 50% 的 SiC_p/Al 碳化硅颗粒增强铝基复合材料在高速电弧放电加工时的放电通道等离子体温度的计算结果如图 4-7 所示。其中,图 4-7(a)为第一组特征谱线(Cu Ⅰ $\lambda_u = 515.323nm, \lambda_i = 578.213nm$)的计算结果,图 4-7(b)为第二组特征谱线(Cu Ⅰ $\lambda_u = 521.820nm, \lambda_i = 578.213nm$)的计算结果。比较可知,根据两组不同的特征谱线计算所得到的激发温度趋势一致,即随着放电能量的增加,极间温度有增高的趋势,比如在峰值电流为100A时,体积分数为20%的SiC_p/Al复合材料放电时的电弧等离子体温度在6600K左右,而峰值电流为500A时,电弧等离子体温度升至7660~7780K。

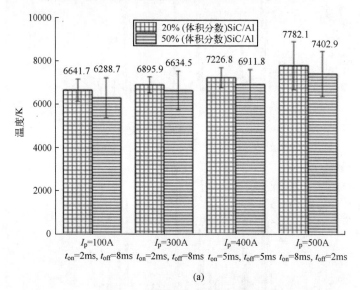

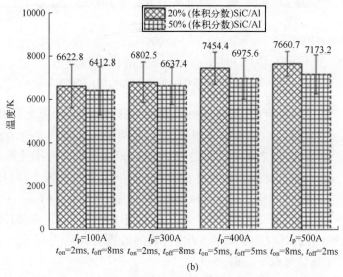

图4-7 体积分数为20% SiC_p/Al 和体积分数为50% SiC_p/Al 放电通道电弧等离子体温度
(a) $\lambda_u = 515.323nm, \lambda_i = 578.213nm$; (b) $\lambda_u = 521.820nm, \lambda_i = 578.213nm$。

进一步对组Ⅰ和组Ⅱ测得的放电通道等离子体温度进行统计,得到体积分数为20% SiC_p/Al 和体积分数为50% SiC_p/Al 极间温度差值"Δ",如表4-3所列。可以发现在放电参数相同时,体积分数为 20% SiC_p/Al 放电时的极间温度比体积分数为 50% SiC_p/Al 的平均高出 330K 左右。

表 4-3 体积分数为 20% SiC_p/Al 和体积分数为
50% SiC_p/Al 放电通道等离子体温度差值

I_p/A	组 I /K			组 II /K		
	20%	50%	Δ	20%	50%	Δ
300	6895.9	6634.5	261.4	6802.5	6637.4	165.1
400	7226.8	6911.8	315.0	7454.4	6975.6	478.8
500	7782.1	7402.9	379.2	7660.7	7173.2	487.5
均值	7136.6	6809.5	327.1	7135.1	6799.8	335.3

测量结果表明,SiC 颗粒对高速电弧放电加工的极间温度产生明显的影响。可能的原因在于:其一,SiC 为半导体材料,其颗粒的导电性比金属材料差,当其体积分数提高时,造成复合材料的电导率下降,尤其是 SiC 颗粒所在区域导电性能大幅降低,会影响电弧放电加工时的稳定性,造成极间温度降低;其二,放电脉冲期间内,在电弧作用下 SiC 颗粒在等离子体高温作用下直接汽化进入到放电通道等离子体中,吸收了大量的能量,进而对放电通道电弧等离子体的温度产生影响。

由于 SiCp/Al 基体材料主要成分为铝,因此进一步将纯铝作为工件材料,分别对组 I 和组 II 的极间温度进行测量并取平均值,得到的 SiC_p/Al 和 Al 放电通道电弧等离子体温度如表 4-4 所列。Al 工件的电弧放等离子体间温度明显高于 SiC_p/Al 工件。当峰值电流为 100A、脉冲宽度为 2ms 时,Al 的放电通道等离子体温度为 7800~8500K;峰值电流为 500A、脉冲宽度为 8ms 时,加工 Al 材料的放电通道电弧等离子体温度可达 11000~12000K。而在同样参数下,加工 SiC_p/Al 材料的放电通道电弧等离子体温度仅为 Al 材料的 63%~65%。

表 4-4 工件材料为 SiC_p/Al 和 Al 时的放电通道电弧等离子体温度比较

I_p/A	电弧温度/K		
	Al	20%(体积分数)SiCp/Al	50%(体积分数)SiCp/Al
I_p = 100A	8111.6	6632.25	6517.8
I_p = 300A	8360.2	6849.2	6719.9
I_p = 400A	8972.6	7340.6	7215.0
I_p = 500A	11747.4	7721.4	7416.9

可见,SiC 的存在对放电通道电弧等离子体温度产生显著影响。由于高速电弧放电加工是热蚀除过程,而不同放电通道等离子体温度表明作用在工件表面的热

源的热流密度存在差异,从而导致体积分数为20% SiC_p/Al 和体积分数为 50% SiC_p/Al 在高速电弧放电加工中表现出不同的工艺特性。

4.3 电弧放电作用力的测量

一般地,放电加工与切削加工的一个显著不同点在于,放电加工没有宏观切削力作用于工件。尽管如此,放电加工中由于电子、离子在电场中的运动,放电通道电弧等离子体的形成与扩张等,仍表现出一定的力的作用,称为放电作用力(discharge reaction force),或者放电冲击力(discharge impact force or discharge impulse force)、放电爆炸力等。由于高速电弧放电加工研究尚处于初级阶段,现有文献对放电加工中的作用力研究集中在电火花放电加工上,而电火花放电为电弧放电的过渡阶段,在电流强度、脉冲宽度等特征上明显区别于电弧放电。因而,在高速电弧放电加工中,作用力的大小、持续的时间等是否区别于电火花放电,对材料去除是否有直接作用等问题,都需要借助直接的电弧放电作用力测量结果来回答。

4.3.1 电弧放电作用力测量装置及测量方法

现有放电加工作用力的测量主要有两种途径:第一种是基于压电传感器的直接测量,比如 Zhang 等[6]采用 DLC101-10 传感器(高频响应频率 25kHz)结合质量-弹簧-阻尼系统研究电火花放电加工的作用力;第二种为基于霍普金森杆的间接测量,比如 Kunieda 等[7]利用该方法测量了峰值电流为 30A、脉冲宽度为 150μs 等参数下的电火花放电作用力。Kunieda 等未采取第一种方法的原因在于,受传感器性能所限,采集到的信号包含了 22kHz 的高频响应信号而不是作用力的真实值。

直接测量方法一般采用压电传感器。由于压电传感器具有体积小、固有频率高等特点,在压力、加速度等动态参数测试中得到了广泛的应用[8]。而利用压电传感器测量的缺点在于:如果传感器或测量系统的动态响应性能不足,则无法测量到作用力的真实值。比如,图 4-8 为输出饱和的失真力信号(包含 2 次放电的力信号)。尽管测量系统采用高频响应的压电传感器,但辅助测量器件质量过大,系统响应频率过低导致测量系统输出饱和,无法得到真实值。

近年来,压电传感器的性能有了明显提高,已具备对电弧放电作用力直接测量的条件。为确保测量系统的响应性能,设计了专用的测量装置。与此同时,用声波传感器检测电弧放电产生的爆炸声。为提高测量准确度,每组参数下重复放电 15 次。作用力及爆炸声测量装置如图 4-9 所示。所用电极为直径 2mm 的铜棒,铜棒固定在数控机床主轴的下端,并通过主轴的带动调节其与工件之间的放电间隙。

工件材料分别为体积分数为 20% SiC$_p$/Al 和体积分数为 50% SiC$_p$/Al 的颗粒增强铝基碳化硅复合材料,尺寸为 10mm×10mm×5mm。工件通过螺纹紧固于矩形铝槽内;力传感器通过基座整体固定在机床工作台上。实验开始前,通过铝槽下方绝缘板上的螺纹机构给传感器施加 0.267kN 预紧力。工作液为去离子水,试验时工件保持浸没在工作液中。需要说明的是,图 4-9 中同时设置波传感器,该传感器将用于爆炸声波的测量,爆炸声波的特性及其与放电作用力的关系等将在后续内容中加以探讨。

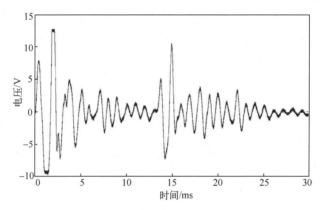

图 4-8 输出饱和的失真力信号

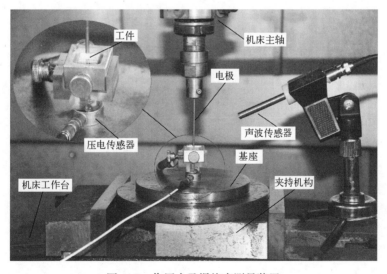

图 4-9 作用力及爆炸声测量装置

实验参数如表 4-5 所列,为全面考察放电作用力与放电参数之间的关系,分别设置不同峰值电流、脉冲宽度和开路电压值。实验中,放电间隙设为 50μm。

表 4-5 作用力测量实验参数及参数值

实验参数	参 数 值
电流 I_p/A	300,400,500
脉冲宽度 t_{on}/ms	2,4,8
开路电压 V_{on}/V	100,120,140,160,180
放电间隙 d_g/μm	50

所用的力传感器为 PCB 公司的 ICP 压电陶瓷传感器,型号为 PCB201B01。ICP 压电传感器有压电集成电路,需外部提供 2~20mA 电流,因此先将力传感器接入 IEPE 信号适调器获得恒流输入,而传感器工作时检测到的信号则由信号适调器输出至示波器。力传感器的性能参数如表 4-6 所列。

表 4-6 力传感器的性能参数

性 能	值	性 能	值
灵敏度/(mV/kN)	112405	非线性度/%(Fs)	≤1
测量范围/N	44.48	输出极性	正
低频响应/Hz	0.01	时间常数/s	≥50
测量频率/kHz	≤90	刚度/(kN/μm)	2.1
预加载荷/kN	0.267	激励电流/mA	2~20

4.3.2 电弧放电作用力测量结果及分析

如图 4-10 所示,设置开路电压为 100V,峰值电流为 500A,脉冲宽度为 4ms,分别采集工件材料体积分数为 20% SiC_p/Al 和体积分数为 50% SiC_p/Al 时的放电电压、电流以及放电作用力的信号。由电弧放电伏安特性可知,间隙工作液介质击穿放电后极间电压迅速降低,放电电流随之上升,电压降低和电流上升过程同步。观察放电电压和放电电流波形可发现,放电作用力几乎是在间隙击穿的同时产生,随后迅速上升。

将放电电压、电流波形时间尺度放大可知,放电作用力在放电开始后 0.15~0.2ms 达到峰值,此时电流依然处于上升阶段,对应的放电电流值为 200~250A,远未达到设定的 500A。放电作用力在到达峰值后开始降低并出现负值,随后在零值附近轻微振荡 1~2ms 后基本消失,而此时放电尚未结束(图中脉冲宽度设置为 4ms)、放电电流维持在设定的峰值电流值。可见,放电作用力出现在放电初期,伴随着等离子的形成过程,并非一直存在于放电脉冲期间。

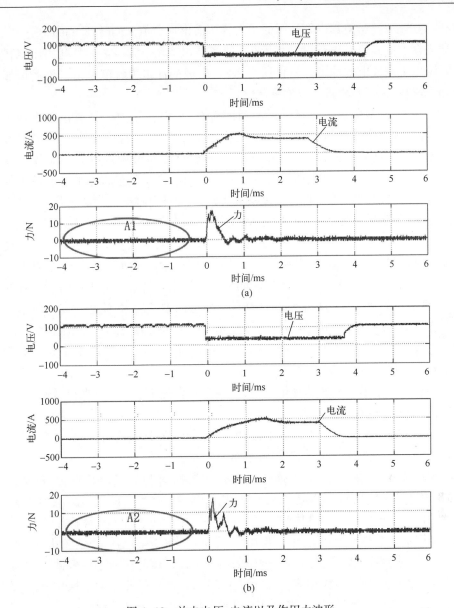

图 4-10 放电电压、电流以及作用力波形

(a) 体积分数为 20% SiC_p/Al,I_p=300A,t_{on}=4ms;(b) 体积分数为 50% SiC_p/Al,I_p=300A,t_{on}=4ms。

在进行电火花放电中作用力测量时,Kunieda 等[7]从气泡角度解释作用力的产生机制,认为作用力是由气泡的周期性膨胀和压缩而产生(气泡脉动),即在工作液介质击穿瞬间,极间的气泡被压缩至最小的体积,此时对应的放电作用力升至峰值,随着气泡体积的膨胀,放电作用力也随之下降。由于液体放电介质存在的惯性，气泡继续膨胀，使其内部气压低于大气压而出现负值。同时，Kunieda等[9]认为气泡来自液体介质及电极材料的蒸发、裂解及电离等。Zhang等[6]利用压电传感器测量电火花放电的冲击力时也认为，最初出现的冲击力峰值是由气泡的膨胀产生，而等离子体压力出现在气泡膨胀之后。

实际上，从液中放电等离子形成角度考查，放电作用力的形成包含了两个部分，即冲击压力和气泡压力，分别对应了冲击压力波及气泡压力波。20世纪60~80年代，E. A. Martin，P. Graneau，I. Okun等多位学者对液中放电等离子体性质进行研究后认为[10-13]：等离子体的形成是冲击压力波产生的最根本原因。放电的能量以分子的动能、离解能、电离能和原子激励能的形式储存在等离子体中，继而转换成热能、膨胀压力势能、光及声能和辐射能。这些能量在等离子体内部形成巨大的压力梯度，在等离子体边界上形成温度梯度。其中，膨胀势能和热辐射压力能的叠加，形成了液中放电的冲击波压力[13-15]（冲击压力）。冲击波压力作用于水介质，通过水分子的机械惯性，使其以波的形式传播出去形成了冲击压力波。除此而外，放电通道等离子体的热能加热并气化了通道周围的液体，使之转变为气泡的内能及膨胀势能，而气泡的膨胀与收缩过程亦可产生压力波，称为气泡压力波或者二次压力波。对于气泡压力波与冲击压力波的区别，中国科学院电工研究所的周越总结其具有如下特点[13]：

（1）由于水不能突然被汽化，因而气泡压力波较冲击压力波来得缓慢，持续时间长，不随电弧的熄灭而消失；

（2）传播速度较冲击压力波慢，达到最大值所需时间较长；

（3）具有周期性，并随气泡的破裂而消失。

大连理工大学的吴为民等描述气泡脉动过程如下[16]：在放电击穿的最后阶段，通道已经形成气泡，能量渗入后，放电通道等离子体形成的气泡膨胀仍在继续，起始阶段气泡中的压力比液体静压力高；当气泡中的压力等于液体静压力时，由于前面膨胀推动的运动液流的惯性作用，只有在运动流体的动能完全转化为气泡位能时，气泡才会停止膨胀。这时气泡中的压力要比液体静压力小很多，所以在静压力作用下产生反向液体流动能。当气泡闭合时，气泡中的压力激烈增长，在压力的作用下液体会向后退转，这一过程可能以几个连续的衰减脉冲形式重复。

浙江大学的李培芳等也认为在液中放电过程中，流体介质被电离并气化，放电通道内温度急剧升高，通道内气体受热膨胀，但通道周围液体介质的惯性作用总是阻碍通道的膨胀，从而在液体介质中形成了巨大的冲击波[17]。西北工业大学的李宁等认为在液中放电时，放电电极间的水介质被击穿形成放电通道等离子体后，放电能量瞬时释放到放电通道等离子体中，形成高压冲击波的同时伴随有辐射，并在电极间形成迅速膨胀与收缩的气泡。气泡内具有很高的温度和压力，并且在膨胀和收缩过程中向外辐射压力波,即气泡压力波[18]。不同于等离子加热液体产生气泡的观点,部分学者认为气泡出现的原因在于,当冲击波的强度足够大且大于水的抗拉上限时,冲击波附近的水域在水的惯性作用下就会出现空化现象,从而形成气泡[19-22]。由于放电过程极其复杂,气泡除了可能由液体加热、空化等物理过程产生,甚至可能由电解等化学过程产生,比如电压加载瞬间,放电通道尚未形成时,由于放电介质中存在杂质而形成微小电流,致使电极间的液体电解产生氢气和氧气。

形成冲击压力及气泡压力波的必要条件是液态放电介质,为验证这一观点,进行了对比实验。图 4-11 为 2 种不同放电介质中的放电作用力对比,其中一种介质为水,另一种介质为空气。当放电介质换成空气时,几乎观察不到放电作用力,该现象与 Kunieda 等[7]描述的电火花放电时所得到的结论一致。无论是电火花放电还是电弧放电,其本质均为放电产生等离子体。考虑到电火花放电作为电弧放电的过渡阶段,水基工作液中的电火花和电弧放电均包含了放电通道等离子体的形成过程,并出现冲击压力波及气泡压力波,因而可以判断电弧放电和电火花放电的作用力在幅值上存在差异,但两者形成机制并无本质区别。

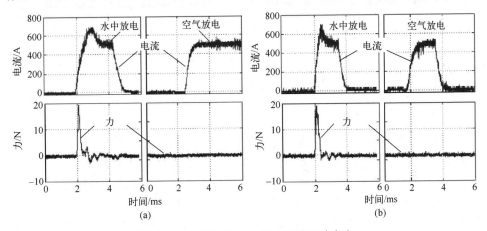

图 4-11 不同工作液介质中的放电冲击力

(a) 体积分数为 20% SiC_p/Al,$I_p=500A$,$t_{on}=2ms$;(b) 体积分数为 50% SiC_p/Al,$I_p=500A$,$t_{on}=2ms$。

考察作用力的频率特性,对作用力进行快速傅里叶变换(Fast Fourier Transform,FFT)并滤波,如图 4-12 所示。首先,观察作用力波形,发现在放电开始之前及放电结束之后,存在明显的噪声信号,其幅值为±1.5N 左右。截取 A1 和 A2 时域(-4~-0.5ms,非放电时域)波形做 FFT 变换后,发现体积分数为 20% SiC_p/Al 和体积分数为 50% SiC_p/Al 作用力的噪声信号一致,其频率均为 $2.5×10^5$Hz 左右,证明该噪声为测量系统所产生。其次,放电时域(-4~6ms)的作用力做 FFT 变换后,发现力信号中包含 2 组典型的频率范围,第一组频率接近 $2.5\times10^5\,\mathrm{Hz}$,可判定为噪声信号;另一组频率主要集中在 10kHz 左右的范围,可判定为电弧放电作用力的频率范围。中国科学院电工所的刘强等研究水中脉冲放电时,得出的结论是电弧放电能量对应的频率主要集中在 50kHz 之内[23],与本实验所得出的结论相近。对比发现,体积分数为 20% SiC_p/Al 和体积分数为 50% SiC_p/Al 的放电作用力频率范围一致,仅对应的振幅存在差别。对作用力进行 Butterworth 滤波,过滤 250kHz 左右噪声信号,阻带和通带截止频率分别设置为 200kHz 和 100kHz 后,可得到滤波后的力信号。

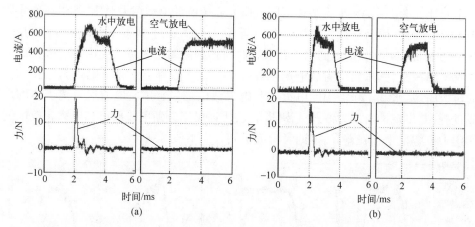

图 4-12 放电作用力、FFT 变换以及 Butterworth 滤波
(a) 体积分数为 20% SiC_p/Al, $I_p=500\mathrm{A}$, $t_{on}=2\mathrm{ms}$; (b) 体积分数为 50% SiC_p/Al, $I_p=500\mathrm{A}$, $t_{on}=2\mathrm{ms}$。

图 4-13 为滤波后不同峰值电流参数的体积分数为 20% SiC_p/Al 和体积分数为 50% SiC_p/Al 材料的放电作用力。图 4-14 中脉冲电源的开路电压设置为 100V,脉冲宽度设置为 8ms,峰值电流分别设置为 300A、400A 及 500A。由图 4-14 可清晰观察到放电作用力出现在放电初始阶段(将波形时间尺度放大后可发现延时 0.05ms 左右),并且与电流的稳定值也无直接联系,即在放电电流上升至设定值之前,作用力已完成冲击波过程及气泡波过程。

分别对峰值电流为 300A、400A 及 500A 时测得的放电冲击力的峰值进行统计,各组参数下选取 15 组数据。统计结果如图 4-14 所示,脉冲电源的开路电压为 100V 时,电弧放电加工 SiC_p/Al 的峰值冲击力集中在 15~25N 范围内,平均峰值冲击力为 20N 左右。

冲击波的峰值压力可由等离子体气泡壁运动理论计算[24],即

$$R\dot{R}\frac{\mathrm{d}\dot{R}}{\mathrm{d}R}(1-M)+\frac{3}{2}\dot{R}^2\left(1-\frac{M}{3}\right)=H(1+M)+\frac{R\dot{R}}{C}\frac{\mathrm{d}H}{\mathrm{d}R}(1-M) \tag{4-3}$$

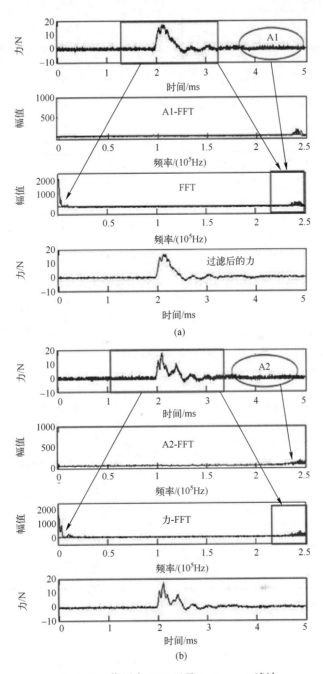

图 4-13 作用力、FFT 以及 Butterworth 滤波

(a) 20% SiC_p/Al, $I_p=500A$, $t_{on}=4ms$; (b) 50% SiC_p/Al, $I_p=500A$, $t_{on}=4ms$。

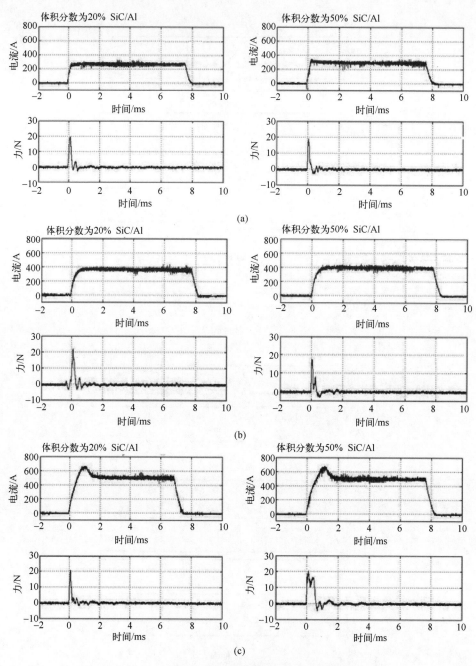

图 4-14 不同放电电流下的放电作用力波形
（a）$I_p = 300A, t_{on} = 8ms$；（b）$I_p = 400A, t_{on} = 8ms$；（c）$I_p = 500A, t_{on} = 8ms$。

式中:R 为气泡半径;$\dot{R}$ 为气泡壁速度;M 为马赫数,$M=\dot{R}/c$,c 为水中声速;H 为气泡壁处水与无穷远处水的焓之差。引入水的状态方程,可得出任意时刻 t_r、任意半径 $r(r>R)$ 处水中的压力[25]:

$$p(r,t_r)=A\left[\frac{2}{n+1}+\frac{n-1}{n+1}\left(1+\frac{n+1}{rc_0^2}G\right)^{\frac{1}{2}}\right]^{\frac{2n}{n-1}}-B \quad (4-4)$$

式中:$G=R(H+\dot{R}/2)$;$t_r=t+(r-R)/c_0$。c_0 为无穷远处水中声速;$A=0.3001\text{GPa}$;$B=0.3000\text{GPa}$;$n\approx 7$。

式(4-4)表明,放电冲击波的峰值压力取决于放电通道等离子体的最快扩张速度,以及此时的放电通道等离子体半径和内压力。具体到放电参数层面,电极的直径、工作液介质的物理性能(如表面张力、黏度、密度、抗拉强度)以及放电参数等均有可能影响到放电冲击力峰值。Kunieda 利用霍普金森杆测量电火花放电加工放电反作用力时发现,利用直径为 20mm 的铜电极放电时(其他放电参数为:脉冲电源开路电压 280V,峰值电流 30A,脉冲宽度 150μs,放电间隙 0.15mm,电极材料为铜,工件材料为钢),放电冲击力峰值超过 50N(75N 左右),而电极直径减小到 15mm 时,峰值放电冲击力降低至 25N 左右[7]。此外,换用气体工作介质时,得出的放电反作用力也截然不同。

中国石油大学的张彦振等利用压电传感器测量电火花放电的冲击力,设置脉冲电源开路电压 260V,脉冲宽度 100μs,发现放电冲击力峰值随放电电流增加而增大:放电冲击力在电流 200A 时为 9N 左右,在峰值电流 500A 时为 14N 左右[6]。他们认为增加放电电流可以获得更大的冲击力,实际上该结论适用于等离子体弧柱形成及扩张过程,一旦等离子弧柱形成并稳定时,放电冲击力将会消失。

此外,由图 4-15 可知,体积分数为 20% SiC_p/Al 材料的峰值压力高出体积分数为 50% SiC_p/Al 0.7~2.0N。结合光谱测量获得的放电通道等离子体温度可知,对体积分数为 50% SiC_p/Al 材料进行电弧放电加工时,测得放电通道等离子体平均温度低于体积分数为 50% SiC_p/Al 的结果,说明 SiC 颗粒具有影响放电通道等离子体温度,进而影响放电通道等离子体压力的潜在可能性,并且部分受热蒸发的 SiC 气体进入放电通道等离子体后进一步裂解吸热,破坏放电通道等离子体的稳定,导致冲击力出现多个峰值。

分别设置脉冲电源开路电压为 100~180V,脉冲间隔为 20V,分别采集体积分数为 20% SiC_p/Al 和体积分数为 50% SiC_p/Al 两种材料的放电电压和放电电流波形并统计峰值放电冲击力,两者各自值(force)及取平均后的值(Ave. force)如图 4-16 所示。随着脉冲开路电压的增加,放电冲击力峰值随之增加,但趋势呈现非线性。如脉冲电源开路电压在 100~160V 变化时,放电冲击力平均峰值依次为 19.67N、19.95N、21.23N 和 22.31N,其增幅相对缓慢,而脉冲电源开路电压设定为 180V

时,峰值放电冲击力增加至26.64N,比100V时增加近36%。可见,脉冲电源开路电压对放电冲击力幅值具有重要影响。提高脉冲电源开路电压可增加放电间隙的电场强度,提高带电粒子的运动速度及动能,进而增加辐射能量及放电通道等离子体膨胀做功的能量,提高放电冲击力的峰值。

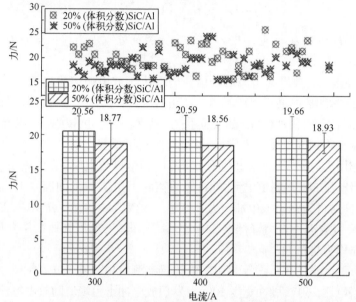

图4-15 作用力峰值及体积分数为20% SiC_p/Al 和体积分数为50% SiC_p/Al 两种材料放电作用力比较

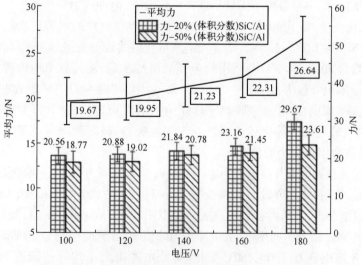

图4-16 不同脉冲电源开路电压下的放电冲击力峰值

华中科技大学的卢新培等从放电通道等离子体电阻(阻抗)角度,指出随着脉冲电源开路电压增高,放电通道等离子体的等效电阻变小,放电电流增大,放电通道等离子体的温度及压力也增加。主张该过程促使放电通道等离子体加速膨胀,增大了导电截面,最终导致放电通道等离子体电阻减小。而电阻减小则进一步提升放电通道等离子体温度和压力,进而提高冲击力[25]。这种说法简单地以线性导体材料来理解非线性的放电通道等离子体,因此缺乏足够的科学依据。除此之外,也有研究人员从放电能量的角度来解释,认为随着脉冲电源开路电压的增加,放电过程释放的能量增多,放电通道等离子体的电荷密度也相应增加,放电冲击力峰值压强也随之变大,且其最大压强可达1MPa[26]。放电冲击压力波能量计算公式为[27]

$$E_s = \frac{4\pi R_m^2}{\rho c_0} \int p_s^2 dt \quad (4-5)$$

式中:R_m为测量点到放电通道等离子体中心之间的距离;p_s为被测量点的压强。

对比可见,随着脉冲电源开路电压的增加,对体积分数为20% SiCp/Al和体积分数为50%两种材料进行高速电弧放电加工所测得的放电冲击力峰值的差别明显增加。例如,当脉冲电源的开路电压为100V时,两者幅值差约为1.79N;而当脉冲电源的开路电压为180V时,该差值扩大至6.06N,比开路电压为100V时增加了约2.5倍。放电冲击压力主要出现在放电通道等离子体的形成过程中,说明在较高开路电压的情况下,SiC颗粒对放电通道等离子体形成阶段的影响较大。

4.4 电弧放电爆炸声测量

高速电弧放电中一个明显的现象是放电时出现较电火花加工的爆炸声强。爆炸声是电弧放电区别于火花放电加工的一个明显的特征,因此爆炸的声音特性、产生原因及其与放电作用力之间的关系,以及与材料抛出的关系等也是值得研究的问题。

4.4.1 电弧放电爆炸声采集装置及采集方法

比起放电作用力的测量,放电爆炸声的采集相对容易。采集装置是在图4-9作用力测量装置的基础上增加声波传感器,声波传感器通过支架装夹放置于距离放电区域100mm处。通过该装置可同时测量电弧放电加工中的爆炸声和电极与工件间作用力。电弧放电爆炸声所用的实验参数和表4-5所列的作用力测量实验参数一致。

如图 4-17 所示,声波传感器为 G.R.A.S 公司的 40PH 型高灵敏度阵列式声波传感器。实验所用的高灵敏度阵列式声波传感器的性能如表 4-7 所列。

图 4-17　40PH 高灵敏度阵列式声波传感器

表 4-7　声波传感器性能参数

性　能	值	性　能	值
灵敏度(250Hz)	50mV/Pa(±2dB)	最大输出	135dB(20μPa)
相位匹配	±5°(50~100Hz) ±10°(5~10kHz)	热噪声 频率响应(50Hz)	<32dBA(20μPa) 5~20kHz(±2dB)

4.4.2　电弧放电爆炸声特性及熔融金属的碎化

设置脉冲电源的开路电压为 100V,峰值电流为 400A,脉冲宽度分别为 2ms、4ms 及 8ms 进行高速电弧放电加工,并采集爆炸声信号,以及放电电流、放电冲击力和声波信号,如图 4-18 所示。

与作用力不同的是,电弧放电爆炸声不仅出现在放电初期,而且贯穿脉冲放电始终。采用不同脉冲宽度可以在放电初始时刻测得电弧爆炸声。由于声音传感器设置位置距离放电点大约 100mm,根据声音在空气中的传播速度(340m/s),爆炸声由声源处发出至传感器的延时约为 0.29ms。对比放电冲击力峰值出现时间可知,冲击压力波在电弧爆炸声波形的第一处峰值处产生。随后出现的持续 2ms 的振荡波形很可能由气泡压力波的振动产生。由上文可知,气泡压力波不同于冲击压力波,气泡压力波由间隙击穿的瞬间电极与工件间产生的气泡膨胀与收缩所致。因而气泡压力波较冲击压力波来得慢且持续时间长,加之气泡周围是不可压缩液体,气泡压力波则伴随着气泡的膨胀与收缩周期性存在,且随着气泡的破裂而消失。图 4-18 中,气泡压力波持续 2ms 左右消失,对应着 2ms 左右的爆炸声波。

除冲击压力波及气泡压力波产生爆炸声外,由于放电通道等离子的高温可迅速熔化甚至气化工件材料,而金属熔化时可对工作液介质产生热作用,因此这一过程极可能伴随着爆炸现象。北京理工大学的辛琦等认为,熔融状态的铝遇水产生爆炸的重要成因是熔融态的铝遇水碎化,爆炸能量来自铝液碎化后快速释放的热能。高温金属流体与液态水冲击接触时流体表面张力不同,造成不稳定性波动,促成流体碎化。熔融的铝遇水爆炸产物多为细碎的铝颗粒,并且随爆炸剧烈程度的不同,碎化爆炸后产生的铝颗粒粒径分布也不一样[28]。上海交通大学的林千等采用高速摄像仪对熔融液滴的细粒化(碎化)过程进行了观测,结果表明:熔融金属液滴细粒化程度受初始温度、水温和材料物性的影响较大[29]。

高温液态铝遇水作用产生的爆炸能,主要包括大量铝颗粒飞散消耗的动能、残留于飞散铝液滴中耗散的热能、加热液态水形成过热水蒸气并使之膨胀所消耗的内能以及以冲击波形式所耗散的冲击波能。其中,冲击波能只占爆炸总能的一小部分[30]。尽管冲击波能相对较小,但其对应的作用力有可能被检测出,如图4-18(b)中椭圆标记处(体积分数为20% SiCp/Al,2~4ms),出现较强的爆炸声信号,对应的力信号轻微波动,可认为是熔融金属冲击波产生的力信号。

通过对电弧爆炸声的研究,发现除放电冲击压力波及气泡压力波产生爆炸声外,还存在熔融金属和工作液介质之间相互作用而产生的碎化爆炸声,而金属流体碎化可能是促使熔融态下的工件材料抛出放电区域并生成放电蚀坑和放电屑颗粒的重要因素。

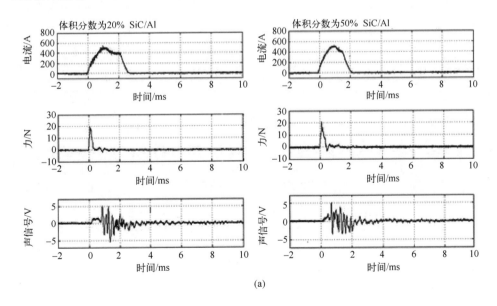

(a)

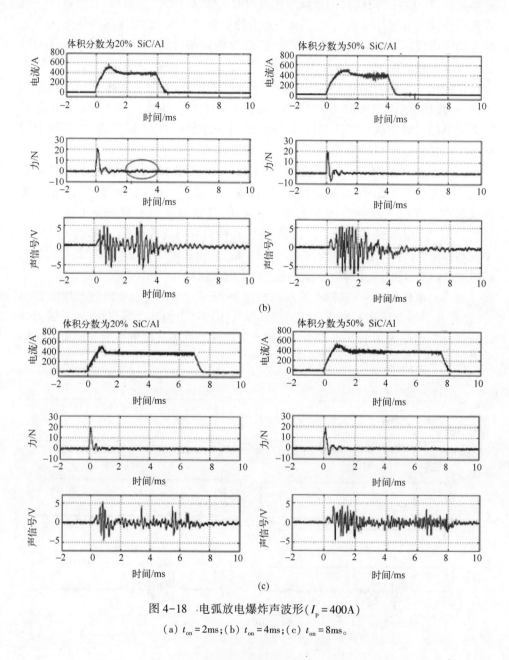

图 4-18 电弧放电爆炸声波形（$I_p = 400A$）

(a) $t_{on} = 2ms$；(b) $t_{on} = 4ms$；(c) $t_{on} = 8ms$。

4.5 小　结

本章基于原子发射光谱、压电传感检测及声波检测,分别对高速电弧放电加工时的电弧放电通道等离子体温度、放电作用力及电弧爆炸声波等主要物理量进行了测量及讨论。测量结果表明高速电弧放电加工时的放电通道等离子体温度远高于电火花放电的放电通道等离子体温度,且工件材料对等电弧放电通道离子体温度有一定的影响,进而对高速电弧放电加工过程产生潜在影响。此外,进行了放电作用力的测量及分析,分析了材料抛出主要作用机制,提出熔融金属流体碎化可能是电弧加工中蚀除工件材料并生成放电蚀坑和加工屑颗粒的重要因素。

参考文献

[1] JOCHEN ALTENBEREND,GUY CHICHIGNOUD,YVES DELANNOY. Atomic emission spectroscopy method for mixing studies in high power thermal plasmas[J]. Spectrochimica Acta Part B:Atomic Spectroscopy,2013,89-93-102.

[2] Bailey J E,Filuk A B,Carlson A L. Atomic emission spectroscopy in high electric fields[C]. AIP Conference Proceedings,1996:245-258.

[3] 于志丽. 脉冲 GMAW 焊接电弧等离子体温度诊断[D]. 上海:上海交通大学,2012.

[4] 李明辉. 电火花加工理论基础[M]. 北京:国防工业出版社,1989.

[5] KOJIMA A,NATSU W,KUNIEDA M. Spectroscopic measurement of arc plasma di ameter in EDM[J]. CIRP Annals-Manufacturing Technology,2008,57(1):203-207.

[6] ZHANG M,ZHANG Q,DOU L. Research on the impulse force in electrical discharge machining using a new measuring method[J]. International Journal of Advanced Manufacturing Technology,2016,82(1-4):463-471.

[7] KUNIEDA M,TOHI M,OHSAKO Y. Reaction Forces Observed in Pulse Discharges of EDM[J]. IJEM,2003,8:51-56.

[8] 刘向阳,张平,韩振海,等. 压电传感器时间常数辨识方法研究[J]. 仪器仪表学报,2006(S2):1667-1668.

[9] KUNIEDA M,LAUWERS B,RAJURKAR K P,et al. Advancing EDM through Fundamental Insight into the Process[J]. CIRP Annals-Manufacturing Technology,2005,54(2)599-622.

[10] MARTIN E A. Experimental Investigation of a High-Energy Density, High-Pressure Arc

Plasma[J]. Journal of Applied Physics,1960,31(2):255-267.

[11] GRANEAU P,GRANEAU P N. Electrodynamic explosions in liquids[J]. Applied Physics Letters,1985,46(5):468-470.

[12] OKUN I. Electrical Characteristics of a Pulsed Discharge in a Liquid[J]. Soviet Physics Technical Physics,1969,14:627.

[13] 周越. 液中放电的研究与应用[J]. 电工电能新技术,1988(3):22-29.

[14] TSUCHIYA H,INOUE T,MORI Y. Generation and Propagation of Pressure Wave by Spark Discharge in Liquid[J]. CIRP Annals-Manufacturing Technology,1982,31(1):107-110.

[15] OKUN I. Use of Dimensional and Similarity Methods in Investigating Pulse Discharge in Water[J]. Soviet Physics Technical Physics-USSR,1968,12(9):1267.

[16] 吴为民,黄双喜. 高功率脉冲水中放电的应用及其发展[J]. 现代电子技术,2003(5):85-89.

[17] 李培芳,金方勤. 液中放电冲击波和等离子体参数的计算[J]. 浙江大学学报(自然科学版),1994(1):27-35.

[18] 李宁,黄建国,陈建峰,等. 水下等离子体放电通道阻抗特性研究[J]. 应用基础与工程科学学报,2010,18(6):1010-1016.

[19] 顾文彬,苏青笠,刘建青,等. 水下平面爆炸冲击作用下空化区域形成及其特征[J]. 爆破,2004(4):8-11.

[20] LI N,HUANG J G,LEI K Z. The characteristic of the bubble generated by under-water high-voltage discharge[J]. Journal of Electrostatics,2011,69(4):291-295.

[21] 卢新培,潘垣,张寒虹. 水中脉冲放电的电特性与声辐射特性研究[J]. 物理学报,2002(7):1549-1553.

[22] 刘小龙,黄建国,雷开卓. 水下等离子体声源的冲击波负压特性[J]. 物理学报,2013,62(20):1-7.

[23] 刘强,孙鹞鸿,严萍,等. 水中脉冲电晕放电的声学特性研究[J]. 高电压技术,2007(2):59-61.

[24] NEPPIRAS E A. Acoustic cavitation[J]. Physics Reports,1980,61(3):159-251.

[25] 卢新培,张寒虹,潘垣,等. 水中脉冲放电的压力特性研究[J]. 爆炸与冲击,2001(4):282-286.

[26] 沈炎龙,于力,栾昆鹏,等. 表面放电等离子体产生冲击波特性[J]. 强激光与粒子束,2015,27(6):50-54.

[27] VERLOES A,GILLEROT Y,WALCZAK E. Shock wave emission and cavitation bubble generation by picosecond and nanosecond optical breakdown in water[J]. Journal of the Acoustical Society of America,1996,100(1):148-165.

[28] 辛琦,吕中杰,冯杰,等. 熔融铝液遇水碎化研究[J]. 兵工学报,2014,35(S2):228-232.

[29] 林千,佟立丽,曹学武,等. 熔融液滴与水作用细粒化实验研究[J]. 核动力工程,2009,30(1):31-35.

[30] 吕中杰,王鹏,黄风雷,等. 高温铝液遇水爆炸的冲击波效应[J]. 爆炸与冲击,2013,33(S1):54-58.

第 5 章

高速电弧放电加工系统

高速电弧放电加工技术从加工原理到加工方法与传统的电火花放电加工有很大区别,也有其独特的构成要素和实现方式。本章首先说明了构成高速电弧放电加工机床装备系统的核心要素,制定了包含这些核心要素的设计目标;然后根据设计目标进行高速电弧放电加工专用装备系统的设计,详细说明了组成该系统的数控机床、脉冲电源和工作液冲液三个功能模块,以及伺服控制与多孔电极制备两个子系统。

5.1 高速电弧放电加工机床装备

高速电弧放电加工通过将高能量密度的电弧等离子体作为能量场,极间的高速工作液流场作为能量场的控制手段,实现了利用以流体动力为主的断弧机制来控制电弧等离子体,进而获得了可以高效去除工件材料的特种加工新技术。高能量密度电弧的产生需要借助大电流、大脉冲宽度的脉冲电源来获得,极间的高速工作液流场依靠多孔电极的内冲液来获得,并最终在多轴联动机床上完成对复杂型面或型腔工件的加工。

基于高速电弧放电加工构成要素的实现方式,为了实现高效去除难切削材料的加工性能,本节对所建立的高速电弧放电加工系统提出了以下要求(图 5-1):

(1) 高能量脉冲电源系统。为了快速形成电弧等离子体,需要大电流(峰值电流数百安培甚至数千安培)、长脉冲周期(毫秒级脉冲宽度)的专用脉冲电源。为了分析放电峰值电流、脉冲宽度和脉冲间隔对加工性能的影响,专用脉冲电源可灵活调节以上放电参数。

(2) 实现流体动力断弧机制的高速冲液系统。为了保证极间工作液冲液流速对放电等离子体弧柱的移动、切断作用,系统要有专用的高压工作液冲液循环系统。另外,还要根据需要设计专用的工作液冲液装置,以实现装夹不同类型的多孔内冲液的电极。

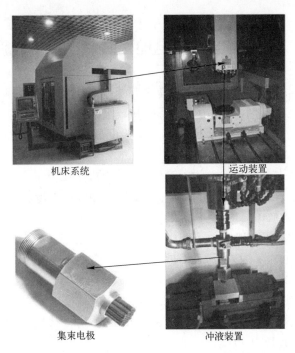

图 5-1　高速电弧放电加工机床系统

（3）多轴联动的数控机床及控制系统。为了实现加工复杂型面或型腔工件的能力，所设计的机床应该具有多轴联动运动能力。同时，为了保证高速电弧放电加工时的稳定性，需要改进机床的控制系统；为了保证大电流加工时的安全性，还需对加工区域进行绝缘隔离。

（4）可实现多孔内冲液的电极及其夹持系统。多孔电极是高速电弧放电加工实现沉入式、铣削式和侧铣式等多种加工方式的前提条件。为了实现以上加工方式，多孔电极的形式应该是灵活多样的，多样电极的制备过程也应该追求高效性和经济性。

（5）放电状态检测及放电间隙伺服进给控制系统。为了实现高效的高速电弧放电加工过程，必须对控制系统进行改进，以实现与传统电火花加工类似但又有区别的放电状态检测与放电间隙伺服控制系统。从而保证高速电弧放电加工稳定、高效进行，并减少或消除短路等非正常放电状态的产生。

与金属切削机床的数控系统类似，高速电弧放电加工机床的数控系统主要由运动控制系统、顺序控制系统等组成，机床运动控制系统除了要完成加工所需的回零、手动、手轮、主轴旋转和自动加工等基本运动控制功能外，还要实现电弧放电加工的伺服运动控制，即根据采集到的间隙平均电压和放电电流值实时地改变进给速率，以实现放电间隙的伺服反馈控制。

5.2 高速电弧放电加工装备的脉冲电源

脉冲电源模块的功能主要是为高速电弧放电加工提供所需的脉冲放电能量。脉冲电源的放电脉冲参数可通过数控系统和数字通信来设置。为了对放电加工参数进行闭环控制,脉冲电源还要检测和采集极间放电电压和放电电流。在加工前或加工中,脉冲电源需设置的放电脉冲参数主要包括放电峰值电流 I_p、脉冲周期 T、脉冲宽度 t_{on} 和脉冲间隔 t_{off}。为了产生大能量的脉冲放电电弧,高速电弧放电加工通常需具有较大峰值电流和较大脉冲宽度的脉冲电源。传统的电火花加工机床配备的脉冲电源的放电峰值电流多数不超过 50A,而较大功率脉冲电源通常也不超过 200A。脉冲宽度一般为数 1~1000μs。因此,电火花加工用的脉冲电源无法满足高速电弧放电加工的大能量脉冲要求,这就需要重新设计高速电弧放电加工专用的脉冲电源以满足其加工的特殊要求。

高速电弧放电加工新电源需要实现的最大放电峰值电流一般为 I_p = 2000A(也可根据实际需要增大峰值电流),脉冲宽度 t_{on} 和脉冲间隔 t_{off} 的可调范围为 100~10000μs,开路电压 U 为 90V。

为了有效地分析高速电弧放电加工的极间放电状态,可用 CWT150B 高精度罗氏线圈采集加工中的放电电流波形,也可以用其他类型的电流传感器实现这一功能。配合 DSO-2902 示波器实时地采集并显示间隙放电电压和放电电流波形。DSO-2902 是一种多功能高频存储示波器,其双通道采样速率可达 250MSa/s,且能自动记录幅值在 500V 以下的电压信号。

5.3 高速电弧放电加工的伺服控制

高速电弧放电加工的机床本体由五轴联动铣削加工中心改造而成。当铣削加工时,进给速度值 F 在每行代码的执行过程中是恒定的,但对电弧放电加工来说,恒定的 F 值无法保证最佳的放电状态。在实际的高速电弧放电加工中,当检测到间隙平均电压过高时,说明放电状态中存在较多的短路情况,必须适当地降低进给速率 F 以防止短路造成电极的损伤和工件的过度烧蚀;当检测到较低的间隙平均电压时,说明此时的加工间隙偏大,存在较多的空载情况,需要适当地提高进给速率 F 以确保加工效率;当检测到严重的持续短路时,则需要停止运动进给,并实施快速回退。因此,在高速电弧放电加工的放电间隙伺服进给控制系统中有必要采用类似电火花加工的放电间隙伺服控制方式。与电火花加工相似,高速电弧放电加工采用间隙平均电压 U_g 作为控制进给速率 F(响应变量)作为放电间隙伺服进给控制系统的输出量[1]。与电火花加工不同的是,由于高速电弧放电加工的材料去除率极高,其合适的进给速率 F 值通常远大于电火花加工。因此,过度频繁地改变 F 值反而会造成冲液间隙值变化过大、过快,造成极间冲液流场分布不均衡,最终使加工状态变得不稳定。与电火花加工相比,高速电弧放电加工放电间隙伺服进给控制模型不需要特别复杂,伺服响应不需要特别快速。可以通过适当增大放电间隙伺服控制系统调节周期来平衡加工的稳定性和效率,以获得优化的控制效果。

高速电弧放电加工放电间隙伺服进给控制系统选择模糊控制模型以描述间隙平均电压 U_g 控制进给速率 F 的函数关系,其计算式为

$$W_e = \int_{t_0}^{t_e} u_e(t) i_e(t) \mathrm{d}t \approx \overline{u_e i_e} t_e W_e = \int_{t_0}^{t_e} u_e(t) i_e(t) \mathrm{d}t \approx U_g i_e t_e \tag{5-1}$$

式中:W_e 为放电能量;$u_e(t)$ 为放电时间隙电压;$i_e(t)$ 为放电时放电电流;U_g 为放电平均间隙电压。

五轴联动加工中心本身的数控系统是相对封闭的,扩展功能时会受到诸多限制。受数控系统 G 代码解释器的限制,不易通过改变 F 值来控制高速电弧放电加工的放电间隙及加工过程,因而只能通过改变进给倍率 O 以间接控制进给速率 F 进而实现模糊控制。进给倍率 $O(\%)$ 的实际可调节范围为 20~200。

为了验证高速电弧放电加工放电间隙伺服进给控制模型的可靠性和有效性,选择恒速进给和伺服控制进给两种模式进行对比加工实验。恒速进给模式的进给速率 F 是通过 G 代码给定的,F 值由人工根据加工经验试验优化设定。而伺服控制的进给速率 F 由式(5-1)确定的模糊控制模型实时改变。对比实验采用沉入式加工方式,加工深度为 5mm,F 的初始设定值同为 20mm/min。当设定的采样周期为 1s 时,采样长度为 10s 时的采样结果对比如图 5-2 所示。可见随着加工深度的增加,极间冲液能力会逐渐变差,恒速进给模式为了保证不发生加工短路,代码设定的 F_1 值在 G 代码中有目的渐次减小。而随着加工深度的增加,放电间隙伺服进给模糊控制下的 F_2 值比 F_1 值要高,在最优放电加工状态时,F_2 会在理想值附近波动。因而,放电间隙伺服进给模糊控制可以有效地保证高速电弧放电加工的有效放电率,从而确保电弧放电能高效地去除工件材料。最后,通过测定材料去除率能更直观地对比两种控制模式的加工效率,当采用沉入式加工时,该放电间隙伺服控制模型的加工材料去除率比恒速进给加工提高了 30%;采用放电铣削加工时,更可以提高 50% 以上。

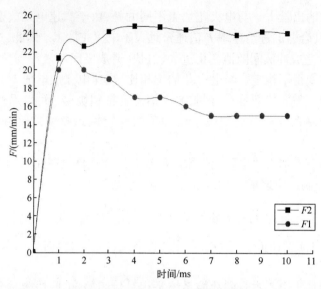

图 5-2 进给速率 F 的对比测定

5.4 高速电弧放电加工机床的冲液及过滤系统

  用于高速电弧放电加工的工作液高压冲液模块的功能是提供高压工作液流体以内冲液方式高速进入电弧放电间隙,进而利用流体动力断弧机制控制电弧的移动和切断,确保高速电弧放电加工高效、稳定地持续进行。从流体动力断弧机制角度看,这也是高速电弧放电加工区别于以机械运动断弧机制为主导的其他电弧加工方法的重要标志。为形成充分的流体动力断弧能力,需开发专用冲液模块来确保提供足够高的放电间隙内的冲液流速。工作液冲液模块的工作液采用水基溶液,最大入口压强 p 为 2.0MPa。在工作液冲液入口处设置压力控制阀,可根据实际需要调节入口压强大小。加工时,放电间隙相对较小,使冲液入口处会产生实时变化的背压。因此,冲液入口压强值能较好地反映放电间隙的冲液状态。由于冲液对电弧等离子体具有直接控制作用,冲液入口压强值也能间接地反映极间的实时放电状态。当入口压强值较低时,实际放电间隙则相对较大,因而放电间隙流场的流速降低,冲液对电弧的推移、切断能力变差,电弧放电状态也会较差。

  工作液冲液模块的一个重要组成部分是冲液装置,该装置由冲液入口接头、电极及其夹具等组成,图 5-3 显示的是连接电极的冲液装置。冲液装置除了保证工作液从其内部高速流过,还要确保不会干扰电极的加工运动。同时,电极夹具还要有一定的互换性和通用性,以方便装夹不同类型的多孔电极。

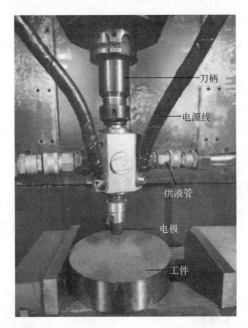

图 5-3　高速电弧加工的电极端冲液装置

5.5　高速电弧放电加工用多孔电极

高速电弧放电加工主要应用于以工件材料大体积高效去除为目标的粗加工阶段,这就要求电极具有高效内冲液的多孔结构,以确保流体动力断弧机制的实现,同时通过大流量高速流体的强散热效果,冷却被高温电弧等离子体冲击的电极,与此同时高效带走加工间隙中的大量加工屑颗粒。因此高速电弧放电加工用的电极必须体现快速、高效和经济性。多孔内冲液电极的制备过程主要包括电极材料的选择、电极轮廓的设计和加工,其中最主要的是冲液孔的设计和制造。

5.5.1　多孔内冲液电极的结构形式

相比于电火花加工用的实体或者单孔电极,贯通式多孔结构是高速电弧放电加工用电极结构的主要特征。可以采用集束电极或成形电极钻孔的方式来制备,这类电极统称"多孔电极"。为了扩展高速电弧放电加工的应用范围,需要根据加工零件的轮廓特征设计出相应的多孔电极并确定采用沉入式或类铣削等加工方式。这里依据多孔电极的轮廓、冲液孔的排列形式和加工时电极运动的轨迹,把多孔电极分为:

(1) 集束电极,如图 5-4(a)所示,可实现具有复杂三维型腔零件的沉入式加工[2]。

（2）叠片电极，如图5-4(b)所示，可实现具有半封闭型腔零件的多轴联动加工[3]。

（3）多孔实体电极，如图5-4(c)所示，可实现具有复杂三维型腔的沉入式或分层铣削式加工[4]。

（4）侧铣电极，如图5-4(d)所示，可实现复杂展成曲面的侧铣式加工[5]。

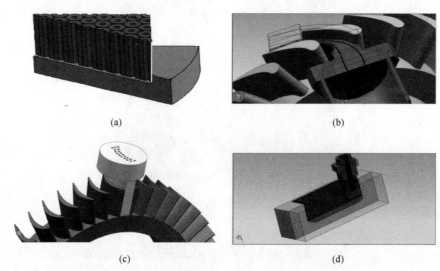

图5-4　不同形式的高速电弧加工多孔内冲液电极（见书末彩图）
(a) 集束电极；(b) 叠片电极；(c) 多孔实体电极；(d) 侧铣电极。

5.5.2　多孔电极的材料选择

选择合适的电极材料是高速电弧放电加工用多孔电极制备的第一个关键因素。首先，所选材料应具备电极所需的基本性能，如导电性和导热性好、熔点高、热变形小，且具备足够强度等；其次，多孔电极材料应满足经济性好、制备方便和相对电极损耗率低等要求。

在高速电弧放电加工中，电弧等离子体是加工中与切削刀具等价的"加工工具"，电极只有采用高导电率材料才能有效地承担大的放电电流，把更多能量输运到放电通道中，进而去除更多的工件材料。虽然理论上任何导电材料都可以作为多孔电极的材料，但电弧放电加工时等电弧离子体的温度很高，这就要求电极材料需具有极高的熔点或比热容，以保证加工时电极有很好的抵抗热烧蚀的能力。此外，电极材料应具有较高的热导率和较低的线性热膨胀系数，以阻止电极表面的热损耗向电极内部扩散。高速电弧放电加工时虽不产生切削力，但在微观尺度上，每次电弧放电都会有微小的爆炸发生。因此,电极材料也需具备较好的力学性能,包括抗拉强度、横向断裂强度、晶粒尺寸和硬度等均适用于电弧放电加工的特殊要求。电火花加工技术经过70余年的发展,在电极材料选择方面已经积累了大量的实际经验。经过对多种电极材料进行的对比实验分析,发现其中常用的电极材料有紫铜、石墨、黄铜、钨、钼及硬质合金、铜钨合金、银钨合金等,部分电极材料的物理性能如表5-1所示[6]。从中可知,石墨和钨(及其合金)材料更符合以上综合要求。但钨的价格比石墨昂贵且很难加工,所以石墨是最合适的多孔电极材料。在电火花加工中用量最多的紫铜虽也可作为高速电弧放电加工的电极材料,但由于在电弧等离子体的作用下,相对电极损耗率较高,因此其很少被采用。为探究适用于电弧加工的电极材料,分别开展了水中单次和连续放电加工的研究。

表 5-1　部分电极材料的物理性能

属　性	石　墨	紫　铜	黄　铜	钨
密度/(g/cm^3)	1.8	8.9	8.4	19.3
熔点/℃	3350	1083	905	3410
比热容/[J/(Kg·℃)]	710	385	360	140
热导率/[W/(m·K)]	70~100	401	108.9	167.5
线热膨胀系数/[μm/(m·℃)]	3~5	17	20.6	4.5
电阻率/(Ω·m)	15.2×10^{-6}	1.68×10^{-8}	7.1×10^{-8}	5.4×10^{-6}
硬度/HB	5	35~45	70~90	>100

1. 水中单次电弧放电实验设计及结果

搭建如图5-5所示的水中单次电弧放电研究实验平台。

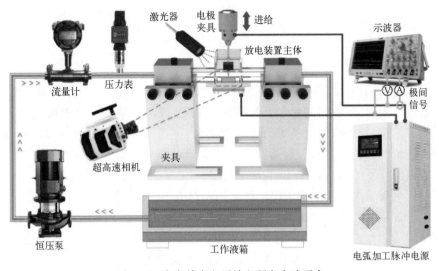

图 5-5　水中单次电弧放电研究实验平台

水中单次电弧放电装置主体如图 5-6 所示。

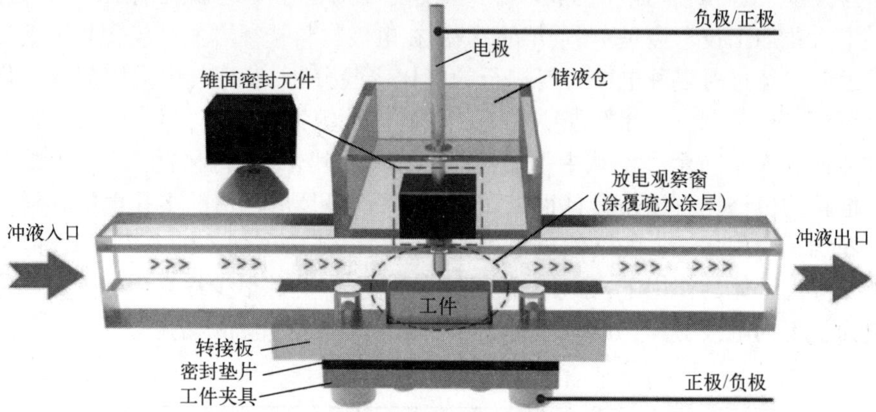

图 5-6 水中单次电弧放电装置主体结构

不同电极材料的水中单次电弧放电实验具体实验条件见表 5-2，工件材料为 304 不锈钢。

表 5-2 单次电弧放电实验实验参数及参数值

实 验 参 数	参 数 值
电极材料	石墨,铜钨合金(钨质量分数为80%),紫铜
冲液速度	7.31m/s
放电参数(电流/脉冲宽度/脉冲间隔)	100A/8ms/3ms,300A/8ms/3ms
极性	负极性

实验结果如下：

从图 5-7 中的单次放电 V-A 波形可以看出，在 100A 和 300A 两种放电参数下，使用石墨、铜钨、紫铜电极都会发生断弧现象，进一步验证了流体动力断弧机制的有效性。同时，断弧时间由长到短依次是石墨>铜钨>紫铜。该规律表明：相比于铜钨和紫铜，使用石墨电极进行电弧放电时，电弧弧柱不容易偏移和切断，在工件表面驻留的时间会更长。这是因为上述实验在电极负极性条件下进行，在电弧放电通道击穿及扩张过程中，存在阴极场致电子发射和热电子发射现象。电子发射引起的电弧等离子体通道内电流密度强弱对电弧弧柱稳定性有重要影响。阴极场致电子发射主要影响电弧弧柱击穿，阴极热电子发射则主要影响电弧弧柱的扩张和稳定。根据富雷-诺特海姆公式，场致电子发射的平均电流如式(5-2)所示。从该式可以看出，在相同的电场强度下，电流密度与元素逸出功负相关，较小逸出功的电子材料能够产生较大的发射电流。使用紫外线电子能谱仪(UPS,型号：

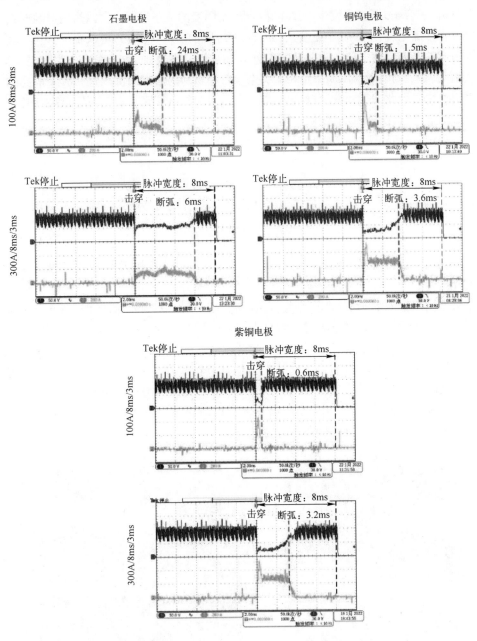

图 5-7 单次电弧放电 V-A 波形

Kratos AXIS UltraDLD),对本次研究中使用的三种电极材料的电子逸出功进行测量。测量结果表明实验中使用的石墨、铜钨、紫铜电极的电子逸出功分别是 4.0eV,4.26eV,4.65eV。因此,从场致电子发射角度分析,发射的电流密度从大到小依次为石墨>铜钨合金>紫铜。发生电弧击穿放电后,阴极的电子发射主要以热发射的形式,电流密度满足理查生-德施曼公式,如式(5-2)所示。从式(5-3)可以看出,热电子发射引起的电流密度主要由阴极温度和逸出功决定,更具体地,电流密度与阴极温度呈正相关关系,与电子逸出功呈负相关关系。石墨材料的熔点与沸点是三者中最高的,铜钨次之。因此,三种电极材料中热电子发射引起的电流密度也是石墨最高,铜钨次之。综上分析,由于石墨材料具有更强烈的阴极电子发射现象,形成的等离子体弧柱更加稳定,进而导致在相同断弧条件下,弧柱能维持的时间更长。

$$j_F = \frac{1.54\times10^{-6}E^2}{\varphi t^2(y)}\exp\left(\frac{-6.83\times10^9\varphi^{15}v(y)}{E}\right) \quad (5-2)$$

式中:j_F 为平均场致发射电子的电流密度;E 为电场强度;φ 为阴极元素电子逸出功。

$$j_0 = A_0 T^2 \exp\left(-\frac{\varphi}{kT}\right) \quad (5-3)$$

式中:A_0 为发射常数理论值 $[120.4 A/(cm^2 \cdot K^2)]$;$T$ 为阴极温度;φ 为阴极元素电子逸出功。

使用超景深数码显微镜(型号:Keyence VHX-6000)对水中单次电弧放电在工件表面形成的蚀坑三维形貌进行测量采集,结果如图5-8所示。从图中可以看出,所有的工件表面都出现了流体动力引起的尾状放电痕现象。进一步对比三种电极放电形成的工件蚀坑深度和长度并大致估计其蚀坑体积,可以发现铜钨电极单次放电去除的工件材料体积与石墨大致相当,而紫铜电极则去除量较小。从这一结果可以推断出在连续加工中,使用铜钨电极可以获得与石墨电极同一水平的材料去除率,而紫铜电极的材料去除率则较低。

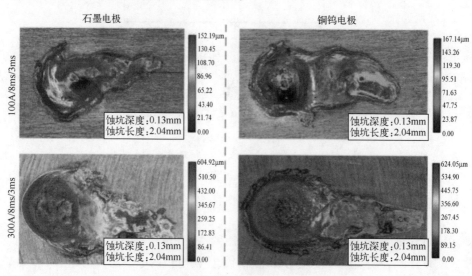

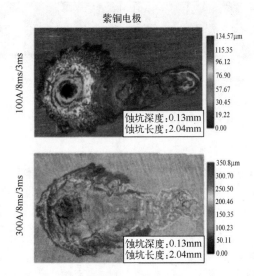

图 5-8 水中单次电弧放电工件蚀坑(见书末彩图)

将工件从蚀坑中间剖开,并经磨抛、腐蚀,进行蚀坑的金相组织观测,单次电弧放电蚀坑金相图如图 5-9 所示。从图中可以看出,在两种放电参数下,石墨的重铸层都是最厚的,铜钨电极放电形成的工件蚀坑重铸层最薄。进一步地发现,石墨电极加工的蚀坑表面会有明显裂纹,而铜钨合金、紫铜电极形成的蚀坑表面并未发现裂纹,这一现象可能和重铸层厚度有关。铜钨合金形成的重铸层较薄,说明放电熔池内熔融材料在放电爆炸力及高速冲液的作用下排出充分。

从图 5-10 的工件表面蚀坑扫描电子显微镜(SEM)图像可以看出石墨电极形成的蚀坑表面存在较多裂纹,而铜钨、紫铜电极形成的蚀坑表面没有观察到明显的裂纹,这与图 5-9 中重铸层观测结果是一致的。同时,铜钨电极形成的蚀坑表面能观测到由蒸气喷射形成的形貌,对该表面进行 EDS 分析以确定喷射到蚀坑表面蒸气的成分。EDS 面扫结果如图 5-11 所示,结果表明工件蚀坑表面出现了较多成分的铜、钨元素,进而说明放电过程中来自电极侧的铜、钨混合蒸气对工件熔池内熔融材料的抛出起了积极作用,有利于形成较薄的热影响层。

2. 不同电极材料的连续加工性能研究

在表 5-3 的条件下,分别使用石墨、铜钨、紫铜电极进行连续加工实验,并对各电极材料的电弧加工性能进行对比分析。加工性能对比指标包括材料去除率(MRR)、工具电极相对损耗率(TWR)及表面质量。本节中使用的工件材料是 304 不锈钢。

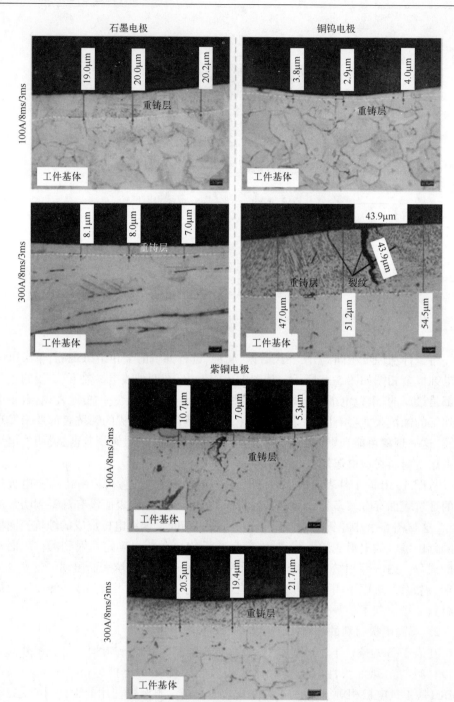

图 5-9 单次电弧放电蚀坑金相图

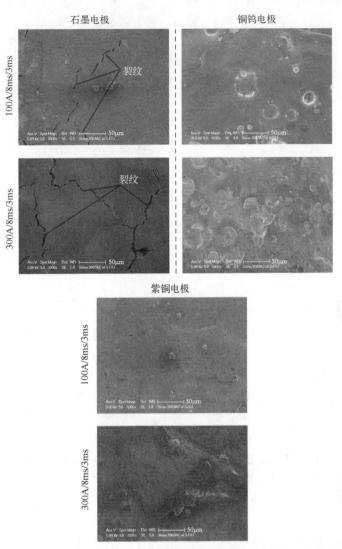

图 5-10 工件表面蚀坑扫描电子显微镜图像

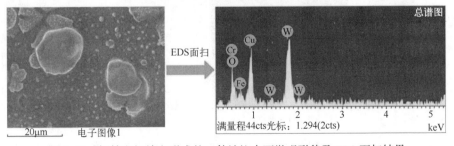

图 5-11 铜钨电极放电形成的工件蚀坑表面微观形貌及 EDS 面扫结果

表5-3 实验参数及参数值

实验参数	参 数 值
工件材料	304不锈钢
峰值电流/A	600
开路电压/V	90
脉冲宽度/ms	8
脉冲间隔/ms	3
电极极性	负极性
主轴转速/(r/min)	1200
冲液压力/MPa	1.0
层深/mm	3
工作液	水基乳化液

如图5-12所示,用石墨电极加工的材料去除率稍高于铜钨电极,远高于紫铜电极。铜钨电极的相对损耗率是三种电极材料中最低的,紫铜电极由于熔点较低,造成加工过程中电极损耗严重。图5-13展示了电弧加工完成后,电极的损耗情况,可以看出此时石墨电极和紫铜电极仍然和加工前的形状、尺寸接近,而紫铜电极则损耗明显。图5-14展示了使用三种电极分别加工的工件表面,可以明显看出铜钨的加工表面质量最优,石墨电极次之,而紫铜电极最差。虽然石墨电极性能仅略低于铜钨电极,但综合考虑到材料的成本以及电极制作的难度,在实际的工程应用中,推荐采用石墨作为电极材料。

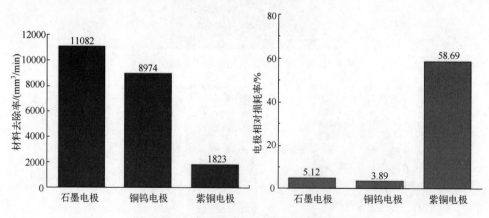

图5-12 材料去除率和电极相对损耗率对比

图 5-13　电极损耗情况对比

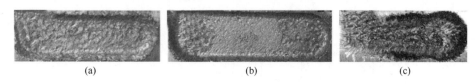

图 5-14　工件加工表面质量对比
(a) 石墨；(b) 铜钨；(c) 紫铜。

5.5.3　多孔内冲液成形电极的制备

相对于单孔电极，多孔内冲液成形电极的制备相对复杂，需要考虑多方面的因素。在高速电弧放电加工中多孔内冲液电极的制备中，通过集成 CAD、CAE(CFD) 和 CAM 的辅助功能，可以大大提高电极设计和制备的效率，优化出综合加工性能更好的电极结构，真正实现各核心技术要素的有机结合。多孔内冲液成形电极的制备流程如图 5-15 所示。

在多孔内冲液成形电极的第一个阶段——CAD 设计阶段，首先，进行冲液孔分布的优化以确保极间冲液流场的均衡分布；其次，应根据加工零件的特征尽可能地简化和优化电极形状，以减少电极的制备时间和成本。最后，电极设计要为后续的半精加工保留合理的加工余量。

多孔内冲液成形电极制备的第二个阶段是 CAE 优化设计。这是对 CAD 设计的优化过程。其通过将具有不同冲液孔分布的 CAD 多孔内冲液电极几何模型导入 CFD 软件环境进行流场仿真，模拟工作液高速进入冲液入口，经冲液腔和冲液孔到达放电间隙，最后从间隙流出到周围环境的过程。CFD 仿真通常设置冲液入口和出口压强为边界条件，流动模型为湍流，然后迭代计算出仿真结果，通过对仿真结果进行分析以优选出极间流场分布更均匀、流速合适的多孔电极设计方案。

多孔内冲液成形电极的最后一个阶段是冲液孔和电极轮廓的 CAM。在 CAM 环境中，冲液孔的加工位置可以由 CAM 软件自动生成。所有 CAM 软件生成的代码都需要经过后置处理，并输入代码数据库进行保存，以适用于不同的石墨电极加工机床。最后，经过试验，采用石墨作为电极材料，在具有高速主轴的加工中心，钻

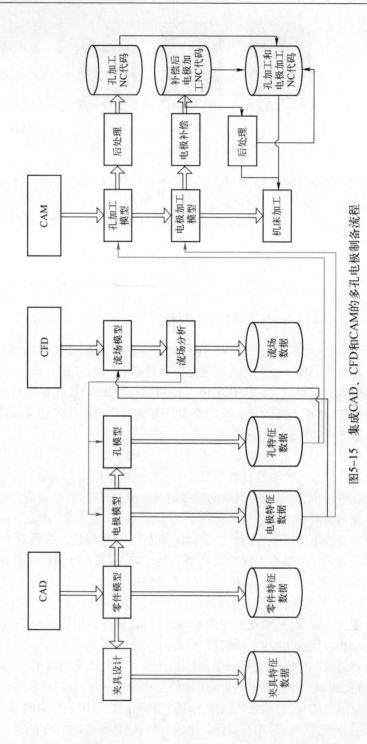

图5-15 集成CAD、CFD和CAM的多孔电极制备流程

削一个 $\phi 2mm \times 50mm$ 冲液孔的加工时间一般不超过3min,而铣削复杂三维电极轮廓的时间也少于10min,可有效地缩短多孔电极的实际加工时间。

5.6 高速电弧放电加工的性能评价

5.6.1 材料去除率和工具电极相对损耗率

材料去除率(material removal rate,MRR)是衡量某一加工方法单位时间内去除材料的能力,用每分钟去除工件材料的体积来计量,去除的材料体积可采用称重法换算而得,具体计算方法如式(5-4)所示。工具电极相对损耗率(tool wear ratio,TWR)是衡量去除一定体积的工件材料,相对损耗了多少电极材料,用电极材料损耗量与对应的工件材料去除量的体积分数来表示,计算方法如式(5-5)所示。为了保证称重的准确性,电极和工件在加工前后均应经过超声清洗及烘干处理:

$$MRR = 1000 \times (w_i - w_f)/(\rho_w \times t) \qquad (5-4)$$

式中:w_i 为加工前工件质量(g);w_f 为加工后工件质量(g);ρ_w 为加工工件密度(g/cm^3);t 为加工时间(min)。

$$TWR = 100 \times \rho_w \times (w_i - w_f)/[\rho_t \times (w_i - w_f)](\%) \qquad (5-5)$$

式中:v_i 为加工前电极质量(g);v_f 为加工后电极质量(g);ρ_t 为工具电极密度(g/cm^3)。

5.6.2 工件表面分析与测试

由于电弧加工的能量密度远大于传统放电加工,形成的蚀坑尺寸也较大,因此电弧加工的表面比传统的电火花加工粗糙。高速电弧加工后的工件仍需采用其他加工方法进行半精加工或精加工,才能满足最终的设计要求。因此,必须对电弧加工后的工件表面进行分析与测试,以验证其表面粗糙度、裂纹深、材料硬度等对后续的加工不会造成不良影响,并对热加工带来的残余应力层厚度进行测量,从而决定后续工序的加工余量。

表面粗糙度(Ra)值,也称轮廓算术平均偏差,是指加工区域的轮廓偏距绝对值的算术平均值。Ra 值由轮廓粗糙度仪采集,由于高速电弧放电加工的工件表面相对粗糙,因此应采用大量程范围的粗糙度仪或者采用共聚焦显微镜测量。

通过腐蚀样品被观测的断面表面并采用金相显微镜观测可对高速电弧放电加工后的工件表面再铸层和热影响层进行测量和分析,再铸层和热影响层主要反映和表征放电加工后工件表面材料的组织层次、微观裂纹、非金属夹杂物乃至某些晶体缺陷等。

扫描电子显微镜(scanning electronic microscope,SEM)可以观察和分析电弧加

工区域的工件表面特征,包括工件表面微裂纹、蚀除颗粒的尺寸等。

台式硬度计可以测量高速电弧放电加工后的工件表面硬度以了解不同参数条件下电弧加工前后工件表面硬度的变化。X射线衍射仪(X-ray diffraction,XRD)可对电弧加工区域的工件表面材料进行X射线衍射,以分析衍射图谱,获得工件材料的成分、工件表面残余应力等信息。当采用XRD测量残余应力值时,须采用电化学腐蚀以获得不同深度的测量工件表面,电化学单次腐蚀深度可设为100μm。在每次腐蚀后,应立刻采用XRD测量残余应力值。

5.7 小　　结

本章主要结合高速电弧放电加工的一些独有特点介绍了高速电弧放电加工机床的组成、主要核心要素的设计原则,描述了为满足多种电极、多种加工工艺要求,对数控机床本体、电弧放电脉冲电源和工作液高速冲液系统三个主要功能模块的功能进行了阐述。此外,本章还介绍了典型多孔电极的制备流程,以及在后续研究中采用的材料去除率、电极相对损耗率及表面质量等的分析评价方法等。

参考文献

[1] 迟关心,狄士春,况火根.电火花加工间隙平均电压检测及其电路仿真研究[J].现代制造工程,2006(7):92-94.

[2] 李磊.集束电极电火花加工性能研究[D].上海:上海交通大学,2011.

[3] 向小莉.用于电火花加工的工具电极增材制备技术[D].上海:上海交通大学,2012.

[4] XU H,GU L,ZHAO W S,et al. Influence of flushing holes on the machining performance of blasting erosion arc machining[J]. Proceedings of the Institution of Mechanical Engineers,2017,231(11):1949-1960.

[5] 洪汉.侧铣式高速电弧放电加工工艺研究[D].上海:上海交通大学,2014.

[6] 宋小龙,安继儒.新编中外金属材料手册[M].北京:化学工业出版社,2008.

第6章

高速电弧放电加工工艺基础研究

作为一种新兴的放电加工工艺,高速电弧放电加工的独特机制使其加工能力远超经典电火花加工的范畴,也造成其技术体系与经典的电火花加工相比有很多不同。要想将这一新兴加工工艺应用于工业领域,在现代制造体系中发挥独特的作用,必须对其工艺特性进行深入、系统的研究,在此基础上才有可能将优化后的工艺推广到实际生产中。

6.1 高速电弧放电加工的极性效应

根据以往的电火花加工工艺规律,放电通道等离子体在正负极上对材料的作用有不同的表现。根据能量分配理论,当电极和工件分别处于不同极性时,放电通道等离子体的能量分配系数也是不同的。由此可见,极性能显著地影响放电加工的性能。Kunieda等在研究气中放电加工时,发现工具电极为负极性时能获得较高的工件材料去除率(MRR)和较低的电极相对损耗率(TWR),而工具电极为正极性时能获得较好的工件表面质量[1]。在气中放电加工中,同样的加工条件下,工具负极性比正极性条件的放电通道等离子体更容易受外界影响,而在电极表面发生偏移[2]。利用这种特性,当电极置于电源负极时可以减少电极损耗。研究人员还进一步从放电通道等离子体能量分配的角度对极性效应的影响进行了分析[3],但是并没有对能量分配存在区别的原因给出合理解释。

因此,同为利用放电产生的等离子体的高温来蚀除材料的放电加工技术,高能量密度的高速电弧放电加工是否同样具有在电火花加工中广泛存在的极性效应?也就是说"是否在粗加工时既获得高的材料去除率,又获得较低的电极相对损耗率?是否有一种极性接法可以获得更高的材料去除率,而另一种极性接法却能获得较好的表面质量?这对新发展起来的高速电弧放电加工来说都是未知的领域,需要通过广泛而深入地研究工艺特性内容才能回答。

本章开展的不同工具极性加工Cr12工具钢(AISI D2)材料的实验分析了工具

极性对加工性能的影响,揭示了高速电弧放电加工的极性效应,进而从加工机理角度解释产生极性效应的主要原因。

6.1.1 高速电弧放电加工的极性效应实验设计

高速电弧放电加工的极性效应探索实验的加工参数设计采用三因素(放电峰值电流、冲液入口压强和脉冲电源脉冲宽度)四水平实验方案设计,极性效应对比实验的过程和方法与后续的高效加工时的过程和方法基本一致,具体的实验条件如表6-1所列。由表6-1可知,两组极性对比实验条件的加工参数基本相同,唯一的区别是所采用的工具电极极性不同。因此,所设计实验得到的结果能够清晰地反映不同工具极性是如何影响高速电弧放电加工工艺效果。

表 6-1 高速电弧放电加工的极性效应实验条件

实 验 参 数	取 值
工具电极极性	−,+
脉冲宽度 t_{on}/μs	2000,4000,6000,8000
脉冲间隔 t_{off}/μs	500
放电峰值电流 I_p/A	200,300,400,500
冲液入口压强 p/MPa	0.7,1.0,1.3,1.6
加工深度 H/mm	10
工件材料	Cr12 工具钢
工具电极材料	石墨

6.1.2 放电峰值电流的影响

如图6-1所示,当采用不同极性进行高速电弧放电加工对比实验时,放电峰值电流对加工性能的影响非常明显,具体表现为材料去除率、电极相对损耗率和 Ra 随放电峰值电流的增大呈现出明显不同的变化趋势。

工具负极性高速电弧放电加工时,材料去除率会随着放电峰值电流的增大而呈线性上升趋势。当放电峰值电流为500A时,获得的最高材料去除率可达14100 mm^3/min,对应的单位能量去除率为 28.2 mm^3/(min·A)。这意味着工具负极性加工时,峰值电流较大的电弧等离子体单次放电时能得到充分的发展,自身能被高度热电离而增大能量密度,从而更有效地去除工件材料。此外,这里工具负极性加工的工件材料为 Cr12 工具钢,而如镍基高温合金等其他工件材料在同样参数下加工时也能得到近似的材料去除率数值。这种加工性能的表现说明,由于电弧放电通道等离子体中心温度可上升到远高于10000K,因此不同工件材料的热力学性能如熔点、沸点、比热容和热膨胀系数等的差异对高速电弧放电加工的材料去除能力的影响相对较小,电弧加工这种蚀除能力对材料热物性不敏感的特点明显地优于电火花加工,并且当加工不同合金材料时均能表现出极高的加工效率。

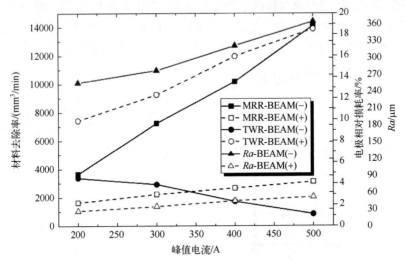

图 6-1　放电峰值电流条件下工具极性的加工性能($t_{on}=8000\mu s, p=1.6MPa$)

对另一个重要的工艺指标——相对电极损耗比进行考察时发现,在所做实验条件范围内,电极相对损耗率随着峰值电流的增大而逐渐降低。当峰值电流为500A时,石墨电极的电极相对损耗率低于1%。这是由于采用工具负极性进行高速电弧放电加工时,石墨电极的熔点高、线性热膨胀系数低,具有极强的抗热腐蚀能力。同时,由于石墨材料的导热性非常好,表面的温升很快就会被电极体传导并散失,不会形成局部点的过热温度,进一步降低了电极损耗比。由于随着峰值电流的增加,工件一侧的材料去除率增加尤其显著,作为体积损耗比的电极相对损耗率有了更大数值的分母,因此其数值会随着峰值电流的增加而减小。

工件加工表面粗糙度 Ra 会随着峰值电流增大而逐步上升,当峰值电流为500A时,最大 Ra 值可达 $364\mu m$,这是由于随着放电峰值电流的增加,单次放电的能量也随之增加,因而所对应的单脉冲所获得的放电蚀坑深度和直径都会进一步增大,从而形成更粗糙的放电表面。

将工具电极接正极性进行高速电弧放电加工时,材料去除率也会随着峰值电流的增大而逐渐增加,但增幅不明显。当峰值电流为 500A 时,材料去除率约为 $3050mm^3/min$,较工具负极性的加工效率低很多,但即便如此,其数值仍远高于电火花加工的指标。此时单位能量去除率为 $6.1mm^3/(min \cdot A)$。与此同时,电极相对损耗率随着峰值电流的增加而急剧上升,当峰值电流为 500A 时,最高可达 18%。

而 Ra 会随着峰值电流的增加而逐渐上升,但增幅不大。这是因为放电能量的增加,会使放电蚀坑变深且形状不规则。在峰值电流为 200A 时,Ra 最小可降至 28μm 左右。

综合不同极性的高速电弧放电加工的表现,当工具负极性加工时应选用较大的峰值电流以获得更高的材料去除率和较低的电极相对损耗率,而当工具正极性加工时应选用较小的峰值电流,以获得较好的 Ra 和相对较低的电极相对损耗率。

6.1.3 脉冲宽度的影响

如图 6-2 所示,采用不同极性进行高速电弧放电加工时,脉冲电源的脉冲宽度对加工性能有着不同的影响,材料去除率、电极相对损耗率和 Ra 随脉冲电源的脉冲宽度的增大呈现出不同变化的程度要低于峰值电流的影响。

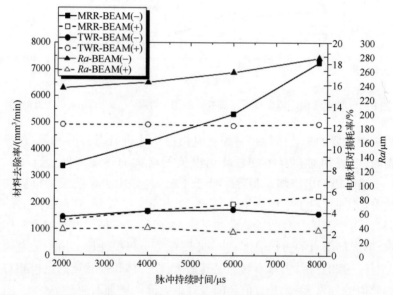

图 6-2　不同脉冲宽度条件下的极性高速电弧放电加工(I_p = 300A, p = 1.6MPa)

当工具负极性加工时,材料去除率会随着脉冲电源的脉冲宽度增大而快速地提升:采用 300A 的电流,在脉冲宽度为 8000μs 时,最高材料去除率可达 7000mm³/min,相应的单位能量去除率可达 23.33mm³/(min·A)。这是因为工具负极性加工的电弧放电通道等离子体在大脉冲宽度时间内能更充分地发展,每个脉冲内的电弧等离子体弧柱能量密度增加,从而增大了工件材料的蚀除量。电极相对损耗率受脉冲宽度的影响不明显,其值在 4% 左右波动。这是由于随着单次放电的脉冲能量增加,电极损耗稍有增大,但是由于蚀除的工件材料体积也增加,因而相对电极损耗比变化不明显。Ra 会随着脉冲宽度的增大而逐渐上升,这是因为随着电弧放电通道等离子体能量密度的增加,放电蚀坑会变得更深、直径变得更大。

当工具接正极性进行高速电弧放电加工时,材料去除率与接负极性的结果相比要低很多。材料去除率随着脉冲电源脉冲宽度的增大而略微地上升,这是由于脉冲宽度较大时可采用较大的进给速率,使得电弧放电效率和频率都会增加。当脉冲宽度为 8000μs 时,MRR 为 2100mm^3/min,相应的单位能量去除率为 7mm^3/(min·A)。随着脉冲宽度增大,电极相对损耗率的变化不明显,其值在 12% 左右波动。从电极相对损耗率的数值上看远高于电极接负极的加工结果。这时正极性加工时的电弧更容易被流场扰动,导致蚀除电极材料的效率低于负极性加工。当正极性加工时,Ra 值的变化幅度不明显。而且此时 Ra 值远低于电极接负极时的 Ra 值,为其值的 1/6~1/5。

综合不同极性的高速电弧放电加工的效果,工具负极性加工应选用较大的脉冲宽度以获得较高的 MRR,而工具正极性高速电弧放电加工应选择适中的脉冲宽度。

6.1.4　不同极性的工件加工表面

工具接负极性进行高速电弧放电加工时,所获得到的工件表面很粗糙,在后续精加工时对刀具的负载冲击较大,容易引起刀具的加速破损。相反,工具接正极性实施高速电弧放电加工时,工件表面光亮程度和表面粗糙度要比工具接负极性时好很多。图 6-3(b)所示为工具正极性高速电弧放电加工所获得的放电单蚀坑,其最大深度为 321μm,仅是工具负极性深度的约 1/3,工件的表面粗糙度也相应较低。由此可知,相比于工具负极性高速电弧放电加工,工具正极性能获得更好的工件表面粗糙度。

6.1.5　不同极性加工时的放电电压与放电电流波形

当采用不同的工具极性进行高速电弧放电加工时,极间的放电电压与放电电流波形的特点也有所不同。工具负极性高速电弧放电加工的单个脉冲宽度时间内,电弧放电一次性完成,其快速切断一般发生在脉冲宽度结束的瞬间。如图 6-4 所示为采用具有恒流控制的脉冲电源加工时的波形,间隙电压在电弧放电开始时有明显的下降,然后会在 30V 左右的放电维持电压附近发生较大的起伏波动。同时,放电电流迅速上升,并稳定维持在 300A 的设定值左右。由于脉冲电源的恒流作用,电弧不会轻易被冲液流体切断。但从放电电压波形较大的起伏依然可以看出流体动力移弧甚至断弧的效果,因为电弧放电通道等离子体被流体动力推移并拉长,导致间隙阻抗增加,在恒流条件下就表现为极间电压的逐渐升高。在电压的升高作用下,会有更多的放电能量注入放电通道等离子体中,促使等离子体温度升高,进而增加其电导率,等离子体抵抗流体冲刷的变形抗力也有所增加,电弧等离子体会在一定范围内反复振荡而不易被拉断。具体在放电电压波形上的表现就是 2~3 倍于电源脉冲频率的波动。而工具正极性加工的单个放电周期内,电弧所受到的扰动程度更大,有可能会发生多次切断和重新放电的现象。另外,放电电流的波动性也更大,不容易稳定。

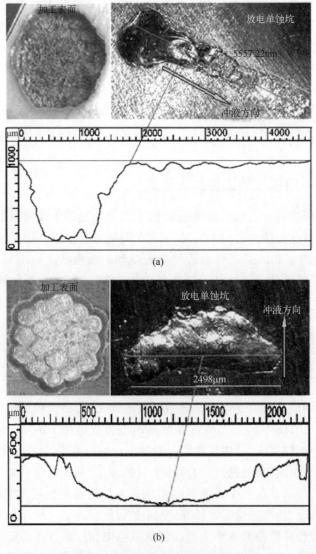

图 6-3 正、负极性高速电弧放电加工的工件表面和单蚀坑($I_p = 300A, t_{on} = 8000 \mu s, p = 1.6MPa$)
(a) 负极性高速电弧放电加工;(b) 正极性高速电弧放电加工。

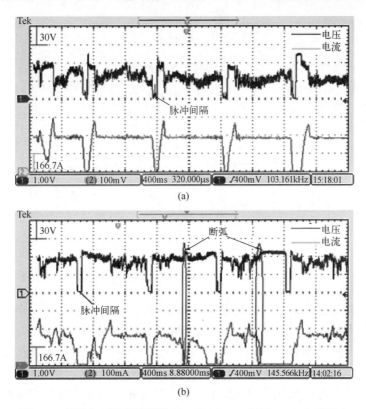

图 6-4 极性加工的伏安特性($I_p = 300A, t_{on} = 8000\mu s, p = 1.6MPa$)
(a) 负极性；(b) 正极性。

6.1.6 冲液入口压强的影响

如图 6-5 所示,采用不同工具极性进行高速电弧放电加工时,工作液入口压强对加工性能的影响很明显,材料去除率、电极相对损耗率和 Ra 随工作液冲液入口压强的增大呈现不同的变化。

当工具接负极性进行高速电弧放电加工时,材料去除率随着冲液入口压强的增大而快速上升。在冲液入口压强为 1.6MPa 时,材料去除率可达 $5500mm^3/min$（峰值电流为 300A）,相应的单位能量去除率为 $18.33mm^3/(min \cdot A)$。这说明工具负极性加工时,冲液入口压强的增加会强化流体动力移弧、断弧效应,有效地提高电弧放电的材料去除效率,并促使极间熔融材料更多地排出熔池,进而可采用更高的加工进给速度 F。电极相对损耗率的变化不明显,均在 5% 左右。Ra 则会随着冲液入口压强增加而快速下降,这是由于冲液入口压强的增加易使极间电弧产生偏移或切断,从而使放电蚀坑变得较浅。

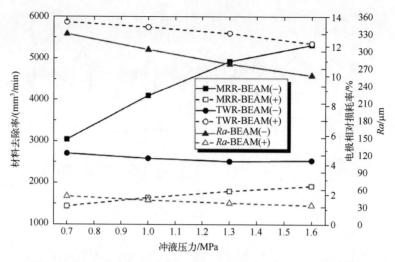

图6-5 不同冲液入口压强下的加工性能($I_p = 300A, t_{on} = 6000\mu s$)

当工具接正极性进行高速电弧放电加工时,材料去除率会随着冲液压强的增大而逐渐上升。在冲液入口压强为1.6MPa时,最高值约为1800mm³/min,相应的单位能量去除率为6mm³/(min·A)。电极相对损耗率则随着冲液入口压强的增加而逐渐降低,这是由于冲液增强时的流体动力移弧、断弧的作用更加明显,改善了放电状态并使电极损耗量明显变小。与负极性加工类似,Ra 会随着冲液入口压强的增加而逐渐变小。

通过综合考察工具极性对高速电弧放电加工的影响可以看出,工具负极性高速电弧放电加工时应选用较大的冲液入口压强,以获得更高的材料去除率和相对较低的电极相对损耗率,而工具正极性高速电弧放电加工时同样应选用较大的冲液入口压强,以提高冲液的移弧、断弧能力,从而获得较低的 Ra 和电极相对损耗率。

6.1.7 高速电弧放电加工极性效应的机制分析

高速电弧放电加工中电弧放电通道等离子体在两极的能量分配不同的理论虽然可以在一定程度上解释工具极性对加工性能的影响,但难以解释在流体动力作用下电弧等离子体放电状态的不同。因此,有必要对电弧等离子体的内在状态和外在形态开展进一步研究,以便从理论上揭示高速电弧放电加工所具有的显著极性效应的物理本质。

从等离子体物理的角度看,高速电弧放电加工中的电弧等离子体含有大量电子和正离子以及部分中性原子,是具有极高温度的特殊状态物质。在高速电弧放电加工中的电弧放电通道中,由于电子的质量远小于正离子质量,因此在相同电场作用的加速度远大于后者,并且在前进路径上与中性粒子的不断碰撞也加剧了电离过程,形成电子崩或流柱,进一步提高了等离子体温度;而较大质量的正离子的移动速度要低很多,具有的动能也就更低。另外,电子的尺度很小,在与金属材料发生作用时容易穿透晶格,并通过晶格谐振高效地将其携带的能量转化成工件金属材料的温升。而正离子在和金属材料作用时通常是以碰撞的形式将其动能转化为金属材料的温升,其能量转化效率要比电子的能量转化效率低很多。这也是在电火花加工研究中放电通道等离子体分配给阳极的能量比阴极高很多的原因。在电弧焊接中也发现了类似的现象。

另外,阳极弧根中的电子密度要远高于弧柱等离子体中的电子密度,而阴极弧根中的正离子密度也远高于弧柱等离子体中的正离子密度。而正离子的质量远高于电子质量,因此在流体动力作用下,阳极弧根更容易被推移和切断,而阴极弧根却难以被推移。

以上两点分析可以解释高速电弧放电加工会产生显著"极性效应"的原因,以及流体动力对阳极弧根和阴极弧根的影响程度差异很大的原因。

高速电弧放电加工中存在显著极性效应,这一发现对充分认识这一新工艺的机制并将其用于工艺优化具有重要意义。这使得我们可以兼有"高效"和"低耗"两个正面效应。

类似的极性效应不仅在电火花加工中被人们广泛认识和充分利用,在电弧焊领域也有类似效应的发现和有效利用。但高速电弧放电加工时的电弧等离子体经过充分发育且吸收了更多能量的等离子体,无论是电离度、电子温度、离子温度、热焓等表征等离子体能量状态的参数都远高于电火花加工时的电火花放电通道等离子体,二者之间的能量密度存在较大差异,因此,尽管二者有很多相似之处,但不能简单套用电火花加工已有的研究结论。在工作液中的电弧放电与气体电弧放电由于受周围介质不同的影响,二者也存在着较大的差异,因此其中放电的相关结论只能作为参考。

1. 工具电极接正、负极性时电弧放电通道等离子体的形态

工具电极分别接正、负极性时,电弧放电通道等离子体会表现出不同的形态,这一现象已经在等离子体电弧焊接工艺研究时被发现并得到应用。20世纪70年代初期,变极性等离子体电弧焊(variable polarity plasma arc,VPPA)工艺[4]已经应用于中厚板铝合金的焊接。研究人员通过对VPPA工艺的工件接正、负极性(注意:焊接的极性是以工件端的极性来定义的,这与放电加工中的定义是相反的)电弧等离子形态进行高速摄像分析,阐述了电弧等离子体在正、负极性时不同的产热机制,描述了不同工件极性时电弧等离子体的热源形态、产热机制和电弧力等特性,并用于指导合理选择焊接工艺参数[5]。图6-6为VAPP焊接工艺正、负极性时电弧形态的高速摄像图。由该图可知,铝合金正极性焊接期间,电弧等离子弧柱表现出比较集中的现象,热源半径小。而负极性焊接期间,阴极弧根易跳动,且电弧等离子弧柱表现出比较发散的形态,热源半径变大。

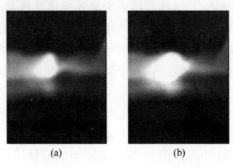

图6-6 高速摄像机下工件正、反极性的电弧柱形态
(a)工件正极性;(b)工件负极性。

在电弧等离子体中,参与运动和碰撞的导电粒子在数量上主要包括99%的电子和1%的正负离子[5],根据变极性焊接时电子产生的不同方式[6],可以设定电弧等离子体在阳极区产生的热量为

$$P_A = (U_A + U_W + U_T)I \tag{6-1}$$

式中:P_A为阳极区的产热;U_A为阳极区的电压降;U_W为逸出电压;U_T为电弧柱温度等效电压。

设定电弧等离子体在阴极区产生的热量为

$$P_K = (U_K - U_W - U_T)I \tag{6-2}$$

式中:P_K为阴极区的产热;U_K为阴极区的电压降;U_W为逸出电压;U_T为电弧柱温度等效电压。

从式(6-2)可知,即便对放电电流一样的正、负极性而言,电弧等离子体在阳极和阴极产生的热量和有效热能也有较大区别,从而造成工具负极性时的工件表面的熔池较窄较深,而工具正极性时的工件表面的熔池较宽较浅[7]。这一结论从另一个侧面证实电弧放电等离子在阴极和阳极的能量分配系数是不同的,这和电火花放电加工有关研究的结论类似。

由图6-4中工具正、负极性获得的间隙放电电压和放电电流波形特性可知,工具接负极性加工时的放电峰值电流和电压降明显地大于正极性时,因此工具接负极性时电弧等离子体功率也应更大。另外,由图6-3的蚀坑形貌可知,正极性时电弧等离子体较发散,热损失也相对较大。因此,可以推定工具负极性时电弧等离子体作用于工件材料的能量较大。

由间隙放电电压和放电电流波形特性可知,在电弧放电的单个脉冲宽度周期内,电弧等离子体会出现先被切断后重新导通的现象,此过程的电弧等离子体处于易受外界影响的不稳定状态。因此,有必要进一步分析流体动力对电弧等离子体形态改变的作用机制。

2. 流体动力作用对电弧等离子体的影响

电弧是一个可压缩的放电等离子体,其内部分布着大量电子流和离子流。根据电磁感应定理,带电离子的运动将会在空间内产生磁场,带电粒子的运动会受到洛伦兹力作用,导致通过的电流产生沿径向箍缩的电弧作用力。但是,电弧本身的高温会使等离子体沿径向扩张,从而抵抗电磁箍缩力的作用,如焊接中的稳定电弧就处于这两种力的动态平衡状态下[8]。因此,当受到外力作用后,这种动态平衡会被打破,电弧等离子体就会产生径向的压缩或扩张,或者偏移甚至拉断。另外,在高速电弧放电加工时,电弧放电通道等离子体的膨胀扩张还受到周围工作液流体的惯性约束。

通过采用高速摄像、压力传感器和电流传感器对变极性电弧焊的等离子形态、力学特性和电弧特性的观测、检测与分析可以发现,由于电弧发散,在负极性期间的电弧力均比正极性期间的电弧力小[9]。测试结果表明,在峰值电流相同时,负极性周期的电弧中心压强比正极性期间低 1.7kPa[10]。这说明,工件接负极性时电弧等离子体更易受外界的干扰作用而发生形态改变。进一步的实验发现,在外加纵向磁场作用下,电弧等离子体横向运动的半径会受到约束,造成向两端运动的电弧半径逐渐缩小,电弧等离子体的形态因受到压缩作用而发生改变[11]。同理,如果对电弧等离子体施加径向方向的外力作用,也会使其产生径向的偏转。从前述的极间流场分析可知,高速电弧放电加工的电弧等离子体受到高速工作液的径向流体动力作用,这会造成电弧等离子体形态的变化,加上不同极性时能量分配的差异,使得间隙放电电压和放电电流特征也不同,因而产生明显的极性效应。

极间的冲液流场分布是流体动力断弧机制的先决条件,也是影响高速电弧放电加工性能的关键因素。对集束电极高速电弧放电加工时的极间流场分布进行分析,可以进一步了解冲液流场在高速电弧放电加工电弧放电通道等离子体偏转中所发挥的作用。所建立的集束电极高速电弧放电加工的几何模型如图 6-7(a)所示。该模型的端面为几何对称的六边形,为了提高迭代计算的效率,选取六边形的 1/6 作为计算模型。入口边界条件设为冲液入口压强,其值为 1MPa。出口边界条件则设为大气环境的压强。

选取图 6-7(a)中靠近工件表面的 A-A 截面作为冲液流速分布的仿真分析平面,在该平面上的流场分布如图 6-7(b)所示。由图示的仿真结果可知,工作液在穿过冲液孔快速到达放电间隙以后,会沿着工件表面向外侧流动。在到达工件表面之前,会产生向电极边缘方向的弯曲。由于在电极管出口端面一侧工作液产生急转弯而形成了"涡",因此,该处的工作液流速急剧降低,而在工件一侧流速却会急剧增大。由此可知,在工件表面的流速值远大于在电极表面的流速值,这意味着工件表面的流体动力对电弧等离子体的径向偏移作用,远大于在电极表面一侧的径向偏移作用。因此,当极性不同时,工件表面的电弧等离子体在流体动力作用力下发生形态改变的程度也不同。

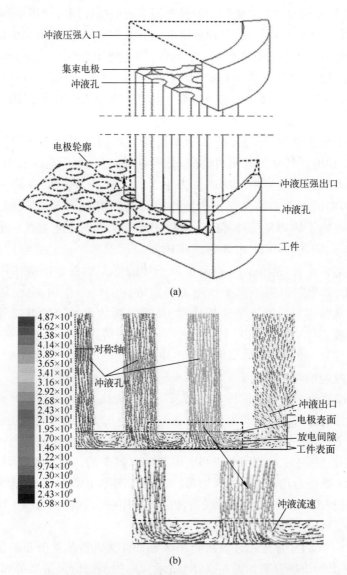

图 6-7 极间工作液流场分布的仿真(见书末彩图)
(a) 集束电极几何模型;(b) A-A 截面的冲液流速分布。

在高速电弧放电加工过程中,阴极不断发射出大量电子以维持等离子体[12]。根据 T-F 理论,这些电子不仅来自电场发射,还来自热场发射[13]。尽管如此,T-F 理论只考虑了电场和热场发射电子的初级阶段,而没有考虑在外界的干扰作用下,电弧等离子体由于形态改变而使内部电子在运动和碰撞的过程中会受到不同的电磁加速作用。通过分析图 6-7(b)的仿真结果可知,在工具负极性高速电弧放电加工中,电弧等离子弧柱不容易因流体动力作用而发生径向偏移或切断。此时,电弧等离子体可以得到较充分的发展,从工具电极(阴极)发射出的电子的加速时间较长,从而产生充足的电子运动和碰撞。这种情况下,电弧等离子体将会被高度电离,自身的热焓会快速地升高,从而增大了对工件材料的热蚀作用[14];相反,在工具正极性高速电弧放电加工中,电弧等离子体弧柱不容易抵抗流体动力的作用而发生偏移和切断,从工件(阴极)发射的电子没有充足的时间进行有效的加速,电弧等离子体的电离度会降低,自身热焓增加优先,从而减小了对工件材料的热蚀效果。

在工具负极性高速电弧放电加工时,由于靠近阳极侧(工件)的电弧等离子体容易被高度电离而具有去除更大体积的工件材料的能量,对应的放电蚀坑也就较深;相反,在工具正极性高速电弧放电加工时,阴极附近(工件)的电弧等离子体容易受到高速冲液的流体动力作用而发生断弧,从而使放电蚀坑变得更浅,所获得的工件表面粗糙度比工具负极性的表面粗糙度更好。由于工具负极性高速电弧放电加工比正极性高能获得更高的材料去除率和更低的电极相对损耗率,可以得出,高速电弧放电加工中阳极比阴极得到的能量分配系数更高,从实验的角度验证了电弧等离子体自身的热力学属性。

6.2 高速电弧放电加工的蚀除颗粒

6.2.1 放电加工中蚀除颗粒的研究

高速电弧放电加工过程中,高热焓电弧作用下的工件材料会被快速熔化甚至汽化,随后被抛离熔池而完成蚀除。在工作液的冷却下,被抛离的材料迅速碎化形成大量的蚀除物颗粒(或称为加工屑颗粒),以爆炸飞溅方式被抛离放电间隙。因此,通过研究加工屑颗粒能更好地认知高速电弧放电加工过程的机制。加工屑颗粒的研究主要包括观测分析加工屑颗粒的形态、结构和化学成分,以及宏观统计不同加工参数如放电峰值电流、冲液入口压强、工具极性和工件材料对加工屑粒径分布的影响。

由于电弧放电加工和电火花放电加工都是利用放电等离子体的热蚀除效应,

又都是在工作液介质中放电的行为,并且被去除的工件材料均以颗粒形态被抛出加工间隙,因而,电火花放电加工中加工屑颗粒的研究结果对高速电弧放电加工也有一定的借鉴作用[15]。在电火花加工中,工作介质中的加工屑颗粒可以改变工作介质的绝缘强度,降低放电的击穿电压,并影响放电位置和放电平均间隙。因此加工屑颗粒的大小和分布可以明显改变实际的放电状态[16]。从这个角度来说,加工屑颗粒可以很好地呈现放电加工中的材料去除机制和过程。借助仪器观测和分析的方法获得加工屑颗粒的形态、组成和粒径分布,在很大程度上有助于建立放电加工过程的模型。当前,对电火花加工中加工屑颗粒的研究结论主要有如下几个方面:

(1) 从微观上分析加工屑颗粒的结构组织、表面形态和化学成分。Krasyuk 等发现了中空的球状加工屑颗粒,从而打破了加工屑颗粒全部是实心球体的认知[17]。他们利用扫描电子显微镜观测了加工屑颗粒的形态,并根据其特征把加工屑颗粒分为中空球形、树枝球形、椭球形凹陷和典形凹陷四种情形[18],同时还利用能谱散射分析仪(energy dispersive spectroscopy, EDS)分析了加工屑颗粒的表面成分,最后利用X射线衍射仪(X-ray diffraction, XRD)分析出铁素体(α-Fe)和奥氏体(γ-Fe)的金相变化。Murti 等研究了超声辅助电火花加工的加工屑颗粒,发现在超声辅助加工下,加工屑颗粒的圆球率会变得更高[19]。

(2) 借助统计分析手段从宏观上认识加工屑颗粒粒径分布和放电状态之间的关系。Soni 统计了钛合金(Ti6Al4V)和模具钢(T215Cr12)旋转电极电火花加工后的粒径分布[20]。Gokul 研究了在水和煤油工作液中电火花加工304不锈钢的粒径分布[21]。Cooke[22]和 Rajurkar[23]等尝试在粒子大小和加工参数之间建立一种实验和理论模型,并且指出加工屑颗粒的粒径分布在统计学上符合指数正态分布。Murti 等认为不管存在或者不存在超声条件,粒径分布都符合近似正态分布[19]。Jia 等认为电火花加工45钢获得的加工屑颗粒大多数为圆球形,统计出的粒径分布更符合复合罗辛-拉姆勒(Rosin-Rammler)分布[24]。

(3) 研究加工屑颗粒对放电加工性能的影响,如放电位置、间隙大小、击穿延时和表面粗糙度等。Schumacher 和 Luo[15,25]等均证明加工屑颗粒能够影响放电位置和间隙大小。Soni 等指出电极的旋转可以有效地促进加工屑颗粒从放电间隙排出,改善极间工作液的介电性能,从而影响后续脉冲放电的击穿延时[20]。Gatto 等认为加工屑颗粒能够影响放电的击穿延时,并且建立了新的放电过程模型[26]。Kiran 等建立了数学模型来预测微细电火花加工中加工屑颗粒对工件表面粗糙度的影响[27]。此外,借助计算流体(computational fluid dynamics, CFD),有助于了解加工屑颗粒在工作介质中的分布和运动行为,以解释加工屑颗粒对电火花加工的影响[28-29]。李磊等指出在集束电极电火花放电加工中采用多孔内冲液能显著改善加工屑颗粒在放电间隙中的集聚,从而最终改善集束电极电火花加工的性能[30]。

(4) 基于加工屑颗粒的研究结果,进一步解释放电加工的材料去除机制。Namitokov 等发现加工屑颗粒来自气态和液态的熔融金属在工作液冷却作用下的固化[31]。Willey 指出熔融的金属材料以气态、液态和固态的形式去除,从而产生了加工屑颗粒[32]。Zolotyk 指出绝大部分的金属材料去除发生在放电脉冲宽度结束的最后时刻[33]。Hockenberry 说明了在脉冲宽度时间结束时,工作液穿过气泡进入放电蚀坑后会发生爆炸,使熔融金属被抛出蚀坑,经快速冷却形成加工屑颗粒[34]。Yoshida 观测了单脉冲放电过程中加工屑颗粒的形成过程,指出融化和气化的金属材料在快速冷却过程中会由于表面张力产生收缩作用而形成圆球形的颗粒形态[35]。

与电火花加工类似,高速电弧放电加工中加工屑颗粒的产生过程也可分为熔化和汽化、材料抛出和冷却固化三个阶段[15]。不同的是,电弧放电加工采用的放电峰值电流更大,可以获得更高能量密度的电弧等离子体,以及较大的脉冲宽度使电弧等离子体的发展和扩张更充分,使其自身被高度地电离化而获得较高的热焓,最终熔化和汽化金属材料的能力大大加强,从而使加工屑颗粒产生的数量呈几何级增长。同时,电弧放电通道等离子体在扩张过程中因高速冲液的作用而在工件表面偏移甚至断开,在这种情况下,工件表面的熔池会因为电弧等离子体形态的改变而与工作液相遇发生爆炸碎化作用,明显地促进加工屑颗粒的产生和排出[36]。以上现象说明,高速电弧放电加工的材料蚀除机制和颗粒产生过程有一些相似之处,但也有较强的独特性。

6.2.2 实验装置

加工屑颗粒的实验系统与高速电弧放电加工实验系统装置基本一致。这里工件材料为 45 钢,电极为石墨集束电极,工作液介质为水基工作液,集束电极的外轮廓为正六边形,端面为平面,具体实验条件如表 6-2 所列。

表 6-2 实验条件

实验参数	取值
工具电极极性	正,负
脉冲宽度 $t_{on}/\mu s$	8000
脉冲间隔 $t_{off}/\mu s$	500
峰值电流 I_p/A	100,300,500
开路电压 U/V	90
冲液入口压强	0.6,1.6
加工深度 H/mm	5

为了有效收集被工作液冲出的加工屑颗粒,需要设计专用的过滤收集装置。该装置为外形尺寸为 800mm×600mm×400mm 的长方形收集箱。收集箱四周和底部为密封板,最内层被设计成可拆卸的过滤网,以快速和方便地收集加工屑颗粒。

高速电弧放电加工后,工作液要静置 10min 以上以保证加工屑颗粒完全沉积在收集箱的底部。过滤网表面的加工屑颗粒可用强磁石从拆卸下的过滤网表面收集,随后采用丙酮清洗掉加工屑颗粒表面的杂质。最后,将加工屑颗粒在自然的环境中彻底干燥,以保证下一步观测的准确性。当采集到的加工屑颗粒质量达到被去除的工件材料质量的 80% 时,则认为该次收集实验是有效的。

将经过清洗和干燥的加工屑颗粒均匀地铺在导电胶带上,以利于观测。首先用扫描电子显微镜观测加工屑颗粒的形态和结构,然后用 EDS 分析加工屑颗粒表面的化学成分,最后利用图像分析软件 Digimizer(MedCalc Software,Belgium)分析测定扫描电子显微镜图片上的加工屑颗粒的粒径。为了保证测量和统计的精度,选取同一次实验下采集到的 3 张不同的加工屑颗粒扫描电子显微镜图片分别进行测定,然后综合统计所选 3 张扫描电子显微镜图片的粒径分布,所选取的每张图片要保证含有 300 个以上的加工屑颗粒,每个加工屑颗粒粒径的测定过程如图 6-8 所示。由该图可知,高速电弧放电加工中加工屑颗粒的形状绝大部分为圆球形颗粒,因此,选用球直径作为加工屑颗粒形状尺寸的表征。另外,对于少部分近似球形的颗粒,选取其内切圆直径表征颗粒尺寸。在选取适当的比例尺(100μm)后,选用软件的测圆功能测量每个颗粒的粒径。将测量后的统计结果输入统计分析软件以定量分析实验结果。

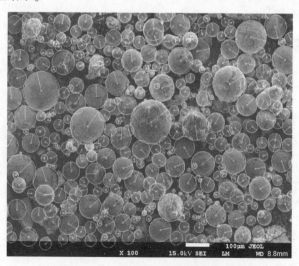

图 6-8　加工屑颗粒的粒径测定过程

由于测量颗粒的数量较大(>1000)、颗粒直径范围较宽(0~240μm),且每张图片中的颗粒数量和粒径大小不同,为了保证统计的稳定性和可靠性,需对所采集的颗粒粒径进行分级。粒径尺寸分类间隔设置为 30μm,随后统计各级范围内颗粒数量,将其比例作为分布概率以曲线图的形式表达。

6.2.3 加工屑颗粒的微观特征

图 6-9 所示为采用扫描电子显微镜观测高速电弧放电加工 45 钢后加工屑颗粒的微观形态。由图像分析可知，绝大多数的加工屑颗粒微观形态为圆球形和近似圆球形，少部分为球形颗粒的连接。这表明高速电弧放电加工中放电通道等离子体所形成的熔融金属由液态到固态相变转化时表面张力起主要作用。放电峰值电流为 300A 时，所能采集和观测到的颗粒粒径范围为 5～200μm，颗粒粒径平均值为 45μm 左右。其中，粒径 10μm 以下的加工屑颗粒大多黏附在大粒径颗粒上，独立存在的较少。低放电峰值电流和低脉冲宽度电火花加工（I_p = 10A，t_{on} = 100μs，t_{off} = 20μs）获得的加工屑颗粒如图 6-10 所示，经统计其平均粒径为 18.2μm，约为高速电弧放电加工的 1/4。

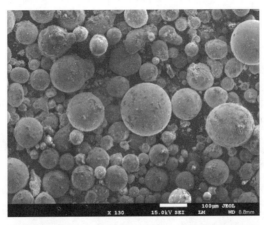

图 6-9　扫描电子显微镜下高速电弧放电加工 45 钢加工屑颗粒（工件负极性）

图 6-10　扫描电子显微镜下 EDM 加工屑颗粒（工件负极性）

以电火花加工为主的放电加工理论认为,较大的放电峰值电流意味着较高的能量输入,较大的脉冲宽度时间意味着放电通道等离子体作用于熔融区的时间更长。因而,所产生的加工屑颗粒直径也应该较大。但是,实验所获得实际加工屑颗粒的粒径的增加比例与放电能量的增加程度并不呈比例,这说明加工屑颗粒的大小不仅由放电输入能量决定,而且会受到其他加工因素的影响。

早期电火花加工研究认为:加工屑颗粒产生于放电通道等离子体熄灭的瞬间。但是,近年来采用高速摄像机对放电过程进行观测发现,电火花加工过程中,在整个放电周期内加工屑颗粒都是动态产生的[37],即从放电通道等离子体建立开始就不断有加工屑颗粒飞溅出放电间隙。利用背景强光照明,通过分析高速摄像机所拍摄到的高速电弧放电加工中加工屑的产生与排出影响可以清楚地发现,在整个电弧放电脉冲期间有熔融金属材料持续喷发出来,在高速流动的工作液作用下迅速冷却,形成云雾状放电屑颗粒团簇,并被工作液迅速带走。参见第3章中的图3-37。

6.2.4 加工屑颗粒微观形态及形成机制

由扫描电子显微镜拍摄的图像可知,加工屑颗粒大部分是圆球形,也有少量的椭球形、凹陷形、链球形和纺锤形等形状,如图6-11所示。

图6-11(a)所示的圆球形颗粒表面比较光滑,仅有少量的附着物,可以认为其主要由来自熔化的材料在工作液中迅速冷却而成。

图6-11(b)所示为中空球壳形颗粒。这种中空的球壳形放电屑在电火花加工中也被大量发现。这可能是因为被放电通道等离子体融化的液态金属在放电爆炸力的作用下高速飞离放电间隙,但其几何形态呈多样化,部分不规则片状液态金属在遇到工作液流体而急剧冷凝过程中将工作液或气体包裹在芯部,工作液或气体迅速被液态金属加热气化,如果球壳内在内外力基本平衡的状态下继续冷却就形成了完整的球壳结构;如果球壳无法承受过热工作液蒸汽或气体膨胀所产生的压力,则会在球壳最薄弱处破口并释放内压,形成带有孔口的球壳结构。

图6-11(c)所示的椭球形加工屑颗粒是由两个以上的高速飞溅的熔融金属液滴相互碰撞、融合并继续凝固而成的。

图6-11(d)所示的凹形加工屑颗粒的凹陷很可能是多个加工屑颗粒在固化过程中因冲液作用而碰撞分离造成的,或者是在碰撞、融合并处于半凝固状态下遭遇其他颗粒碰撞变形后形成。

图6-11(e)所示的链球形加工屑颗粒是由多个尺寸差别较大的加工屑颗粒在半凝固状态下相互碰撞黏结而成。测量结果表明,尺寸小、数量多的小颗粒($\varphi<10\mu m$)容易与大颗粒黏结。

图 6-11(f) 所示的是纺锤形及不规则的加工蚀除颗粒。这很可能是放电通道等离子体形成的熔融金属在飞溅过程碰撞或半熔融态时受工作液冲击的结果。

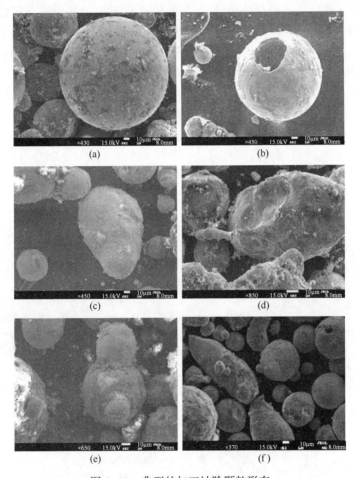

图 6-11 典型的加工蚀除颗粒形态
(a) 表面光滑的圆球形颗粒；(b) 球壳状的蚀除颗粒；(c) 椭球形的蚀除颗粒；
(d) 表面凹陷形的蚀除颗粒；(e) 链球形的蚀除颗粒；(f) 片状的蚀除颗粒。

高速电弧放电加工中，伴随着加工屑颗粒在工作液高速冲液作用下爆炸式抛出，形成炽热的加工屑颗粒并四处飞溅的壮观场面，同时伴随着清晰的连续爆炸声，且加工屑颗粒的排出方向是以放电间隙为中心的放射性分布，和流体方向并不一致，说明放电爆炸冲击对熔融材料的排出具有决定性作用。这种爆炸的作用过程和其对加工屑颗粒的影响机制需要进一步地观测和更深入地研究验证。但熔融金属与水基工作液接触后形成剧烈的金属"碎化效应"，可能是这种爆炸性蚀除的主要原因。

6.2.5 球壳形加工屑颗粒

针对加工屑颗粒的观测结果表明,高速电弧放电加工会形成一定数量的球壳形颗粒,这里将进一步分析球壳形加工屑颗粒的形成原因、内部的材料成分和空隙率。如图6-12(a)所示的球壳形加工屑颗粒,其内部结构简单,没有像电火花加工中曾被发现的复杂的网状球壳结构。很薄的球壳说明熔化时温度高,在熔融状态下包裹住的液体或气体体积大。

对球壳型加工屑颗粒进一步抛光处理以分析其内部结构和成分。将采集的加工屑颗粒嵌入环氧树脂中压缩固定,接下来采用1μm的金刚石研磨膏进行抛磨处理,再用硝酸酒精溶液腐蚀处理样品,最后在金相显微镜下观测分析,所得的观测结果如图6-13所示。分析抛光后的球壳形加工屑颗粒的内部形态可知,其内壁光滑,无网状的连接结构,但其壁厚并不十分均匀,有一定的随机性。

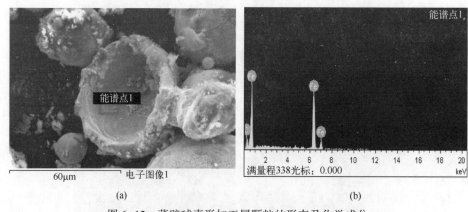

图6-12 薄壁球壳形加工屑颗粒的形态及化学成分

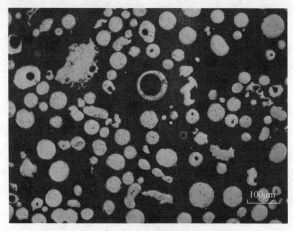

图6-13 抛光后的球壳形加工屑颗粒

6.2.6 加工屑颗粒表面的化学成分

通过能谱分析(EDS)考察加工屑颗粒外表面、内表面及其附着物的主要化学成分,所获得的结果分别如图 6-12(b)及图 6-14 所示。可见球壳形加工屑颗粒的构成成分仅有 Fe 和 C 两种元素,且 C 的质量分数非常低。图 6-14(a)的测量结果表明,加工屑颗粒表面的主要化学成分为 Fe 元素。图 6-14(b)的测量结果表明,加工屑颗粒表面附着物的化学成分主要为 C,主要来自石墨电极材料的损耗。这说明加工屑颗粒的主要成分是来自工件的基体材料。被蚀除的石墨材料的形态不规则,且通常以片状的形态紧紧依附在颗粒表面,这说明石墨电极损耗的主要形式为层状材料的剥落,然后会在冷却过程中嵌在加工屑颗粒表面。

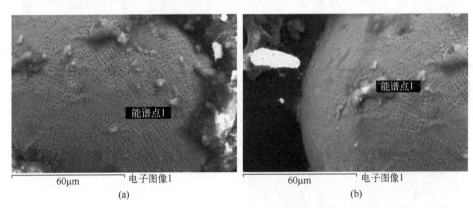

图 6-14 加工屑颗粒表面及表面附着物材料化学成分(工件材料为 45 钢)

6.2.7 加工参数对加工屑颗粒宏观粒径分布的影响

高速电弧放电加工产生的加工屑颗粒大小具有一定的随机性,其分布规律如何?与放电加工参数之间有什么对应关系?这是本小节内容所要回答的问题。实验所采用的工件材料分别为 45 钢和 SUS304 不锈钢,可变的加工参数包括放电峰值电流、冲液入口压强、工具极性等。

1. 加工屑粒径分布的统计方法

加工屑颗粒的粒径分布的统计方法:首先在图像分析软件 Digimizer 下导入样品的扫描电镜图片,遍历所有粒径并依次测量图片上的各个加工屑颗粒的直径,然后采用商业分析软件 MATLAB 的统计学软件包统计出图片样本的粒径分布。为了保证统计的可靠性,随机选取 3 张扫描电子显微镜图片。

采用上述方法,收集放电峰值电流 I_p 为 500A 的加工屑样本,并进行扫描电子显微镜分析以获得扫描电子显微镜图片,任意选取其中 3 张图片,比例尺标度均为

100μm。三张图片的放大倍数分别为 170、130 和 100,如图 6-15(a)、图 6-15(b)和图 6-15(c)所示。图 6-15(d)为分别统计 3 张图片所得的加工屑颗粒的粒径分布图。

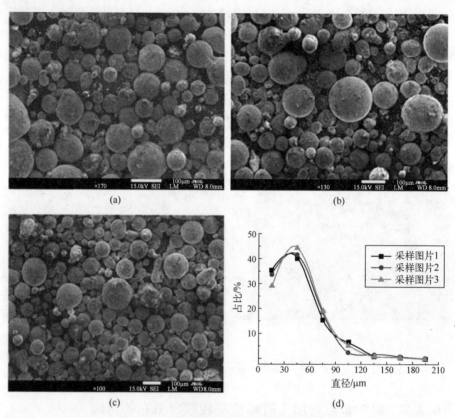

图 6-15 加工屑颗粒粒径分布的采样分析
(a) 采样图片 1;(b) 采样图片 2;(c) 采样图片 3;(d) 采样图片的粒度分布。

由图 6-15(d)可知,3 张图片的加工屑粒径统计结果都符合泊松分布,其数学期望值为 45μm 左右。通过对比分析可知,3 条加工屑粒径分布曲线形状基本一致,这说明加工屑颗粒的采集和统计过程稳定可靠,所选取图片的比例尺和粒径分级合理。因此可将 3 张图片的综合粒径分布作为该加工参数下的加工屑颗粒粒径分布的表征。

2. 放电峰值电流对加工屑粒径的影响

通过工艺实验可知,放电峰值电流是影响高速电弧放电加工材料去除率的最显著因素。因此,选择放电峰值电流分别为 500A、300A 和 100A 时所产生的加工屑颗粒进行统计分析,结果如图 6-16(a)、图 6-16(b)和图 6-16(c)所示。由

图 6-16 可知,在不同峰值电流条件下,高速电弧放电加工获得的加工屑颗粒形状绝大部分为圆球形。从直观上看,放电峰值电流 I_p 分别为 500A 和 300A 时加工屑粒径分布在总体上没有明显差异,但与 I_p 为 100A 时的加工屑粒径分布存在明显的区别。当 I_p 降为 100A 时,加工屑粒径的数学期望值明显变小,同时,I_p 为 100A 时还会获得较多的颗粒簇,在进行超声清洗后颗粒表面仍有较多附着物。

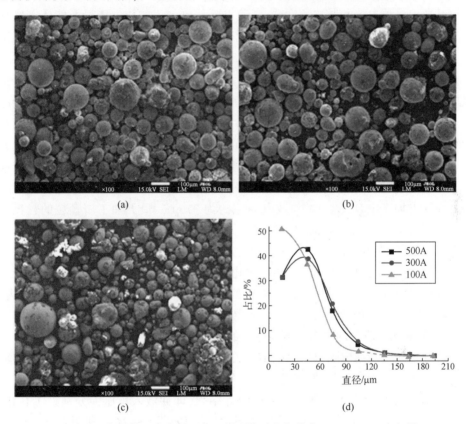

图 6-16 不同峰值电流条件下加工屑颗粒及粒径分布($p=1.6$MPa,负极性)
(a) 500A;(b) 300A;(c) 100A;(d) 粒度分布统计。

图 6-16(d)所示为 3 种放电峰值电流条件下的粒径分布。由该图可知,I_p 为 100A 时粒径的数学期望值为 34.6μm,I_p 分别为 300A 和 500A 时粒径数学期望值分别为 48.1μm 和 48.5μm,两种放电峰值电流所获得的加工屑粒径统计结果差别不大,但都与 100A 时的统计结果有明显的差异,这与直接观测的结果是吻合的。以上结果说明当放电能量密度增大到一定程度后,加工屑颗粒的粒径分布变得相对稳定,不会随着放电能量的增加而显著地增大。由此可以推论,虽然放电峰值电流是决定材料去除能力的最显著因素,但其对加工屑颗粒的粒径分布的影响有饱

和趋势。这是因为在高速电弧放电加工中,极间高速冲液的流体动力作用会使放电弧柱产生移动或切断,进而使熔融区产生可观测到的剧烈爆炸。这种爆炸会强烈冲击熔融材料,加速其抛离放电熔池;同时,高温的熔融金属材料与工作液流体一旦接触,就会产生剧烈的金属碎化效应,会把抛离的熔融材料破解为更微小的金属融滴,最终降低了加工屑颗粒的粒径。

从放电峰值电流和脉冲宽度看,高速电弧放电加工的放电能量及能量密度均远高于电火花加工。据文献报道,统计所得的水中电火花加工屑颗粒的粒径范围为 $10\sim70\mu m$[38]。当放电峰值电流 I_p 为 25A,脉冲宽度 t_{on} 为 $768\mu s$ 时,加工屑颗粒的粒径数学期望值为 $33\mu m$[39]。但是,高速电弧放电加工中加工屑颗粒的统计结果说明,当工作介质为水基工作液,放电峰值电流 I_p 为 500A,脉冲宽度 t_{on} 为 $8000\mu s$ 时,高速电弧放电加工获得的加工屑粒径范围为 $5\sim240\mu m$,这说明其加工屑颗粒的粒径范围更广。同时测量得到的粒径的数学期望值为 $48.5\mu m$ 左右,比电火花加工获得的加工屑颗粒的粒径数学期望值增加约 50%,在电火花加工中,研究者通常认为加工屑颗粒的数学期望值在放电间隙的 1/3~1/2。在采用集束电极进行高速电弧放电加工中时,所测量的放电间隙约为 $376\mu m$,最大加工屑颗粒的粒径为 $214\mu m$。因而,在保证充足的冲液条件下,也可以粗略认为高速电弧放电加工中的最大加工屑颗粒的粒径值约为放电间隙的 1/3~1/2。

不同放电峰值电流下的高速电弧放电加工所获得加工屑粒径统计分布说明:高速电弧放电加工可以采用更大的放电峰值电流以提高其蚀除工件材料的能力,而不会因加工屑粒径的变大而产生不容易排出放电间隙的问题。

3. 冲液入口压强对加工屑粒径分布的影响

高速冲液在高速电弧放电加工中的关键作用就是提供充足的流体动力以促使电弧柱在工件表面产生移动,甚至截断。根据加工实验结果,对比冲液相对充足和不充足的条件下所产生的加工屑粒径统计结果,即冲液入口压强分别为 1.6MPa 和 0.6MPa 时所获得的扫描电子显微镜图片,分别如图 6-17(a) 和图 6-17(b) 所示。从统计结果可知,冲液不充分时,更容易出现较大直径的颗粒。图 6-17(b) 所示的粒径分布显示,当冲液入口压力 p 为 0.6MPa 时,其大粒径值的加工屑颗粒增多,而小粒径值的加工屑颗粒减少。这说明当放电间隙的冲液流速较低时,电弧放电通道等离子体在工件表面的移动就会变得缓慢,且更容易在工件表面上某一点滞留更多时间,在该处融化和气化的金属材料就会增多。同时,发生爆炸蚀除的频次就会减少,从而使熔融材料缺少充分的机会被抛离熔池。流体动力断弧机制的减弱,导致熔池中的熔融材料的爆炸性蚀除能力下降,被抛离间隙的液态金属的碎化作用也相应减弱,导致飞溅出来的熔融金属凝结成较大的加工屑颗粒。另外,会有更多残留的熔融金属凝固到熔池部位,因此,在工件表面形成较厚的再铸层。

两种冲液入口压强下的加工屑粒径分布的统计,结果如图 6-17(c)所示。由该图可知,极间冲液充足时加工屑粒径分布也同样符合泊松分布,但是,极间冲液不充足时,加工屑粒径分布呈大颗粒比例较高的趋势。总之,不同的冲液入口压强下的加工屑粒径分布表明,高速电弧放电加工适合选用更加充足的冲液入口压强以促进熔融材料及时排出,也有利于形成较小粒径的加工屑颗粒。

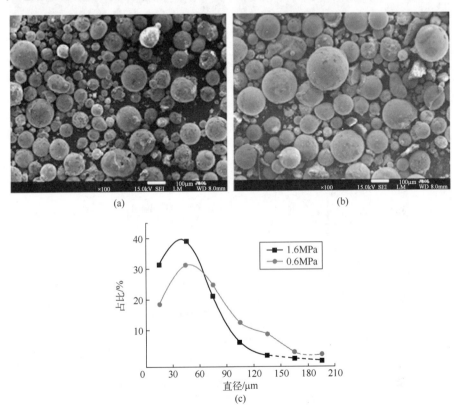

图 6-17 不同冲液入口压强条件下加工屑颗粒及粒径分布(I_p = 300A,负极性)

(a) 1.6MPa;(b) 0.6MPa;(c) 粒度分布统计。

4. 工具极性对加工屑粒径分布的影响

工具负极性加工的加工屑颗粒形态如图 6-18(a)所示,在所有放电参数均相同的情况下,仅将工具改为正极性进行加工,所得的加工屑粒径分布如图 6-18(b)所示。经对比发现,工具正极性加工所得的加工屑粒径相对较小,且容易形成颗粒簇,颗粒表面有较多的附着物,其能谱分析结果显示:化学成分中含有较多的 C 元素,这间接说明了工具正极性加工的电极损耗相对较大。

工具正、负极性下加工屑粒径分布的统计结果如图 6-18(c)所示。由该图可知，工具正极性高速电弧放电加工的粒径分布虽然也符合泊松分布，但粒径的数学期望值下降为 42.4μm，小于 10μm 的颗粒数量增多。不同工具极性下的加工屑粒径分布说明极性对加工效果有显著影响，并且可为加工参数选择提供参考。

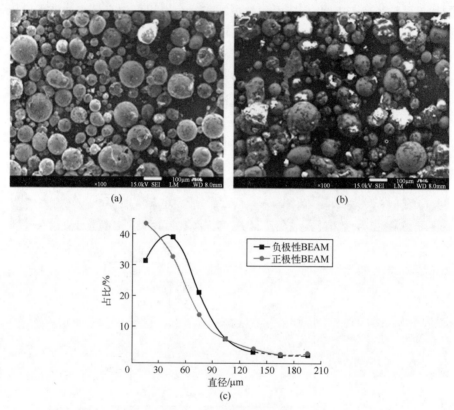

图 6-18　工具电极正极性时加工屑颗粒分布（I_p = 300A，p = 1.6MPa）
(a) 负极性；(b) 正极性；(c) 粒度分布统计。

在同等加工条件下，工具正极性加工的放电通道等离子体相比于工具负极性的放电通道等离子体更容易受到高速冲液的干扰作用而产生更多粒径较小的加工屑颗粒。如果从极性效应中分析关于放电通道等离子体形态对两极所产生的不同蚀除机制也可以得知，当工具接正极性时，工件一侧则接负极，放电通道等离子体在工件一侧的弧根阳离子居多，其对金属的加热主要靠阳离子的碰撞实现，能量转换效率较低，因此被其熔融的金属材料也要少得多，熔融金属的过热现象不显著，在流体动力断弧机制作用下所形成的爆炸蚀除作用也要弱很多。将两种分析结论综合起来，就形成材料蚀除总量较低，加工屑粒径分布更偏向以小粒径为主。

5. 工件材料对加工屑粒径分布的影响

为了研究工件材料对加工屑粒径分布的影响，本节分别对 45 钢和 SUS304 不锈钢的加工屑颗粒形态和粒径分布开展了研究。在常温下,SUS304不锈钢为不具有磁性的奥氏体(γ-Fe)结构组织。但是,在电弧放电加工后,SUS304不锈钢的加工屑颗粒可被强磁铁吸附,这说明通过高速电弧放电加工产生的加工屑颗粒具有了导磁性。这种现象在电火花加工中也曾被发现过[40]。这是因为,在高速电弧放电加工中,熔化后的金属材料在被抛离熔池后,即刻被极间高速流动的工作液快速冷却并形成了不同的金相组织,进一步分析发现,SUS304不锈钢在经过电弧加热、冷却之后,形成的加工屑颗粒变为铁素体(α-Fe)为主、残留部分奥氏体的组织,从而表现出导磁性。SUS304不锈钢材料的加工屑在加工前后导磁性的改变,可为加工屑颗粒的过滤和收集方案的设计提供有价值的参考依据。

图6-19(a)、(b)分别为45钢和SUS304不锈钢加工后的加工屑颗粒图片。通过对比可以发现,它们的粒径大小基本相同。但是加工304不锈钢所产生的加工屑颗粒的表面更加光滑,颗粒形状更不规则。

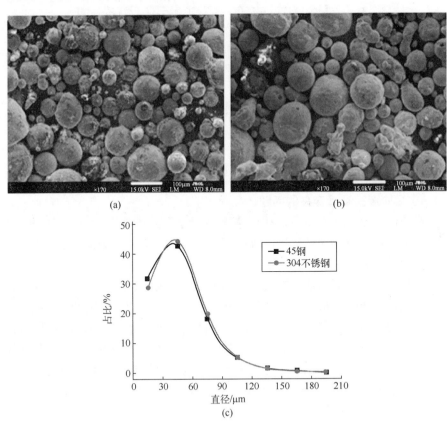

图6-19 不同材料的加工屑颗粒分布(I_p=500A,p=1.6MPa,负极性)

(a) 45钢;(b) 304不锈钢;(c) 粒度分布统计。

所统计的两种工件材料的加工屑粒径分布如图6-19(c)所示,由图6-19(c)可知,两种工件材料的粒径分布基本相同,粒径的数学期望值都接近46μm。另外,两种不同工件材料具有相似的加工屑粒径分布也说明高速电弧放电加工对工件材料的物理属性并不敏感,从而使高速电弧放电加工的工艺规律在同族合金中更具普遍性,但并不适用于不同族的材料体系,例如碳钢与钛合金的加工特性就大不相同,但与各种工具钢、合金钢等的加工特性却较为相近。

可见,电弧放电加工的蚀除产物大都呈现为尺寸大小符合正态分布的规则实心球体,并且其平均尺寸与放电参数有关。由于电弧放电加工的装置成本较低,且生成的蚀除颗粒不容易受电极或工件形状影响,该方法在快速制备金属粉末方面具有很好的应用前景。

6.3 高速电弧放电加工冲液孔优化分析

正如前面多次强调的那样,流体动力断弧机制是实现高速电弧放电加工的关键要素。因此,放电间隙中的高速冲液流场的实现就显得至关重要。最有效的实现流体动力断弧机制的方法就是高压大流量工具电极内冲液。因此,如何设计好工具电极的结构,优化出最佳的流场实现效果就成为非常重要的核心技术。

6.3.1 多孔内冲液电极的设计原则

1. 电极冲液孔设计存在的问题

在高速电弧放电加工中,极间的冲液效果除了受管道冲液压力的影响外,还取决于多孔内冲液电极的冲液孔尺寸和分布。目前,高速电弧放电加工采用的集束电极尽管制备较方便,但采用的冲液孔尺寸单一且分布均较简单,导致极间冲液流场分布不均匀。为了证明这种推测,采用CFD仿真软件Fluent对集束电极的极间冲液流速进行了仿真分析,结果如图6-20所示。由图6-20可知,冲液流速在集束电极径向上的分布是不均匀的,电极边缘的冲液流速值最大,当冲液入口压强为1.2MPa时,其最大值可达55.4m/s。而电极中心区域的冲液流速最低,其计算结果数值仅为3m/s。实验结果表明:冲液流速过低容易导致该区域因没有充足的流体动力断弧能力,而难以实现高效去除熔融金属材料的效果,最终在电极和工件表面产生不均匀的放电蚀坑并导致更加粗糙的加工表面。因此,极间不均匀的冲液流场分布会导致工件和电极表面质量变差。因此,多孔电极的冲液孔径和分布的优化设计就显得尤其重要。

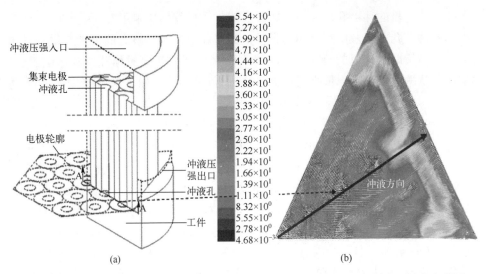

图 6-20　高速电弧放电加工中集束电极的集合模型(a)与极间流场分布(b)(见书末彩图)

2. 多孔实体电极与集束电极的加工特性对比

多孔内冲液结构是高速电弧放电加工工具电极的重要特征。通过采用不同类型的多孔电极,配合多种尺寸及分布的冲液孔可以实现高效、稳定加工。由于集束电极通常是采用多根相同尺寸的管电极通过集束制备而成,因此对于端面为曲面形状的集束电极其形状起伏较大,可能会增加后续工艺的加工时间。图 6-21 说明当采用集束电极和多孔实体电极进行沉入式加工时,所获得的加工余量有明显差异。此外,集束电极很难把各种不同管径的单元管电极通过集束生成电极并用于沉入式加工。而多孔实体电极冲液孔的直径和电极的形状尺寸可在较大范围内进行调整和优化,从而更适用于端面轮廓结构较复杂的曲面型腔加工。因此,有必要

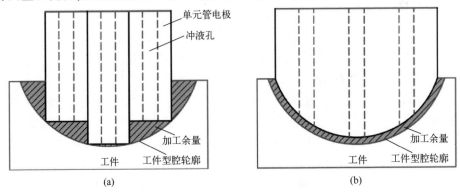

图 6-21　集束电极和多孔实体电极的高速电弧放电加工
(a) 集束电极;(b) 多孔实体电极。

对多孔实体电极的冲液孔尺寸与分布及其对加工性能的影响展开研究。

研究冲液孔孔径及空间分布的目的是为多孔电极及冲液孔的设计提供一种可遵循的参考策略。这里的研究选取电极端面有更好的几何对称性的圆形电极,其他端面形状的电极也可以依据同样的方法进行对比研究,如三角形、四边形和六边形等。

3. 电极冲液孔分布原则

电极端面冲液孔的分布和设计应遵循一定的原则,如冲液孔在电极径向的分布应使流体在该方向更加均匀、冲液孔直径应标准化等。为了定量描述冲液孔的设计原则,这里引入自变量——电极有效面积率(effective area ratio,EAR)以描述冲液孔参数,这一参数具有表征冲液效果和电极工作面积的双重属性。EAR(ψ)被定义为实体材料所占的有效面积(S_e)与电极端面轮廓面积(S)的比例,其数学表述如式(6-4)所示,该式在一定程度上反映了多孔电极的端面几何结构参数,例如端面面积、冲液孔的数量和直径。设计完成的电极其 EAR 是一个固定常数,过小的 EAR 意味着相对较大的孔径和较小的孔间距。初期实验表明,当 EAR 急速减小,极间的工作液流速会迅速增加。此时可以采用更大的峰值电流和进给速度进行加工,但相应的电极损耗也会加剧,造成较高的电极相对损耗率。相反,过大的 EAR 则会带来较小的冲液流速,使材料去除率下降。总之,冲液孔设计应首先优化 EAR 以获得适中值。多孔内冲液电极优化实验表明,EAR 合适的取值范围为 80%~85%,接近集束电极电火花放电加工时的 EAR 值[30]。

$$\psi = S_e/S = 1 - \sum_{i=1}^{n} S_i/S = 1 - \sum_{i=1}^{n} d_i^2/D^2$$

$$\psi \in [80\%, 85\%] \tag{6-3}$$

式中:n 为冲液孔的总数;S_i 为任意冲液孔 i 的面积;d_i 为任意冲液孔 i 的直径;D 为电极圆端面的直径。

从式(6-3)可知,冲液孔分布原则首先被量化为设计电极孔数 n,孔径 d_i 和电极端面积 D。由于通常实体电极的端面面积 D 是已知的,因此其可以进一步被简化为与孔数 n 和孔径 d_i 相关。

图 6-21 中的电极冲液孔在圆周方向的分布具有良好的对称性,图 6-20 的冲液仿真结果也说明冲液流速在圆周方向的分布是均匀的。因此,冲液孔通常设计为沿圆周同心圆排列,如图 6-22 所示。首先选择几何对称线作为基线 L,基线上的冲液孔都可以在同一圆周方向旋转一定角度后映射为新的冲液孔,这样,冲液孔的直径在同一圆周上是一致的。因此,由冲液孔数 n_i 和直径 d_i 组成的式(6-4)可再次被细化为在圆径方向上由圆环总数 k、任意圆环 j 上的冲液孔直径 d_j 和孔数 n_j 组成的数学方程式:

$$\psi = 1 - \sum_{i=1}^{n} \frac{d_i^2}{D^2} = 1 - \sum_{j=1}^{k} \frac{n_j d_j^2}{D^2} \tag{6-4}$$

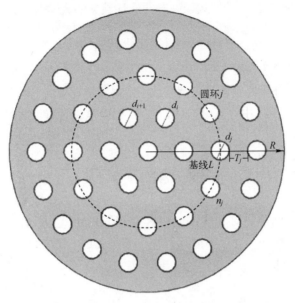

图 6-22　冲液孔设计参数

首先,冲液孔分布原则给出了一个数学表达式来确定孔数 n,可量化为由圆环 j 上的孔数 n_j 和圆环数 k 组成的式(6-4)。此外,冲液孔数在圆径方向上是不同的,根据环数的增加而表现出从内向外呈比例地递增的趋势,因此,n_j 和 j 之间的数学关系如式(6-5)所示。

$$n = n_0 + n_1 + \cdots + n_j + \cdots + n_k \quad (k = 0, 1, 2 \cdots) \tag{6-5}$$

$$n_j = 1 \times 6 \times j \quad (j = 1, 2, \cdots k) \tag{6-6}$$

然后,冲液孔分布原则给出了确定式(6-3)中冲液孔直径 d_i 的方案,其可以通过细化基线 L 上的孔径 d_j、孔间距 T_j 和圆环总数 k 来确定。

(1) 直径 d_j 取决于其可加工性。孔的直径大小应参考钻削工具尺寸进行标准化,以经济和高效地加工。钻削较小直径的冲液孔时很容易损坏刀具,而钻削较大直径的冲液孔会在沉入式加工时在工件表面留下凸起,不仅影响加工质量,也会严重阻碍冲液效果以及工件表面的加工质量。

(2) 冲液孔的间距 T_j 的选取取决于预期冲液效果。通常 T_j 值应大于 3mm,以免切削应力集中而损害加工孔。根据前期的对比实验可知,T_j 也不可超过 5mm,以确保在冲液孔的间距区域内冲液流速的均匀分布。

(3) 环数 k 与电极直径 D、冲液孔直径 d_j 和孔间距 T_j 取值有关。从仿真结果可知,多孔电极冲液流速从中心到边缘逐渐增加。为避免电极边缘损耗过大,最外层冲液孔到电极边缘的距离设置为 2mm,以防止电极边缘过于单薄而易破损。综合基线 L 上的各冲液孔设计参数以确定冲液环数 k 的数学表达式为

$$D = d_0 + 2\left(\sum_{j=1}^{k} d_j + 4k + 2\right) \tag{6-7}$$

式中:d_0 为最内层冲液孔的孔径。

最后,冲液孔分布原则通过求解式(6-5)来确定孔数 n_j、直径 d_j 和环数 k,所得到的解被代入式(6-3)中计算出 $EAR(\psi)$ 以检验电极设计,EAR 应该是冲液孔分布原则的最佳解。

4. 多孔实体电极的制备

根据以上的冲液孔的讨论结果,设计了三种冲液孔分布类型的多孔实体电极,分别称为电极 E1、E2 和 E3,如图 6-23(a)所示。三种多孔实体电极的主要设计参数如表 6-3 所列,由该表可知这些电极具有相同的由式(6-4)确定的冲液孔数。同时,它们之间的唯一区别是冲液孔直径。电极 E1 冲液孔的直径是完全相同的;

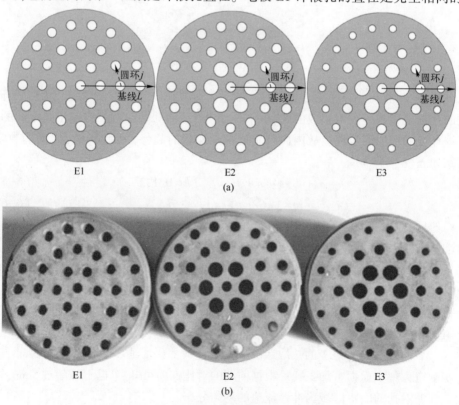

图 6-23 三种多孔实体电极(a)设计(b)制备

而 E2 内环冲液孔的直径是增加的,目的是增加中心区域的 EAR;E3 最外环冲液孔的直径则是减少的,目的是减少电极边缘区域的 EAR。所有电极最内环冲液孔的直径均选用常数 2mm,以确保电极中心区域有适中的 EAR。经过计算,三种电极的 EAR 都符合公式确定的选值范围。

表 6-3 设计三种多孔实体电极的参数

电 极	E1	E2	E3
电极直径 D/mm	30	30	30
电极高度 H/mm	50	50	50
冲液孔直径 d_j/mm	2,2,2,2	2,3,2,2	2,3,2,1.5
冲液孔个数 n_j	1,6,12,18	1,6,12,18	1,6,12,18
冲液孔中心间距 T_j/mm	4,4,4	4,4,4	4,4,4
电极投影面积 S/mm²	706.9	706.9	706.9
有效放电面积率 ψ/%	83.56	80.22	83.73

高速电弧放电加工所用的电极材料为石墨,在专用的石墨加工机床上完成电极的加工,所制备出的三种多孔内冲液实体电极如图 6-23(b)所示。

6.3.2 极间冲液流场仿真

为了预测冲液孔分布对极间冲液流场分布的影响,本节分别对三种电极的极间冲液流场分布进行了仿真分析以评价不同电极冲液孔设计方案的优劣,同时也验证了冲液孔分布原则的正确性。

极间冲液流场的仿真过程包括 CAD 几何模型设计和 CFD 流场仿真两个过程。CAD 几何模型由 UG 软件建模,然后导入 CFD 仿真软件环境中。设定初始化条件后,利用 CFD 进行迭代计算。迭代计算的结果采用专用工具进行数据可视化处理,以直观地对比分析仿真后的结果。

1. 三维几何建模

根据仿真的需要,在三维几何建模时需要对高速电弧放电加工的冲液装置进行简化,结果如图 6-24 所示。高速电弧放电加工时,工作液从冲液入口流入冲液腔内,然后经冲液孔流入极间放电间隙,最后由电极和工件间的侧面放电间隙喷射出去。

在不同的冲液入口压强和峰值电流条件下,本节分别完成了电极放电间隙的测量实验。测量结果表明,多孔实体电极采用沉入式加工方式时,极间的底面间隙可达 400μm,远大于集束电极电火花加工的底面间隙。这是因为高能量密度的放电通道等离子体在这样的几何边界条件下可以充分地发展和延伸。由于采用相同

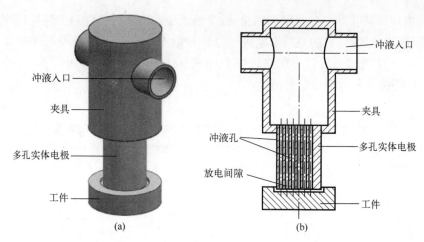

图 6-24 仿真的几何模型外观图(a)和剖面图(b)

的开路电压,这3种电极放电时的间隙电压也相近,因此检测到的这3种电极的底面放电间隙是相似的。实验结果还表明由于冲液引起的流体动力断弧的作用,加工时的侧面间隙非常大,其值约为1mm,且几乎不受电极形状、峰值电流和冲液入口压强等参数的影响。

2. 湍流数值模拟计算方法

为了简化 CFD 仿真模型,间隙冲液流场仿真过程做如下条件设定和假定:

(1) 流体工作液为水基工作液,为不可压缩流体,其密度和运动黏度分别为 1kg/L 和 1×10^{-6} m²/s。

(2) 冲液的入口和出口边界分别采用入口和出口压强表示,冲液管入口处的压强为 1.2MPa,出口压强为大气环境压强 1.01×10^{-1} MPa。

(3) 由于高速流体的冲刷作用,放电间隙的气泡和加工屑颗粒会被及时排出。因此,流体仿真时只考虑流体作用,而不考虑气相和固相等多相流的相互作用。本节采用欧拉-拉格朗日(Euler-Lagrange)方法研究冲液的流动过程。

(4) 通过雷诺数大小判断流动特性[41],雷诺数小于 2000 时,则视流动为层流,并选择 Laminar 模型;反之,则视流动为湍流。

雷诺数 Re 的计算由式(6-8)可得[42]

$$Re=vd/V \tag{6-8}$$

式中:v 为入口流速(m/s);d 为入口管径(m);V 为工作液运动黏度(m²/s)。

高速电弧放电加工实验中,冲液入口流量为 200L/min,入口管径 d 为 20mm,通过计算得到的雷诺数为 40000,故可认为极间工作液的流动形式是湍流。

最常用的湍流模型是标准 κ-ε 模型,它包含两个动力学方程,需要对两个变量进行求解:速度尺度 κ 和长度尺度 ε。标准 κ-ε 模型应用范围广,具有较高的经济性和合理的精度。在 Launder 和 Spalding[43]提出标准 κ-ε 模型之后,它已经成为工程领域流场计算的重要工具。标准 κ-ε 模型根据对实验现象的总结得出半经验公式。为了扩大标准 κ-ε 模型的应用范围,提高模型的计算精度,对其进行改造而出现了 RNG κ-ε 模型。RNG κ-ε 模型是经过严格的统计得出的,它为湍流 Prandtl 数提供了一个解析公式,因此可以用于低雷诺数的场合;而标准 κ-ε 模型使用用户给定的常数,主要用于高雷诺数的场合。标准 κ-ε 模型可以模拟一般流动,RNG κ-ε 模型则对瞬变流以及流线弯曲能做出很好的响应,很适合模拟计算高突变率和强流线弯曲等问题[44]。

与标准 κ-ε 模型相比,从暂态 N-S 方程中推出的 RNG κ-ε 模型可以避免强旋流或弯曲流线流动时的模拟失真。该模型多出了 μ_{eff}、R_ε 等修正参数,其输运方程是

$$\frac{\partial}{\partial t}(\rho k)+\frac{\partial}{\partial x_i}(\rho k u_i)=\frac{\partial}{\partial x_j}\left(\alpha_k \mu \frac{\partial k}{\partial x_j}\right)+G_k+G_b-\rho\varepsilon-Y_M+S_k \tag{6-9}$$

$$\frac{\partial}{\partial t}(\rho\varepsilon)+\frac{\partial}{\partial x_i}(\rho\varepsilon u_i)=\frac{\partial}{\partial x_j}\left(\alpha_\varepsilon \mu \frac{\partial k}{\partial x_j}\right)+C_{1\varepsilon}\frac{\varepsilon}{k}(G_k+C_{3\varepsilon}G_b)-C_{2\varepsilon}\rho\frac{\varepsilon^2}{k}-R_\varepsilon+S_\varepsilon \tag{6-10}$$

式(6-9)和式(6-10)分别称为 RNG κ-ε 模型的 κ 方程和 ε 方程(i 方向),其中:ρ 为流体密度(kg/m³);u_i 为 i 方向速度向量(m/s);x_i,x_j 为分别表示 i 方向和 j 方向的位移(m);t 为时间(s);M 为流体的动力黏度[kg/(m·s)];G_k 为湍动能的产生;G_b 为由浮力产生的湍动能;Y_M 为可压缩湍流中过渡扩散所产生的湍流波动,不可压缩流为 0;$C_{1\varepsilon}$,$C_{2\varepsilon}$,$C_{3\varepsilon}$ 为常量,由 RNG 理论分析得知;α_k,α_ε 分别为 k 方程和 ε 方程的 Prandtl 湍流数;S_k,S_ε 为源项。

(1) 计算 Prandtl 湍流数。根据 RNG 理论,Prandtl 湍流数 α_k、α_ε 计算式为

$$\left|\frac{\alpha-1.3929}{\alpha_0-1.3929}\right|^{0.6321}\left|\frac{\alpha+2.3929}{\alpha_0+2.3929}\right|^{0.3679}=\frac{\mu_{\text{mol}}}{\mu} \tag{6-11}$$

式中:$\alpha_k=1.0$。

(2) 湍动能的产生。G_k 项表示湍动能的产生,用式(6-12)进行计算:

$$G_k=\mu S^2 \tag{6-12}$$

式中:S 项为平均应变率张量的模。

(3) R_ε 项:

$$R_\varepsilon=\frac{C_\mu\rho\eta^3(1-\eta/\eta_0)}{1+\beta\eta^3}\frac{\varepsilon^2}{k} \tag{6-13}$$

式中:$C_\mu=0.0845$;$\eta=S_k/\varepsilon$;$\eta_0=4.38$;$\beta=0.012$。

6.3.3 冲液流场分布的仿真结果

沿工件表面的工作液高速流场是控制电弧放电通道等离子体移动或切断的最关键的物理机制。因此,选取图 6-24(b) 的 A-A 截面作为对比分析仿真结果的参考平面,对比所获得的仿真结果,如图 6-25 所示。由图 6-25 可知,三种电极的冲液流速在径向从中心到边缘呈线性增长,电极最边缘区域的流速值最大。这是由于流体的不可压缩性决定了从电极中心沿径向各冲液孔的流量逐渐汇流,只有沿径向流动的流体速度逐渐增加,才能保证流经各截面的流量不变性,因此,电极边缘的流速值会急剧变大。

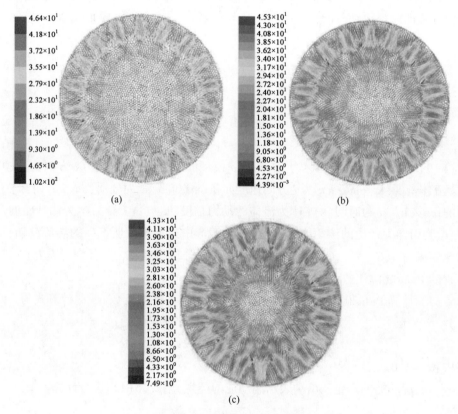

图 6-25 A-A 平面流场流速分布的仿真结果(见书末彩图)
(a) 电极 E1;(b) 电极 E2;(c) 电极 E3。

这里选择多孔电极的中心、边缘和 A-A 平面的冲液流速值作为评估冲液效果的参考基准。从仿真结果看,电极 E1、E2 和 E3 的最大流速均处于电极最边缘区域,分别为 46.4m/s、45.3m/s 和 43.3m/s。电极 E1、E2 和 E3 的最小流速均处于电极的中心位置,其值分别为 3.67m/s、3.04m/s 和 3.51m/s。因而,电极 E1 在电极中心和边缘区域的冲液流速值比 E2 和 E3 都大。但是,电极 E1、E2 和 E3 在 A-A 截面的平均流速值分别为 17.61m/s、18.67m/s 和 19.45m/s。由此可以推出,电极 E3 的流速梯度变化比 E1 和 E2 的要平缓。由于三种电极具有相同的仿真模型,三者之间的电极有效面积率(EAR)也非常接近,因此,可以认为电极 E3 在放电间隙中的冲液流场分布相比于 E2、E1 要更加均匀。在随后的对比加工实验中,需要进一步验证影响多孔电极高速电弧放电加工表现的主要流场特征:究竟是最高冲液流速值的冲液流场分布还是整个平面内流速梯度更均匀的冲液流场分布更有优势? 因此,需要进行流场分布对加工性能影响的分析研究。

6.3.4 冲液流场分布对加工性能的影响

1. 实验条件

冲液流场影响高速电弧放电加工性能的实验条件如表 6-4 所列,冲液流场分布对加工性能影响的加工实验装置及多孔实体电极如图 6-26 所示,由图 6-26 可知,该实验装置与高效加工的不同之处在于采用的电极及其夹具。

表 6-4 实验条件

实验参数	取值
工具极性	负
电极材料	石墨
工件材料	GH4169
脉冲宽度 $t_{on}/\mu s$	6000
脉冲间隔 $t_{off}/\mu s$	500
峰值电流 I_p/A	200,300,400,500
冲液入口压强 p/MPa	0.6,0.9,1.2
加工深度 H/mm	9

2. 冲液入口压强的影响

为了检验仿真结果对加工性能的影响,在不同的冲液入口压强下,分别采用三种电极进行了对比加工实验,实验结果如图 6-27 所示。由图 6-27 可知,在放电峰值电流一定的条件下,随着冲液入口压强的增大,无论采用何种电极加工,材料去除率值都会逐渐增大。当冲液入口压强为 1.2MPa 时,电极 E1、E2 和 E3 的最大材料去除率分别为 5463mm^3/min、5629mm^3/min 和 6705mm^3/min。对应的最大单位能量去除率分别为 13.7mm^3/(A·min)、14.1mm^3/(A·min) 和 16.7mm^3/(A·min)。这是因为增大冲液流场的流速可以有效地移动或切断电弧放电通道等离子体,并

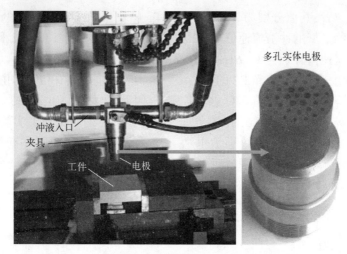

图 6-26 高速电弧加工的实验装置及多孔实体电极

快速排出加工屑颗粒和电弧放电产生的热量,从而提高单个脉冲电弧放电的加工效率。在这种情况下,整个加工过程中就可以采用更高的进给速度 F。电极 E3 获得的最大材料去除率比 E2 高 19.1%,比 E1 高 22.7%,由此可知,在同样的冲液入口压强下,E3 在对比仿真中具有最均匀的极间冲液流场分布,相比于 E1 或 E2 能获得更高的材料去除率。

图 6-27 还显示了随着冲液入口压强的增大,所有电极的电极相对损耗率逐渐下降。当冲液入口压强为 1.2MPa 时,电极 E1、E2 和 E3 的电极相对损耗率分别是 4.9%、4.7% 和 4.3%,表现出相对较低的电极损耗。首先,石墨电极具有高熔点和低热膨胀系数的特性;其次,由于放电通道等离子体特性决定极性效应的存在,在正极上分配到的能量远高于在负极上分配到的的能量;最后,高速流体可以快速带走电弧放电所产生的热量,对工件和工具进行快速高效的冷却,并避免热量向工件和电极内部传导,从而有效降低石墨工具电极的损耗和工件表面热影响层的厚度。基于以上原因,石墨电极的损耗体积会远小于工件材料的蚀除体积,从而降低了相对电极损耗比。电极 E3 的电极相对损耗率比 E2 下降了 8.5%,比 E1 下降了 12.2%。由此得出,在同样的冲液入口压强下,电极 E3 获得的电极相对损耗率比 E1 和 E2 更低。

3. 放电峰值电流的影响

为了考察在不同的放电峰值电流下,上述三种电极的加工性能,本节开展了加工性能对比实验,获得的实验结果如图 6-28 所示。由图 6-28 可知,随着放电峰值电流的增大,材料去除率线性上升。当峰值电流为 500A 时,电极 E1、E2 和 E3 获得的最大材料去除率可达 $5978mm^3/min$、$6379mm^3/min$ 和 $7407mm^3/min$,对应的最大单位能量去除率可达 $12.0mm^3/(A \cdot min)$、$12.8mm^3/(A \cdot min)$ 和 $14.8mm^3/(A \cdot min)$。这

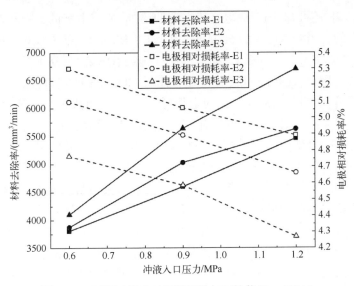

图 6-27　不同冲液入口压强下的加工性能(I_p = 400A)

是因为随着放电能量密度的增加,高速电弧放电加工的电弧等离子体获得了更高的放电能量和热焓,使单个电弧放电可蚀除的工件材料体积增大。电极 E3 的材料去除率比 E2 增加 16.1%,比 E1 增加 23.9%。由此可知,在同样的放电峰值电流下,E3 相比于 E1 或 E2 能获得更高的材料去除率,而 E3 在 CFD 流场仿真对比时具有最均匀的极间冲液流场分布。

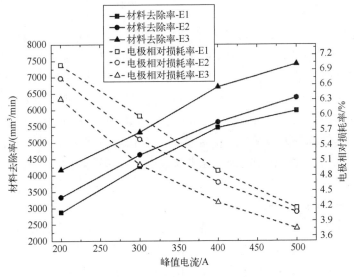

图 6-28　不同放电峰值电流下的加工性能(p = 1.2MPa)

由图 6-28 还可知,随着放电峰值电流的增加,所有电极的电极相对损耗率都是逐渐下降的。当峰值电流为 500A 时,电极 E1、E2 和 E3 的电极相对损耗率分别是 4.2%、4.0%和 3.7%,电极 E3 的电极相对损耗率比 E2 下降了 7.5%,比 E1 下降了 11.9%。因此,在相同的放电峰值电流下,电极 E3 的相对损耗率是最小的。需要说明的是:由相对电极损耗比的定义可知,在绝对电极损耗量相等的情况下,对应更高材料去除率的电极也就拥有更低的电极相对损耗率。

由三种电极表现出的不同加工性能(材料去除率和电极相对损耗率)可知:高速电弧放电加工应优先采用更大的峰值电流和冲液入口压强,以提高材料去除率和降低电极相对损耗率。不同电极的加工性能对比实验结果表明,电极 E3 相比于 E1 或 E2 能获得更好的加工性能,这和不同电极间隙流场分布仿真对比分析的预测结果是对应的。其结果还揭示了高速电弧放电加工中冲液流场分布和加工性能之间的关系:多孔电极的加工性能主要取决于极间冲液流速梯度分布是否均匀,而不是最高冲液流速值。这表明对于多孔内冲液电极的设计而言,当冲液入口压强达到一定程度时,优化多孔电极结构,尤其是冲液孔的参数优化比单纯增加冲液入口压强可获得更好的高速电弧放电加工性能。

4. 冲液孔分布对表面平整度的影响

由于高速电弧放电加工的表面通常比较粗糙,因此采用一般的精密轮廓粗糙度仪很难精确测量和表征加工后的工件表面粗糙度特性。对于高速电弧加工的工件,选用表面平整度(surface regularity,SR)作为表面质量的初步评价指标,其值以工件表面再铸层的最高点与未受热影响的工件材料基体之间的最大偏离值表征,由金相显微镜从工件材料的纵剖面测定。

高速电弧放电加工工件的最大蚀坑深度通常处于电极的边缘区域,由间隙流场仿真可知,这些区域具有最高的冲液速度。因此,SR 的测量表面通常选择在这些区域的工件剖面进行,其测量结果如图 6-29 所示。由该图可知,电极 E1、E2 和 E3 的 SR 分别是 302μm、217μm 和 131μm,这说明电极 E3 能获得最佳的工件表面平整度。这是因为电极 E3 的冲液流场分布更加均匀,电极 E3 加工后在工件表面产生相对均匀的放电蚀坑和最小的蚀坑深度变化。因此,合适的冲液流场分布可以有效地降低 SR,这有利于提高高速电弧放电加工包括表面平整度指标在内的加工性能。

5. 多孔内冲液电极的优化设计

作为多孔内冲液电极的一种实现形式,实体多孔电极在冲液孔分布最佳、冲液入口压强和放电峰值电流最大(实验取值分别为 1.2MPa 和 500A)时,加工所获得的最大材料去除率为 7407mm^3/min,是相同加工条件下集束电极的 50%。这是因为集束电极的构造更加独特,集束电极中的管电极之间存在许多空隙,使工作液可

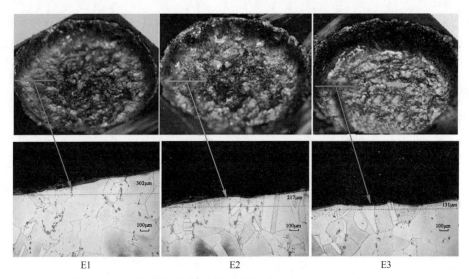

图 6-29　金相显微镜下表面平整度的测定（$I_p = 500A, p = 1.2MPa$）

以高速地从中通过。这种结构进一步增加了单个冲液孔周围的流量和流速,进而增强了流体动力断弧效应。在这种情况下,放电通道等离子体在工件表面受冲液作用可以更快速地偏移与切断,促进了熔融工件材料快速地排出工件表面,增加了材料去除率,从而产生更深的放电蚀坑。另外,集束电极单元电极管之间空隙区域会因放电不足而残留更多的凸起,从而降低工件的表面平整度。与之相比,多孔实体电极可以获得较低的 SR（131μm）,仅为相同加工条件下集束电极（361μm）的36%。因而,在粗加工阶段,多孔实体电极高速电弧放电加工后的工件表面对后续的加工工艺更友好,可以有效地减少后续加工时间,特别是加工具有复杂三维型腔或不规则轮廓工件时。

结合间隙冲液流场仿真对比及加工性能实验对比的结果可以进一步了解到:优化的多孔内冲液电极会获得更好的加工性能,因此在开始高速电弧放电加工之前,做好电极的优化设计具有非常重要的意义。对多孔内冲液电极而言,冲液孔的孔径在径向上从中心向边缘逐渐减小的多孔实体电极能获得更好的极间冲液流场分布,进而取得更好的高速电弧放电加工性能。因此,这种冲液孔分布原则可以为优化多孔实体电极甚至其他多孔电极的设计提供借鉴和参考。

6.4　小　　结

本章首先介绍了高速电弧放电加工的基础工艺,研究了极性效应对加工效率和表面质量的影响,提出利用极性效应兼顾效率和质量的工艺方法;然后对高速电弧放电加工的电蚀产物进行了观测、统计和分析,分析了加工屑颗粒的微观形态和形成机制,并探索了参数对加工屑颗粒尺寸分布的影响;最后提出了多孔内冲液电极的设计和优化原则,并分析了流场对加工性能的影响。

参考文献

[1] KUNIEDA M, YOSHIDA M. Electrical Discharge Machining in Gas[J]. Annals of the CIRP-Manufacturing Technology,1997,46(1): 143-146.

[2] KUNIEDA M, KAMEYAMA A. Study on decreasing tool wear in EDM due to arc spots sliding on electrodes[J]. Precision Engineering. 2010,34(3): 546-553.

[3] KUNIEDA M, KOBAYASHI T. Clarifying mechanism of determining tool electrode wear ratio in EDM using spectroscopic measurement of vapor density[J]. Journal of Materials Processing Technology,2004,149(1-3): 284-288.

[4] NUNES A C, BAYLESS E O, JONES C S, et al. Variable polarity plasma arc welding on the space shuttle external tank[J]. Weld Journal,1984,63(9):27-35.

[5] 韩永全,赵鹏,杜茂华,等. 铝合金变极性等离子弧焊温度场数值模拟[J]. 机械工程学报,2012,48(24):33-37.

[6] 李清明,位旭,杜宝帅,等. 电弧焊极性选择与电弧阴阳极产热关系[J]. 电焊机,2011,41(6): 29-31.

[7] WU C S, WANG L, REN W J, et al. Plasma arc welding: Process, sensing, control and modeling[J]. Journal of Manufacturing Processes,2014,16:74-85.

[8] ZHANG Z D. Variable polarity plasma arc welding of magnesium alloys [J]. Welding and Joining of Magnesium Alloys,2010.

[9] 邱灵,范成磊,林三宝,等. 高频脉冲变极性焊接电源及电弧压力分析[J]. 焊接学报,2007,28(11):81-83.

[10] 韩永全,吕耀辉,陈树君,等. 变极性等离子电弧力学行为研究[J]. 电焊机,2005,35(2):54-57.

[11] 常云龙,杨旭,李大用,等. 外加纵向磁场作用下的TIG焊接电弧[J]. 焊接学报,2010,31(4):49-52.

[12] MEEK J M, CRAGGS J D. Electrical Breakdown of Gases[M]. Hoboken John Wiley & Sons,1978.

[13] LEE T H. T-F theory of Electron Emission in High-Current Arcs[J]. Journal of Applied Physics,1959,30(2): 166-171.

[14] EUBANK P T, PATEL M R, BARRUFET M A, et al. Theoretical Models of the Electrical Discharge Machining Process Ⅲ. The Variable Mass, Cylindrical Plasma Model[J]. Jounal of Applied Physics,1993,73 (11):7900-7909.

[15] SCHUMACHER B M. About the Role of Debris in the Gap during Electrical Discharge Machining[J]. CIRP Annals - Manufacturing Technology,1990,39(1):197-199.

[16] BOMMELI B,FREI C,RATAJSKI A. On the influence of mechanical perturbation on the breakdown of a liquid dielectric[J]. Journal of Electrostatics,1979,7:123-144.

[17] KRASYUK B A. Solid metallic particles produced in electro spark machining[C]. New York: Consultants Bureau,1965.

[18] KHANRA A K,PATHAK L C,GODKHINDI M M. Microanalysis of debris formed during electrical discharge machining (EDM)[J]. Journal of Materials Science,2007,42(3):872-877.

[19] MURTI V S R,PHILIP P K. An analysis of the debris in ultrasonicassisted electrical-discharge machining[J]. Wear,1987,117(2):241-250.

[20] SONI J S. Microanalysis of debris formed during rotary EDM of titanium alloy (Ti6Al4V) and die steel (T215Cr12) [J]. Wear,1994,177:71-79.

[21] GOKUL V,TRAVIS W K. Effect of system parameters on size distribution of 304 stainless steel particles produced by electrical discharge mechanism [J]. Materials Letters, 2007, 61: 4872-4874.

[22] COOKE R F,CROOKALL J R. An investigation of some statistical aspects of electro discharge machining[J]. International Journal of Machine Tool Design and Research, 1973, 13(4): 271-286.

[23] RAJURKAR K P,PANDIT S M,VENKATAPATHY B R. Experimental and theoretical investigation of EDM debris[C]. 1984,Houghton.

[24] JIA Z,ZHENG X,WANG F,et al. Statistical Description of Debris Particle Size Distribution in Electrical Discharge Machining[J]. Chinese Journal of Mechanical Engineer,2011,24(1): 67-69.

[25] LUO Y F. The dependence of interspace discharge transitivity upon the gap debris in precision electrodischarge machining[J]. Journal of Materials Processing Technology,1997,68(2): 121-131.

[26] GATTO A,BASSOLIA E,DENTIA L,et al. Bridges of debris in the EDD process: Going beyond the thermo-electrical model[J]. Journal of Materials Processing Technology,2013,213 (3): 349-360.

[27] KIRAN M P S K,JOSHI S S. Modeling of Surface Roughness and the Role of Debris in Micro-EDM[J]. Journal of Manufacturing Science and Engineering,2007,129:265-273.

[28] OKADA A,UNO Y,ONODA S,et al. Computational fluid dynamics analysis of working fluid flow and debris movement in wire EDMed kerf [J]. CIRP Annals - Manufacturing Technology,2009,58(1):209-212.

[29] CETIN S,OKADA A,UNO Y. Effect of Debris Distribution on Wall Concavity in Deep-Hole EDM[J]. JSME International Journal Series C Mechanical Systems, Machine Elements and Manufacturing,2004,47(2): 553-559.

[30] 李磊. 集束电极电火花加工性能研究[D]. 上海:上海交通大学,2011.

[31] NAMITOKOV K K. The proportion of vapour and liquid phases in the products of the electro erosion of metals[J]. Ukrainian Journal of Physics,1962,7(10):1136.

[32] WILLEY P C T. EDM debris studies assist investigation into the mechanism of the EDM process[C]. Proc. IEE Conf. ,Electromethods of Machining,Forming and Coating,1975:265.

[33] ZOLOTYKH B N. The Mechanism of Electrical Erosion of Metals in Liquid Dielectric Media [J]. Soviet Physics-Technical Physics,1959,4:1370-1373.

[34] HAYAKAWA S,DOKE T,ITOIGAWA F,et al. Observation of Flying Debris Scattered from Discharge Point in EDM Process[C]. ISEM-16,2010:121-125.

[35] MASAHIRO YOSHIDA,MASANORI KUNIEDA. Study on the Distribution of Scattered Debris Generated by a Single Pulse Discharge in EDM Process[J]. Japan Society of Electrical Machining Engineers,1996,30(64):27-36.

[36] ZHAO W,GU L,XU H,et al. A Novel High Efficiency Electrical Erosion Process - Blasting Erosion Arc Machining[J]. Procedia CIRP,2013,6:1-5.

[37] HAVAKAWA S,DOKE T,ITOIGAWA F,et al. Observation of Flying Debris Scattered from Discharge Point in EDM Process[C]//Non-traditional Machining Society of CMES. Proceedings of the 16th International Symposium on Electromachining. Non-traditional Machining Society of CMES:中国机械工程学会,2010:5.

[38] CABANILLAS E D,LÓPEZ M,PASQUALINI E E,et al. Production of uranium-molybdenum particles by spark-erosion[J]. Journal of Nuclear Materials,2003,324(1).

[39] CABANILLAS E D,PASQUALINI E E,LÓPEZ M,et al. Morphology and Phase Composition of Particles Produced by Electro-Discharge-Machining of Iron[J]. Hyperfine Interactions,2001, 134(1):179-185.

[40] KOČOVÁ M,PIZÚROVÁ N,SÜLLOW S,et al. Composition and tempering of Fe-C and Fe-Ni-C fine particles prepared by spark erosion[J]. Materials Science & Engineering A,1995, 190(1):259-265.

[41] KOENIG W,WEILL R,WERTHEIM R,et al. The flow fields in the working gap with electro-discharge-machining [J]. CIRP Annals - Manufacturing Technology,1977,25(1): 71-76.

[42] ANSYS Inc. ANSYS Operations Guide:Release 5.5 [M]. ANSYS Incorporated,1998.

[43] LAUNDER B E,SPALDING D B. Lectures in mathematical models of turbulence [M]. London:Academic Press,1972.

[44] 李进良,李承曦,胡仁喜. 精通 FLUENT 6.3 流场分析[M]. 北京:化学工业出版社,2009.

第 7 章

典型难切削材料的加工特性

当今,新材料越来越多地在国防和民用的核心装备上得到广泛应用。使用新材料制成的工件大多用于复杂、恶劣的工作环境,有些甚至长时间处于高温、高湿、强烈冲击和周期变载荷的共同作用下,如航空发动机的热端部件。这就要求新材料应具有非常高的强度和韧性,以及优异的耐高温、抗蠕变、抗疲劳、抗氧化和抗腐蚀的能力。然而,这些材料的优异性能也给切削加工带来了极大挑战。常用的具有代表性的难切削材料包括镍基高温合金、钛合金、金属基复合材料以及钛铝金属间化合物等。

7.1 典型难切削材料

7.1.1 镍基高温合金材料

以高温合金为代表的难切削材料的高效、低耗加工问题已经成为航空、航天发动机批量化生产的重大瓶颈。采用五轴联动数控加工中心加工高温合金整体叶轮时,整个过程需要消耗数百把刀具和数百个工时,仅刀具损耗费用就多达数十万元。以镍基高温合金为例,其材料成分特殊、组织复杂,这使其切削时产生热韧性性高、加工硬化严重、刀具磨损剧烈和大切削用量时易产生颤振等问题,从而导致加工效率很低、刀具寿命短、部件制造周期长以及成本居高不下等。例如,镍基高温合金材料通常用作制造发动机的热端部件,如涡轮叶片、叶盘、燃烧室和机匣等[1],这主要是由于这种材料在高温时具有高强度、高抗腐蚀能力、极好的热韧性和热稳定性等特性[2]。但是,这些高温特性使镍基高温合金的可切削性变得非常差,主要表现在以下几个方面:

(1) 热导性较差,切削时温度可以上升到 1200°C 以上,使刀具硬度降低[3];

(2) 在切削产生的高温条件下镍基高温合金仍保持良好的硬度和韧性[4];

(3) 切削过程会发生加工硬化,从而加剧刀具磨损[5];

(4) 对大多数的刀具材料具有化学黏性,刀具磨损后容易扩散[6];

(5) 对刀具材料产生焊接作用,刀具上会因其被磨掉的材料粘在工件表面而产生凹坑[7];

(6) 需要较高的切削力,使机床系统产生自激振动,降低了加工质量[8]。

这些不利切削的特性使镍基高温合金成为典型的难切削材料,当采用切削方法加工时会产生诸如严重损害工件表面质量、过量的刀具损耗、经常更换刀具、较低的生产效率、大量的能量损耗和超高的加工成本等问题[9-11]。因此,在以大余量去除为目的的粗加工阶段,切削加工并没有明显的工艺优势。

7.1.2 金属基复合材料

根据基体材料的不同,金属基复合材料(metal matrix composites,MMC)可划分为铝基、镁基、钢基、铁基及铝合金基复合材料等;或根据增强相形态的不同,其可划分为颗粒增强金属基复合材料、晶须或短纤维增强金属基复合材料及连续纤维增强金属基复合材料等。其中,颗粒增强金属基复合材料所用增强相颗粒硬度远高于基体材料,且有的材料强化相的容积比可达90%[12]。

目前,应用最多的典型金属基复合材料是铝基碳化硅,其比模量为$(3.5\sim4.0)\times10^{10}\text{m}^2/\text{s}^2$,远高于铝合金、钛合金、镁合金、镍基高温合金及钢等传统结构材料$(2.5\times10^{10}\sim3.2\times10^{10}\text{ m}^2/\text{s}^2)$,介于纤维树脂基复合材料纵向与横向性能之间[13,14],因而,其应用前景更加广泛。

铝基复合材料中的碳化硅颗粒增强铝基复合材料(SiC_p/Al)被公认为最有竞争力的金属基复合材料品种之一[15],其比强度高、比刚度高、耐高温、抗腐蚀、抗疲劳,已经在航空航天、国防等领域得到广泛应用[16-19]。在美国和欧洲发达国家,该类复合材料已面向工业应用,并且被列为21世纪新材料应用开发的重要方向[20]。20世纪80年代,洛克希德·马丁公司便将DWA复合材料公司生产的25% SiC/6061Al复合材料用作飞机上承放电子设备的支架,该支架长约2m,其比刚度较之被替代的7075铝合金约高出65%[21]。DWA复合材料公司生产的铝基复合材料后续应用案例包括F-16战隼轻型战斗机的腹鳍和加油口盖板,波音777客机Pratt&Whitney4084、4090和4098发动机的风扇导向叶片,AC-130武装直升机的武器挂架,V-22鱼鹰式倾转旋翼直升机和F/A-18 E/F超级大黄蜂战斗机的液压系统分路阀等[22]。又如,英国航天金属基复合材料公司(AMC)采用高能球磨粉末冶金法制备了高刚度、耐疲劳的碳化硅颗粒增强铝基(2009Al)复合材料,所制造的直升机旋翼系统连接模锻件(桨毂夹板及袖套)已成功应用于Eurocopter(欧直)公司生产的N4及EC-120新型直升机,其与铝合金相比,构件的刚度提高了约30%,寿命提高了约5%;与钛合金相比,构件质量下降约25%[21]。

事物往往具有两面性。随着高强度、高硬度增强相的加入[23-24],一方面这些增强相的热物理特性与基体材料时效强化的差异性[25]给碳化硅铝基复合材料带来优良物理特性,另一方面使其加工过程中刀具处于在增强相和基体之间不断切入切出的交变应力状态,使刀具磨损加剧,甚至造成刀具破损而报废。加工效率低下、刀具损耗严重、成本高昂等问题,一直阻碍着碳化硅颗粒增强铝基复合材料的广泛应用。此外,针对碳化硅铝基复合材料的切削加工、焊接、热处理等后续加工工艺的研究较少,这也进一步限制了其应用范围[26]。

根据材料中含有的碳化硅颗粒体积分数,可将颗粒增强型碳化硅铝基复合材料分为低体积分数复合材料(体积分数为20%以下)、中等体积分数复合材料(体积分数为20%~45%)及高体积分数复合材料(体积分数为45%以上)。现有文献对加工SiC/Al的相关研究报道较少。由公开的数篇文献可知,对碳化硅铝基复合材料的加工主要采用切削加工方法和电火花加工方法。

总体而言,SiC颗粒的强化作用增加了复合材料的硬度和强度,但给切削加工和电火花加工均带来不利的影响。切削加工时,加工效率和刀具寿命难以兼顾,即高加工效率的获取往往是以牺牲刀具寿命为代价的,而采用经济切削参数时则无法实现高效加工。电火花加工时,较低的材料去除效率往往难以胜任大余量材料去除的制造要求,加之SiC颗粒的半导体特性极可能会对放电过程产生影响。

7.1.3 钛合金

钛合金按照组织成分和含量可以分为五类,即α钛合金、近α钛合金(β相质量分数小于10%)、α+β钛合金(β相质量分数为10%~50%)、亚稳定β钛合金和β钛合金[27-28]。Ti6Al4V(简称TC4,铝和钒质量分数分别占6%和4%)是α+β钛合金中使用最广泛的合金之一。Ti6Al4V属于等轴马氏体型α+β钛合金,包含体积分数为15%左右的β相,在室温下α相占主要成分[29]。由于双相微观组织结构,组织稳定性好,有良好的韧性、塑性和高温变形能力,可以通过锻造、铸造、粉末冶金加工、淬火和时效处理对合金进行强化。由于具有良好的综合力学性能,Ti6Al4V占钛合金总用量的50%以上[30],被广泛应用在航空航天、船舰、汽车及生物医学领域,如航天航空领域重要承力结构件(梁、接头、隔框和壳体等)[31-32],船舰工业上的动力装置、管道系统、螺旋桨和耐压壳体等[33-34],化学容器及医疗器械等[35]。

钛合金的比强度高、耐腐蚀性好、耐高温性强等优良特性也使其成为一种难切削材料。由于该类合金弹性模量小,机加工时容易产生振动和变形,从而加剧已加工表面和刀具后刀面之间的挤压和摩擦,使加工表面质量下降;变形系数小使得机加工过程中切屑与刀具分离过程的接触面积较小,刀具承受单位面积压力大,切削力急剧上升。国内外的研究人员针对钛合金的切削加工开展了大量的研究,并取得了一系列成果,但目前的加工成本仍高居不下,此外带冠式整体叶盘零部件目前仍需要依赖放电加工。探索钛合金材料的高速电弧放电加工工艺,实现高效、低成本的加工,对于丰富钛合金的加工工艺体系具有重要的现实意义。

7.1.4 钛铝基金属间化合物

Ti-Al 基金属间化合物的密度低于常见镍基高温合金(密度为 $7.9 \sim 9.5 \text{g/cm}^3$)和 Ti 合金,同时具有弹性模量大($110 \sim 180 \text{GPa}$)、蠕变抗性高和抗高温氧化($650 \sim 950$°C)等显著优点,是航空航天领域理想的热端部件材料[36]。目前,Ti-Al 合金已在低压涡轮的最后一级或者两级转子叶片、汽车发动机进/排气阀、车用涡轮增压器转子、压气机高压叶片、金属切削工具和人工关节假体等中得到初步应用[37-39]。

根据成分中 Al 元素的原子分数的不同,Ti-Al 二元系中主要有 Ti_3Al、$TiAl$、$TiAl_2$ 和 $TiAl_3$ 四类金属间化合物,它们的主要性质如表 7-1 所列[40]。

表 7-1 四类金属间化合物主要性质

钛铝合金相	Ti_3Al	$TiAl$	$TiAl_2$	$TiAl_3$
相简称	α_2 相	γ 相	—	—
晶体结构	DO_{19}	$L1_0$	DO_{22}	$L1_2/DO_{22}$
Al 原子分数	22%~39%	43%~70%	56%~75%	约 75%
密度/(g/cm³)	4.1~4.7	3.7~3.9	3.3~3.8	3.3
熔点/°C	约 1650	约 1465	约 1440	约 1340

由于 Ti_3Al 和 $TiAl_3$ 材料的高温力学性能差或断裂韧性低,γ-TiAl 材料被认为更适用于航空航天热端部件材料,是当前钛铝金属间化合物的研究热点。

γ-TiAl 钛铝合金的发展经历了如表 7-2 所列的四代[37,40]。20 世纪 50 年代,美国学者首先对二元钛铝合金进行研究,获得了第一代 γ-TiAl 材料。之后,通过在材料中加入不同种类及含量的合金元素一步步改善了 γ-TiAl 材料的力学性能。

表 7-2 γ-TiAl 钛铝合金的发展阶段[37,40]

四代	合金成分(原子)	特点
第一代	Ti-48Al-1V-0.3C	室温塑性为 2%
第二代	Ti-(44-49)Al-(1-3)X_1-(1-4)X_2-(0.1-1)X_3	X_1 = V/Mn/Cr,增加室温塑性,但降低抗氧化性;X_2 = Nb/Ta/W/Mo,提高抗氧化性和强度;X_3 = Si/C/B/N/P/Se/Te/Ni/Mo/Fe,细化片层组织或增加抗蠕变性

续表

四 代	合金成分(原子)	特 点
第三代	Ti-(45-46)Al-(4-6)X_1	X_1=Ta/Cr/Nb,提高合金抗氧化性、高温强度和抗蠕变性
第四代	Ti-(45-48)Al-(1-10)Nb-(0-3)X_1-(0-2)X_2	X_1=Ta/Mn/Cr,X_2=W/Hf/Zr/C/B/Si,提高可铸性、组织均匀性、高温强度和疲劳性

7.2 镍基高温合金的高速电弧放电加工研究

高速电弧放电加工技术的提出是为了解决难切削材料大余量去除的高效化问题。在针对镍基高温合金的高效加工工艺研究过程中,拟首先采用石墨集束电极进行镍基高温合金的基本工艺实验以初步探索其工艺特性,并验证分析高速电弧放电加工获得高效加工的机制;然后通过实验分析探明主要加工参数对加工性能的影响。最后,对比采用不同极性进行高速电弧放电加工的工艺特性,以研究高速电弧放电加工的极性效应并将其用于工艺优化。

探索实验结果表明:放电峰值电流和冲液入口压强是影响加工性能的主要加工参数。因此,分别开展不同峰值电流和冲液入口压强的高效加工实验。通过对所得材料去除率、工具电极损耗比和加工工件表面质量等进行分析,研究高速电弧放电加工的工艺特性。这里将集束电极分别应用于电火花加工及高速电弧放电加工的结果进行比较,以便更直观地反映高速电弧放电加工的工艺特性。

7.2.1 加工效率优先的工艺特性

1. 材料去除率

采用集束电极进行电火花加工,同样能够获得比实体电极高得多的材料去除率。为更直观地理解同样采用集束电极时电火花加工和高速电弧放电加工的工艺特性的差异,本节进行了集束电极电火花加工与集束电极高速电弧放电加工工艺特性对比实验。

集束电极电火花加工实验在通用的电火花加工机床上完成,采用油基工作液浸没式加工。当最大可用放电峰值电流为127A时,由于内冲液的作用,材料去除率可达798mm^3/min,单位电流材料去除率为7.2mm^3/(A·min)。而集束电极高速电弧放电加工所用的峰值电流相对较大。在不同的峰值电流条件下,其材料去除率表现出明显的差异,如图7-1所示。当采用200A放电峰值电流时,其材料去除率达到3660mm^3/min,电流单位时间内材料去除率约为18.3mm^3/(A·min),是集束电极电火花加工的3倍。由此可以推断,高速电弧放电加工和电火花放电加工在材料高效去除能力方面存在巨大差异。就材料去除率而言，高速电弧放电加工远高于电火花加工。因为火花放电属于非稳态自持放电，其等离子体的电离度与等离子体的温度远低于稳态自持放电的电弧放电。因此电弧放电等离子体拥有更高的能量密度，理论上可以更高效地去除工件材料。

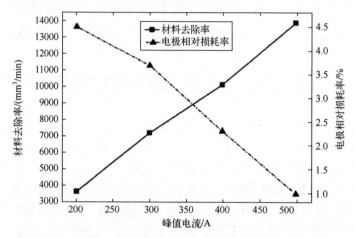

图7-1　不同放电峰值电流条件下的加工性能（$p=1.6$MPa）

在不同的冲液入口压强下，集束电极高速电弧放电加工的材料去除率也是明显不同的，如图7-2所示。在放电峰值电流 $I_p=300$A 时，材料去除率会随着冲液入口压强的增大而快速地提高。当冲液入口压强 $p=1.6$MPa 时，材料去除率为 7300mm³/min，单位电流材料去除率约为 24.3mm³/(A·min)。这是因为较高的冲液入口压强有利于提高放电间隙中工作液的流速，从而强化流体动力断弧作用，使电弧等离子体的偏移和切断过程得到更好的控制，加工过程会变得更加稳定，进而使加工效率获得提高。

总之，对于高速电弧放电加工而言，可以通过选用较高的放电峰值电流和冲液入口压强来显著提高材料去除率。

2. 工具电极损耗比

实验结果显示，集束电极高速电弧放电加工的工具电极损耗率会随着放电峰值电流的增加而大幅度降低，如图7-2所示，随着放电峰值电流 I_p 由 200A 上升到 500A，对应的工具电极损耗率也由 4.5% 降到 1%。这是因为大电流时的单位电流材料蚀除率更高，导致电极相对损耗率更低。根据电弧等离子体能量分配理论，处于阴极的工具电极所获得的能量比阳极的能量比要少[41-42]，这一现象随着放电峰值电流的升高而更加显著。同时，石墨电极的高熔点和高速冲液的冷却作用都有利于减少单次电弧放电的电极损耗量，在每个放电脉冲中工件材料的蚀除量远大于电极材料的损耗量，工具电极损耗比也相应降低。

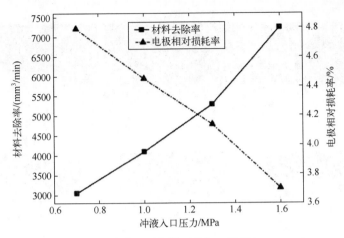

图 7-2 不同冲液压强条件下的加工性能（$I_p = 300A$）

如图 7-2 所示为当冲液入口压强 $p = 0.7MPa$ 时,所测得的电极损耗比为 4.8%。而随着冲液入口压强的增加,电极损耗比也有所降低:当 $p = 1.6MPa$ 时,电极损耗比降低为 3.7%。

3. 工件表面质量

由于高速电弧放电加工过程是典型的热蚀除过程,工件在加工后不仅会在表面产生再铸层和热影响层,其表面硬度也会发生变化,并且急速冷却会在表面生成残余应力层,这些都会对后续工艺产生影响,也是除加工效率外需要重点关注的内容。对高速电弧放电加工后的 GH4169 工件表面进行剖切并制备成金相试片,在金相显微镜下观测。选取的三个样品是在放电峰值电流分别为 200A、400A 和 500A,冲液入口压强均为 1.6MPa 的条件下进行加工的。

如图 7-3 所示为利用金相显微镜分别观测加工后三个工件表面的再铸层和热影响层厚度。可见,增大放电峰值电流并不会明显增加再铸层的厚度,其值均低于 150μm。由观测到的热影响层结果可知,增大放电峰值电流对工件基体的热影响层厚度影响非常小,其金相组织变化有时甚至很难被观测到。这是因为虽然高速电弧放电加工的放电能量密度很大,但高速的工作液冲液所产生的流体动力断弧作用会形成剧烈的爆炸效果,使熔池中的绝大部分熔融金属被抛出,仅有少部分熔融金属残留在蚀坑表面而形成了再铸层。电弧等离子体的能量绝大部分消耗于熔融金属材料的蚀除过程中,所以只要冲液强度足够,峰值电流变化对基体材料热影响层厚度的影响较小。

采用硬度计对加工后的工件表面硬度测定的结果如表 7-3 所列,可见镍基高温合金在高速电弧放电加工后的工件表面硬度低于基体硬度(HRC = 53.35)。因此,高速电弧放电加工后的镍基高温合金材料的工件表面硬度不升反降,这有利于

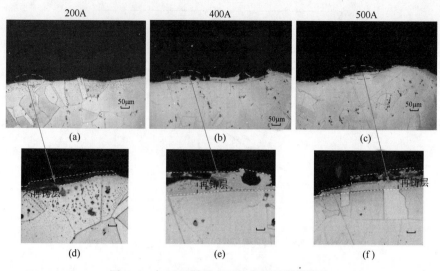

图 7-3 加工后样品表面的金相显微镜照片

减少后续切削加工的刀具磨损，便于与切削加工进行工序上的集成。最后，选取峰值电流分别为 200A 和 500A 时的加工样件，采用 X 射线衍射（XRD）方法对加工后的工件表面应力进行分析，其结果如表 7-4 所列。结果表明，当测量层深大于 0.7mm 后，工件内部由电弧放电加工所产生的应力变为压应力，这表明采用高速电弧放电加工作为粗加工工艺只需为后续工艺预留 1mm 左右的加工余量即可。

表 7-3 不同电流的加工工件表面硬度分析

基 体		工件 1(200A)	工件 2(400A)	工件 3(500A)
平均硬度 HRC	53.35	48.13	44.6	44.3

表 7-4 不同放电电流下加工工件的应力分析

层深/mm	工件应力/MPa	
	电流 1(200A)	电流 2(500A)
0	201	117
0.35	-107.59	98.6
0.70	-127.09	-91.9

采用高速电弧放电加工方法高效加工镍基高温合金的工艺实验表明，当应用集束电极并施加 500A 放电峰值电流时，所获得的材料去除率可达 14000mm^3/min，最低电极损耗比可以控制在 1% 以内。高效加工时的材料去除率随着随峰值电流以及冲液压强的升高而显著提高；电极损耗比随着放电峰值电流及冲液入口压强

的升高而降低。放电形成的工件表面再铸层和热影响层厚度一般低于150μm。因此,高速电弧放电加工适用于镍基高温合金等难切削材料的大余量去除加工。

7.2.2 工件表面质量优先的工艺策略

为了提高材料去除率,在电弧放电加工中较普遍采用工具电极负极性。但是,这种高效加工后的工件表面较为粗糙,不利于后续的切削加工处理。因此,如何提高电弧放电加工后的工件表面质量也是各类电弧放电需要解决的关键问题。

本节主要针对工具正极性高速电弧放电加工镍基高温合金的工艺特性开展了深入研究,以期充分利用"极性效应"带来的另一个好处来提高工件表面质量。

工具正、负极性加工对比实验的工件材料为镍基高温合金 GH 4169,集束电极的端面轮廓为相同正六边形,加工深度 H 为 10mm,其他加工条件与高效加工时保持一致。实验后通过测量材料去除率、电极相对损耗率和 Ra 值来表征不同工具极性高速电弧放电加工的性能。

实验结果表明,放电峰值电流是影响工具极性不同加工性能的主要因素。在四水平的放电峰值电流(200A,300A,400A,500A)下,完成了正、负工具极性加工的对比实验,结果如图 7-4 所示。由这一对比实验结果可知,与工具负极性高速电弧放电加工性能相比,工具正极性加工的性能有着明显的差异。工具负极性高速电弧放电加工时,获得的最大材料去除率可达 14000mm³/min,最低电极相对损耗率低于1%(I_p 为 500A)。与之相对应,当采用相同的放电电流峰值(I_p 为 500A)时,工具正极性加工时,所能够达到的最大材料去除率仅为 3278mm³/min,而电极相对损耗率最大达 18.3%。图 7-4 还表明工具正、负极性高速电弧放电加工所得的 Ra

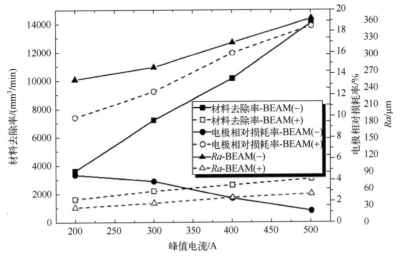

图 7-4 不同峰值电流下正、负极性高速电弧放电加工的加工性能(p=1.5MPa)

值都会随放电峰值电流的增加而逐渐上升。当峰值电流为200A时,工具负极性高速电弧放电加工获得的Ra值可达274μm,而采用相同放电峰值电流,工具正极性加工时所获得的Ra值仅为31μm,为工具负极性加工的1/9左右。因此,在相同的输入放电能量下,工具正极性高速电弧放电加工可以获得更低的表面粗糙度。综合极性效应实验的结果,在工具负极性高速电弧放电粗加工和后续的切削加工之间,可以加入工具正极性高速电弧放电加工,以利于镍基高温合金加工的整个工艺规划,这与前面的极性实验结果一致。

7.2.3 工具正极性高速电弧放电加工工艺特性的正交实验

对比实验的结果说明,工具正极性加工后的工件表面粗糙度远低于工具负极性的工件表面粗糙度,这种加工特性能明显提升工件表面质量,从而有利于后续切削或磨削等加工工艺。因此,有必要进一步开展工具正极性高速电弧放电加工工艺特性的正交实验,以优选加工过程参数。

1. 工具正极性高速电弧放电加工工艺特性正交实验设计

为了更全面、深入地了解工具正极性高速电弧放电加工的工艺特性,采用Box-Behnken 响应曲面法进行正交实验设计。实验过程中,响应曲面法(RSM)可以研究响应变量 y(材料去除率、电极相对损耗率和Ra)和自变量 x(电峰值电流I_p、冲液入口压强 p 和脉冲宽度 t_{on})之间的函数关系,以找到响应变量 y 最佳时自变量 x 的值。Box-Behnken 正交实验采用三因素三水平,实验次数为15次,远小于全因素实验的27次。正交实验分别设置 I_p、p 和 t_{on} 为自变量 x_1、x_2 和 x_3,分别设置材料去除率、电极相对损耗率和 Ra 为响应变量 y_1、y_2 和 y_3,实验设计结果如表7-5所列。

表7-5 Box-Behnken 正交实验的变量和水平

变 量	水 平		
	低	中	高
x_1 为放电峰值电流 I_p/A	-1(100)	0(200)	1(300)
$x_2 x_2$ 为冲液压强 p/MPa	-1(0.5)	0(1)	1(1.5)
$x_3 x_3$ 为脉冲宽度 t_{on}/μs	-1(2000)	0(6000)	1(10000)
响应变量:y_1=材料去除率(mm^3/min),y_2=电极相对损耗率(%),$y_3 = Ra$(μm)			

Box-Behnken 通常可建立包含二次项的数学回归方程,其一般模型为

$$y_n = b_0 + b_1 x_1 + b_2 x_2 + b_3 x_3 + b_{11} x_1^2 + b_{22} x_2^2 + b_{33} x_3^2 + b_{12} x_1 x_2 + b_{13} x_1 x_3 + b_{23} x_2 x_3 \quad (7-1)$$

式中:b_0 为初始回退系数;$b_i, b_{ij}(i,j = 0、1、2 和 3)$为回退增益系数;$x_i, x_i^2, x_{ij}(i,j=0、1、2 和 3)$为因变量;$y_n$ 为响应变量。

RSM 主要研究加工参数 x 及其交互作用对加工性能 y 的影响,性能实验的设计与结果如表 7-6 所列。最后,分别给出了加工参数 x 和加工性能 y 的数学回归方程。

表 7-6 性能实验的设计与结果

序列	编码	自变量			响应变量		
		$x_1(I_p)$	$x_2(p)$	$x_3(t_{on})$	y_1	y_2	y_3
1	13	0	0	0	1960	10.2	33.2
2	1	−1	−1	0	1115	8.3	32.0
3	14	0	0	0	1925	10.1	33.6
4	3	−1	1	0	1447	7.4	27.3
5	10	0	1	−1	2238	9.5	29.6
6	12	0	1	1	2212	9.9	29.3
7	4	1	1	0	2860	12.6	38.2
8	2	1	−1	0	2313	13.3	45.2
9	6	1	0	−1	2559	13.0	41.6
10	15	0	0	0	1945	10.1	33.9
11	7	−1	0	1	1307	7.9	29.2
12	9	0	−1	−1	1249	10.7	37.8
13	5	−1	0	−1	1213	7.5	27.1
14	8	1	0	1	2603	12.9	41.9
15	11	0	−1	1	1701	10.7	37.9

2. 工具正极性高速电弧放电加工的材料去除率

自变量及其交互作用对材料去除率的影响由 RSM 计算得出,结果如表 7-7 所列。由表可知,自变量 x_1 和 x_2 对于响应变量 y_1 有显著的影响($P<0.05$)。尽管如此,自变量 x_1、x_2 和 x_3 的交互作用对 y_1 并没有显著的影响($P \geqslant 0.05$)。图 7-5 为放电峰值电流 I_p、冲液入口压强 p 和脉冲宽度 t_{on} 三个自变量变量对材料去除率的主效应图。由图可知,放电峰值电流 I_p 的影响最显著,随着 x_1 的增大,材料去除率会快速地上升;冲液入口压强 p 的影响较为明显,随着 x_2 的增大,材料去除率会线性下降;而脉冲宽度 t_{on} 对材料去除率的影响不明显。

表 7-7 因变量和其交互效应对材料去除率的影响

变量	P 值	变量	P 值
x_1	0	$x_1 x_2$	0.369
x_2	0.001	$x_1 x_3$	0.825
x_3	0.128	$x_2 x_3$	0.080

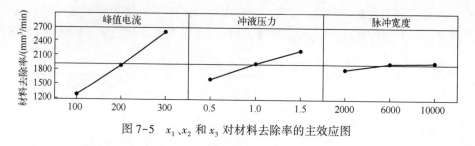

图7-5 x_1、x_2 和 x_3 对材料去除率的主效应图

这一结论符合直观的物理原理,即随着放电峰值电流 x_1 的增大,放电通道等离子体所获得的能量密度会显著增加,使电弧去除工件材料的能量增强,可以蚀除更多体积的工件材料,因而 y_1 会快速地随之上升。随着冲液入口压强 x_2 的增大,极间流场的工作液流速会显著地增强,使得流体动力对工具正极性高速电弧放电加工的移弧、断弧能力明显增大,极间的放电状况有明显的改善,此时可以采用更高的进给速率 F,以获得较高的材料去除率。脉冲宽度 x_3 对材料去除率的影响最不明显。其原因如前所述,在设定的单个脉冲宽度持续时间内,由于流体动力断弧作用,电流波形会出现几次波动,因而脉冲宽度设定值在一定范围内的改变对蚀除工件材料的过程没有直接影响。

综上所述,工具正极性高速电弧放电加工镍基高温合金所得材料去除率的数学回归方程如下:

$$\mathrm{MRR} = 1.7288 + 6.5654x_1 + 594.962x_2 \tag{7-2}$$

数学回归方程(7-2)的多重判断系数 R^2-statistic 为 0.9566,这说明该回归方程与实验模型的吻合度较好。综合实验结果表明,当极间冲液充分时,材料去除率仅受自变量 x_1 的影响,这意味着工具正极性高速电弧放电加工可采用较大的峰值电流以获得更高的材料去除率。而该回归方程是在常规电弧加工条件下获得,仅适用于电弧加工的情况。

3. 工具正极性高速电弧放电加工的电极相对损耗率

自变量及其交互效应对电极相对损耗率的影响可由 RSM 计算得出,结果如表7-8所列。由该表可知,自变量 x_1 和 x_2 以及 x_1 和 x_3 的交互作用对于 y_2 有显著的影响($p<0.05$)。图7-6为放电峰值电流 I_p、冲液入口压强 p 和脉冲宽度 t_{on} 三个自变量对电极相对损耗率的主效应图。由该图可知,放电峰值电流 I_p 的影响最显著,随着 x_1 的增大,y_2 会线性上升;冲液入口压强 p 的影响较为明显,随着 x_2 的增大,y_2 会逐渐下降;此外,脉冲宽度 t_{on} 的影响不明显。因此,当采用最小的 x_1 和最大的 x_2 值,正极性加工时可获得的最小相对电极相对损耗率(最小的 y_2)可以减少到 7.4%。

表 7-8　因变量和其交互效应对电极相对损耗率的影响

变量	P 值	变量	P 值
x_1	0	$x_1 x_2$	0.335
x_2	0	$x_1 x_3$	0.048
x_3	0.050	$x_2 x_3$	0.114

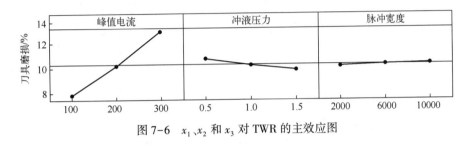

图 7-6　x_1、x_2 和 x_3 对 TWR 的主效应图

随着峰值电流 x_1 的增大，放电电弧的能量密度也会随之增加，导致电弧去除电极材料的能量变大，可蚀除更多体积的电极材料，使 y_2 随之上升。当冲液入口压强 x_2 增大时，极间工作液流速会显著增强，使流体动力对工具正极性高速电弧放电加工的移弧、断弧能力明显地增强，放电通道等离子体在某一点处滞留的时间会缩短，从而减少了电极损耗，并降低了电极相对损耗率。脉冲宽度 x_3 对电极相对损耗率的影响最不明显，在单个脉冲宽度时间内，由于流体动力断弧作用，在一个设定脉冲宽度时间内电弧放电会发生数次击穿和熄灭过程，使实际电流脉冲宽度在一定范围内改变，因此脉冲宽度的设定值对蚀除电极的过程没有影响。

综上所示，工具正极性高速电弧放电加工镍基高温合金所得电极相对损耗率的数学回归方程如下：

$$\text{TWR} = 6.1743 + 0.02x_1 - 0.8678x_2 + 8.56 \times 10^{-5}x_3 + 2.055 \times 10^{-5}x_1^2 - 3.181 \times 10^{-7}x_2 x_3 \tag{7-3}$$

数学回归方程(7-3)的多重判断系数 R^2-statistic 为 0.9981，说明该回归方程与实验模型是比较符合的。综合实验结果表明，当极间冲液充分时，电极相对损耗率仅受自变量 x_1 的影响，这意味着工具正极性高速电弧放电加工可采用较小的放电峰值电流以获得更低的电极相对损耗率。

4. 工具正极性高速电弧放电加工的表面粗糙度 Ra

自变量及其交互作用对表面粗糙度 Ra 的影响结果如表 7-9 所列。由该表可知，自变量 x_1 和 x_2 对于 y_3 有显著的影响（$P<0.05$）。但是，自变量 x_1、x_2 和 x_3 的交互作用对 y_3 并没有显著的影响（$P \geqslant 0.05$）。图 7-7 为放电峰值电流 I_p、冲液入口压

强 p 和脉冲宽度 t_{on} 三个自变量对表面粗糙度 Ra 的主效应图。由该图可知,放电峰值电流 I_p 的影响最为显著:随着 x_1 的增大,表面粗糙度 Ra 会快速地上升;冲液入口压强 p 的影响较为明显:随着 x_2 的增大,表面粗糙度 Ra 会线性地下降;而脉冲宽度 t_{on} 的影响最不明显。因此,当采用最小的 x_1 和最大的 x_2,而不需要考虑 x_3 时,所获得最好表面粗糙度 Ra(最小的 y_3)可减小到 27.3μm。

表 7-9 因变量和其交互效应对表面粗糙度 Ra 的影响

变量	P 值	变量	P 值
x_1	0	x_1x_2	0.372
x_2	0	x_1x_3	0.232
x_3	0.293	x_2x_3	0.775

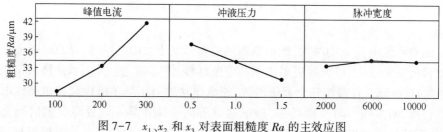

图 7-7 x_1、x_2 和 x_3 对表面粗糙度 Ra 的主效应图

随着放电峰值电流 x_1 的增大,放电电弧的能量密度显著地增加,电弧用来去除电极材料的能量变大,所产生的蚀坑深度也会明显地增大,从而提高了表面粗糙度 Ra。随着冲液入口压强 x_2 的增大,极间的流速会显著地增强,流体动力对工具正极性高速电弧放电加工的移弧与断弧能力会明显地增大,所产生的蚀坑深度会变浅,从而降低了表面粗糙度 Ra。在脉冲宽度 x_3 时间内,由于有效的断弧作用,电弧放电可能在一个脉冲持续时间内会发生数次,也就是说放电电流的实际持续时间比脉冲宽度设定值要小,因此脉冲宽度设定值的大小在一定范围内的改变对蚀除过程没有特别显著的影响。

在方差分析基础上,RSM 根据自变量的交互作用进一步简化表面粗糙度 Ra 的回归分析模型。在简化模型过程中,遵循保留显著效应、去掉非显著效应的原则,即当某一项的交互效应显著时,那么组成交互效应的单项必须保留。

综上所述,工具正极性高速电弧放电加工镍基高温合金所得粗糙度 Ra 的数学回归方程如下:

$$Ra = 34.5643 - 0.009x_1 - 6.875x_2 + 0.00019x_1^2 \tag{7-4}$$

数学回归方程(7-4)的多重判断系数 R^2-statistic 为 0.9894,说明该回归方程与实验模型是比较符合的。综合实验结果表明,当极间冲液充分时,表面粗糙度 Ra 受自变量峰值电流 x_1 的影响明显,即工具正极性高速电弧放电加工可采用较小的峰值电流以获得更小的 Ra。

5. 工具正极性高速电弧放电加工的工件表面完整性

根据电弧放电加工的热蚀除特性,加工后的工件表面会存在表面改性层。这里通过量化工件表面的完整性以利于确定后续切削加工的加工余量。因此,在三种不同的峰值电流(100A、200A 和 300A)、冲液入口压强为 1.5MPa 和脉冲宽度为 10ms 的实验条件下,完成了工具正极性高速电弧放电加工镍基高温合金后工件表面的一系列完整性检测,主要包括再铸层和热影响层、表面微裂纹、表面硬度和残余应力。

1) 再铸层和热影响层

电弧放电加工中的热影响深度通常用再铸层和热影响层表征,它们是加工表面完整性的重要因素。选择被加工工件表面的最外围区域采用金相显微镜在该区域的横截面上进行测量,结果如图 7-8 所示。由图 7-8 可知,再铸层的深度会随着放电峰值电流的降低而减小。当放电峰值电流为 100A 时,再铸层的最小值约为 10μm,小于正交实验中所获得的最小表面粗糙度 Ra 值。基体材料上的热影响层则基本观测不到。这是因为极间的高速流动的工作液可以快速带走电弧放电产生的熔融金属及热量,使可以传导到工件内部的热量比例大幅减小。此外,流体动力断弧产生的爆炸冲击会使大部分熔融材料被快速地抛离工件表面的熔池,从而进一步降低了再铸层厚度。

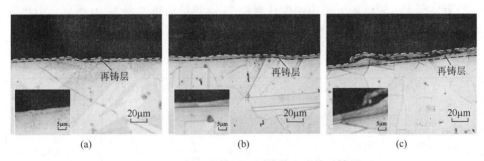

图 7-8 金相显微镜下不同峰值电流的重铸层
(a) 100A;(b) 200A;(c) 300A。

2) 表面微裂纹

表面微裂纹是表征工件表面完整性的另一个重要指标。当工具正极性加工时,放电通道等离子体的热蚀除作用会引入拉应力并使微裂纹产生。此外,镍基高温合金的易熔性组成物如 Mo、Cu 和 Mn 等会被溶解析出晶界。因此,镍基高温合金基体上原有的晶粒结构会被物理加热和化学转化改变。在冷却过程中,晶粒在残余热应力的作用下会沿晶界从外到内产生表面微裂纹。采用金相显微镜对工件的横截面进行观测的结果如图 7-9 所示。当最大峰值电流为 300A 时,表面微裂纹只是偶尔存在;而当放电峰值电流降为 100A 时,表面微裂纹很难被发现。从图 7-9 中还可知,由于快速冷却的作用,表面微裂纹的深度小于 20μm。

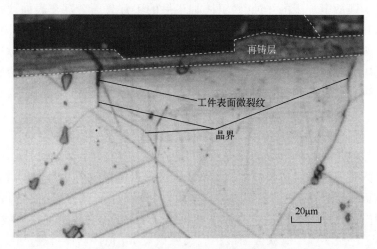

图 7-9 金相显微镜下的表面微裂纹

3) 表面硬度和残余应力

加工后工件的表面硬度也是影响工具正极性高速电弧放电加工工件表面完整性的重要因素。表面硬度可用硬度计测量,实际测量结果如表 7-10 所列。由该表可知,采样工件 1 或工件 2 的表面硬度值均稍微高于基体的硬度值(HRC53.35)。

表 7-10 不同电流的加工工件的表面硬度

	基 体 表 面	工件 1(100A)	工件 2(200A)	工件 3(300A)
采样硬度 1 HRC	53.35	57.73	58.24	57.1
采样硬度 2 HRC	53.35	55.94	57.46	57.62

工件表面完整性研究还测量了不同层深的工件表面残余应力。采用电化学腐蚀可以获得不同深度的测量工件表面,单次腐蚀深度为 100μm。在每次腐蚀后,采用 XRD 测量残余应力值,结果如表 7-11 所列。由表 7-11 可知,当放电峰值电流较小时,放电热效应产生的残余拉应力也较小,并且工件表面 300μm 以下的应力将变为压应力。

表 7-11 不同电流的工件表面的拉应力

深度/μm	表面应力/MPa		
	100A	200A	300A
0	282	368	562
100	145	290	315
200	−51	−6	38
300	−100	−53	−74

根据工件表面完整性的测量结果可知,工具正极性加工能获得比工具负极性更好的表面质量,可降低后续切削加工工序的加工余量,因此,其更有利于后续的切削加工。在工具负极性高速电弧放电加工和切削加工之间,可加入工具正极性高速电弧放电加工,以便优化整个工艺流程,而采用工具先负极性后正极性组合的加工方法,可以在高效加工高温合金等难切削材料的同时,获得较好的表面质量。

7.3 铝基碳化硅复合材料的高速电弧放电加工工艺特性

铝基碳化硅这一应用越来越广泛的金属基复合材料的电弧放电加工特性与常用的均质合金钢相比是否相似?非导电的增强体颗粒对放电加工是否和传统电火花加工一样产生严重不良影响?这两个问题的答案很难在已有的文献中找到。因此,需要开展深入的实验来丰富高速电弧放电加工的工艺数据。

7.3.1 SiC$_p$/Al 高速电弧放电加工的实验现象

1. 实验现象

将脉冲电源的输出设置为连续加工模式,对 SiC$_p$/Al 进行高速电弧放电加工实验。当高速电弧放电加工 SiC$_p$/Al 时,放电现象与镍基高温合金集束电极沉入式加工相类似,放电间隙出现耀眼的放电弧光及清晰的爆炸声,这些都明显强于电火花加工所伴随的微弱火花及轻微爆炸声。由于加工 SiC$_p$/Al 所用的电极为旋转的多孔内冲液电极,其冲液效果、加工路径等均有别于集束电极沉入式加工。在高速电弧放电加工过程中,放电点出现位置有一定规律可循,不像集束电极沉入式加工的随机性那么强。在沿电极轴向进给时,放电点首先出现在电极端面和外圆柱面相交的圆周上,并且随着电极的转动,放电点也在圆周线上移动;在沿着电极径向进给时,放电位置出现电极进给侧的半圆柱面上。

高速电弧放电加工 SiC$_p$/Al 时产生大量的加工屑颗粒。在熔融金属被抛出过程中,炽热的工件材料熔滴的飞溅过程类似于钢水浇注时四处飞溅的钢花。加工屑颗粒抛出方向与工作液喷射方向一致。例如,当电极沿轴向进给转为沿径向进给时,工作液喷出方向改变,加工屑颗粒运动轨迹也随之改变,说明加工屑颗粒排出放电区域主要受到流场的作用。此外,高速工作液流体也可迅速带走加工过程中的残余热量,因而加工后触摸已加工的部分,会感觉到工件温度与室温无异。

2. 间隙放电电压与放电电流波形

在高速电弧放电加工中,可将脉冲电源的正极接工件、负极接工具电极,形成电极负极性加工(以下简称负极性加工,negative BEAM);或者将电源的正极接工具电极,负极接工件,形成电极正极性加工(以下简称正极性加工,positive BEAM)。在电弧放电周期内,放电电流从零快速上升至设定值,此时间隙电压由开路电压降低至放电维持电压,约为25V。图 7-10(a) 和图 7-10(b) 分别为负极性和正极性高速电弧放电加工的间隙放电电压与放电电流波形。

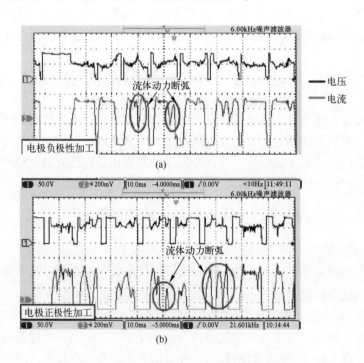

图 7-10 SiC_p/Al 材料放电电压与放电电流波形
(a) 负极性;(b) 正极性。

由图 7-10 可知,在对 SiC_p/Al 复合材料的高速电弧放电加工的脉冲周期内,放电电流可相对稳定地维持在数百安培(图中为 500A),脉冲宽度则可维持在几个毫秒或以上(图中为 8ms)。由于高速电弧放电加工引入高压工作液冲液流场,用于实现"流体动力断弧",因此在间隙放电电压与放电电流波形上可以清晰地看到在设定的放电脉冲宽度期间内,多次放电电流快速下降而间隙放电电压急剧上升的典型流体的动力断弧波形。虽然在波形上电流并未下降到零点(这是因为主回路中的电感续流造成的),但对应的间隙放电电压已经上升到了开路电压,说明电弧已经被高速流体推移并切断了。无论是正极性或是负极性加工,均能清晰分辨出流体动力断弧的波形特征。只不过正极性加工时工件一侧的电弧放电通道等离子体更容易被流体动力干扰并且断弧特征更加明显而已。

通过加工实验并考察间隙放电电压与放电电流波形特征可知,尽管 SiC_p/Al 含有半导体特性的 SiC 颗粒,高速电弧放电加工仍可对其进行连续放电加工。在可行性实验成功的基础上,将系统地开展 SiC_p/Al 的高速电弧放电加工工艺特性实验,探明影响加工性能的主要因素,进而深入探讨加工效率、电极相对损耗率、加工表面完整性、极性效应等一系列工艺特性。

7.3.2 影响 SiC_p/Al 高速电弧放电加工工艺特性的主要因素

在对 SiC_p/Al 进行高速电弧放电加工,对材料去除率、工具电极相对损耗率以及加工表面质量等关键性指标及其影响因素进行定性和定量分析时,主要考察包括电参数和非电参数在内的工艺参数。其中,电参数包括峰值电流、脉冲宽度、脉冲间隔等,非电参数包括工作液冲液入口压强、主轴转速、SiC 体积分数等。由于非电参数和电参数中的各个因子对 SiC_p/Al 复合材料的材料去除率、电极相对损耗比以及加工表面质量等的影响程度可能不尽相同,而研究 SiC_p/Al 高速电弧放电加工的出发点之一在于如何实现这一难切削复合材料的高效加工,因此优先选择影响材料去除率的因子作为研究高速电弧放电加工 SiC_p/Al 复合材料的主要影响因子。

工具电极接负极为高速电弧放电加工的常规极性设置,因而优先针对负极性加工来考察影响加工效率的主要影响因子。分别设置峰值电流、脉冲宽度、脉冲间隔,冲液入口压强、主轴转速、SiC 体积分数等因子的高、低水平,通过六因子两水平的部分析因实验筛选出主要影响因子。实验得出的材料去除率主效应如图 7-11 所示。可见,体积分数及放电参数对加工效率的影响占主导地位,而冲液压力及主轴转速的影响程度远不及体积分数及放电参数。因而在后续的完全析因实验中,选取峰值电流(I_p)、脉冲宽度(t_{on})以及脉冲间隔(t_{off})作为主要影响因子,将主轴转速和冲液压力设置成常数,其中主轴转速设置为 1000r/min,冲液压力设置为 0.5MPa。此外,加工极性对高速电弧放电加工 SiC_p/Al 是否产生影响及其影响程度将通过典型放电参数下的对比实验来研究。

根据部分析因实验选取的主要影响因子,分别对体积分数为 20% SiC/Al 和体积分数为 50% SiC/Al 进行完全析因实验,得到的材料去除率和电极相对损耗率实验结果如表 7-12。

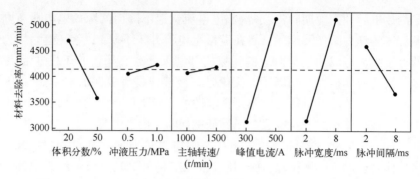

图 7-11　SiC$_p$/Al 复合材料的高速电弧放电加工中材料去除率主效应

表 7-12　材料去除率和电极相对损耗率的完全析因实验结果

I_p/A	t_{on}/ms	t_{off}/ms	20% SiC/Al		50% SiC/Al	
			材料去除率/ (mm^3/min)	电极相对损耗 率/%	材料去除率/ (mm^3/min)	电极相对损耗 率/%
500	2	2	5160	2.39	3600	12.4
400	5	5	4620	2.48	3600	11.88
500	2	8	4080	2.69	2400	13.48
300	2	2	3240	2.57	2400	10.69
300	8	2	3600	2.54	4500	10.99
500	8	8	6600	2.19	4800	11.17
300	8	8	3720	2.47	3600	13.65
300	2	8	2100	2.77	1200	12.58
400	5	5	4620	2.47	3780	11.76
500	8	2	8400	1.62	6000	9.85

下面将分别就体积分数 20% SiC$_p$/Al 和体积分数 50% SiC$_p$/Al 的材料去除特性、相对电极损耗比特性展开具体讨论。

7.3.3　材料去除率

如前文所述,负极性为高速电弧放电加工常用的加工极性,因而本文优先研究电极负极性下 SiC$_p$/Al 复合材料的高速电弧放电加工特性。在本节中未特别说明加工极性时,均指负极性加工,而正极性下的加工性能将在极性效应部分进行阐述。

1. 体积分数为 20% SiC$_p$/Al 的材料去除率

对体积分数为 20% SiC$_p$/Al 复合材料进行高速电弧放电加工同样可以实现较高

的材料去除率。比如,当峰值电流为300A,脉冲宽度为8ms,脉冲间隔为2ms时,材料去除率可达到2100mm³/min,此时单位能量加工效率为7.0mm³/(A·min);而当电流为500A,脉冲宽度为8ms,脉冲间隔为2ms时,材料去除率可达8400mm³/min,此时单位能量加工效率达到16.8mm³/(A·min),该数值远高于电火花加工[43](I_p=100A时电火花加工所获得的材料去除率为140mm³/min)。这说明高速电弧放电加工对体积分数为20%SiC/Al复合材料而言具有较强的加工效率优势。

体积分数为20% SiC/Al复合材料的高速电弧放电加工获得的材料去除率响应曲面如图7-12所示。总体而言,材料去除率随着峰值电流(I_p)和脉冲宽度(t_{on})的增加而增加,随着脉冲间隔(t_{off})的增加而降低。高速电弧放电加工去除材料是典型的热蚀除,SiC_p/Al材料在电弧放电通道等离子体的加热下被熔化、汽化并抛出放电间隙,而电弧放电通道等离子体的能量来自脉冲电源提供的放电电能。单个脉冲的放电能量可表达为

$$E_d = V_d \times I_d \times t_{on} \tag{7-5}$$

式中:V_d为一个周期内的平均间隙放电电压;I_d为平均放电电流。在加工中,V_d约为25V。由于间隙放电电压和放电电流在流体动力断弧机制的作用下是随时间而变化的,因而必须用积分表达式描述单个脉冲的放电能量。显然电流和脉冲宽度的

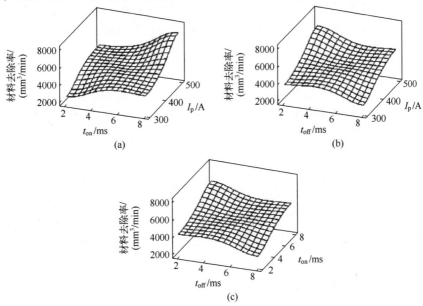

图7-12 20% SiC_p/Al复合材料高速电弧放电加工的材料去除率的响应曲面图
(a) 峰值电流(I_p)与脉冲宽度(t_{on});(b) 峰值电流与脉冲间隔(t_{off});
(c) 脉冲宽度(t_{on})与脉冲间隔(t_{off})。

增加都有利于提高单个脉冲放电期间提供给放电通道等离子体的放电能量,因此增加峰值电流和脉冲宽度都有助于提升加工效率。而脉冲间隔的增加则会导致占空比降低,降低单位时间内放电次数,因而脉冲间隔的增加会导致加工效率的降低。

根据实验参数,得出体积分数为20% SiC_p/Al 复合材料的材料去除率回归方程如下:

$$\mathrm{MRR}_{20SiC_p/Al(\%)} = 60+9.35 \times I_p - 95 \times t_{on} - 15 \times t_{off} + 1.2 \times I_p \times t_{on} - 0.4 \times I_p \times t_{off} - 5 \times t_{on} \times t_{off} - 105 \tag{7-6}$$

尽管高速电弧加工 SiC_p/Al 的效率远高于传统加工方法的效率,但其低于加工镍基高温合金。可见,Al材料的熔点远低于高温合金材料,其SiC增强体对材料的蚀除产生了一定的影响。

2. 体积分数为50% SiC_p/Al 的材料去除率

体积分数为50% SiC_p/Al 为高体积分数的碳化硅铝基复合材料。现有文献很少有对该体积分数材料进行加工研究的报道。尝试用普通刀具进行车削时发现刀口磨损极其严重,刀具迅速失效。现有文献披露的最接近体积分数为50% SiC_p/Al 加工的实验为车削45%(质量分数)(体积分数约为40%) SiC_p/Al,即 Muguthu 等利用优化方法研究 PCBN 以及 PCD 刀具车削45%(质量分数)SiC_p/Al,其优化的加工效率约为1200mm³/min(切削速度为40m/min,进给速率为0.15mm/r,切削深度为0.2mm)[44]。

当利用高速电弧放电加工50%(体积分数)SiC_p/Al 时,峰值电流设为300A,脉冲宽度 T_{on} 为8ms,脉冲间隔 T_{off} 为2ms时,所获得的材料去除率为1200mm³/min;而当峰值电流为500A,脉冲宽度为8ms,脉冲间隔为2ms时,所得到的材料去除率可达到6000mm³/min。尽管传统切削加工和高速电弧放电加工属于完全不同类型的加工方法,然而就加工效率而言,高速电弧放电加工比传统切削加工更具比较优势,即利用高速电弧放电加工体积分数为50% SiC_p/Al,更容易获得相对较高的材料去除率。

高速电弧放电加工体积分数为50% SiC/Al复合材料的材料去除率响应曲面图如图7-13所示。体积分数为50% SiC/Al的材料去除率曲面和体积分数为20% SiC/Al的非常相似,即材料去除率随着电流(I_p)和脉冲宽度(t_{on})的增加而增加,随着脉冲间隔(t_{off})的增加而降低。对于高速电弧放电加工,尽管不同体积分数的SiC/Al材料的加工效率不同,但是主要影响因子对加工效率的影响趋势相近。

根据实验参数,得出体积分数为50% SiC/Al复合材料的材料去除率回归方程如下:

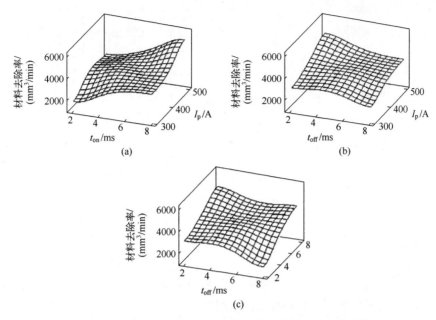

图 7-13 体积分数为 50%SiC/Al 复合材料的材料去除率响应曲面图
(a) 峰值电流(I_p)与脉冲宽度(t_{on});(b) 峰值电流与脉冲间隔(t_{off});
(c) 脉冲宽度(t_{on})与脉冲间隔(t_{off})。

$$\mathrm{MRR}_{50\mathrm{SiC_p/Al}(\%)} = 107+7.5\times I_p+67\times t_{on}-33\times t_{off}+0.5\times I_p\times t_{on}-0.5\times I_p\times \\ t_{off}+17.7\times t_{on}\times t_{off} \tag{7-7}$$

3. 体积分数为 20%SiC_p/Al 和体积分数为 50%SiC_p/Al 材料去除率对比

对比两者放电蚀坑形态,并结合上述实验结果,给出的推断是:在同样的加工参数下,加工体积分数为 20% SiC_p/Al 的材料去除率明显高于加工体积分数为 50% SiC_p/Al 时的材料去除率。

体积分数为 20% SiC_p/Al 和体积分数为 50% SiC_p/Al 的高速电弧放电加工材料去除率对比如图 7-14 所示。在峰值电流为 500A,脉冲宽度为 8ms,脉冲间隔为 2ms 时,体积分数为 20% SiC_p/Al 的材料去除率高出体积分数为 50% SiC_p/Al 的材料去除率约 40%。在峰值电流为 300A,脉冲宽度为 8ms,脉冲间隔为 2ms 时,则高出 75%。而体积分数为 20% SiC_p/Al 和体积分数为 50% SiC_p/Al 最大区别之处在于基体材料(Al)中所含有的增强颗粒(SiC)的体积分数。由此可知,SiC 颗粒的含量增加使高速电弧放电加工的效能降低。

单次放电蚀坑对比实验所用的参数为电流 100A,脉冲宽度 8ms,脉冲间隔 2ms,作为补充和验证,增加该参数下的连续放电实验,得到体积分数为 20% SiC_p/

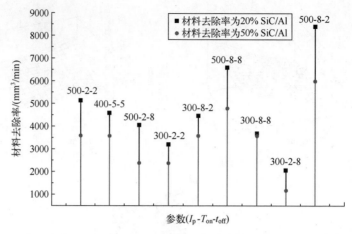

图 7-14 体积分数为 20% SiC_p/Al 和体积分数为 50% SiC_p/Al 的材料去除率对比

Al 和体积分数为 50% SiC_p/Al 的材料去除率分别为 900 mm^3/min 和 420 mm^3/min。前者是后者的 2 倍多,与放电蚀坑体积比较结果一致。

7.3.4 SiC_p/Al 的独特蚀除机制

加工效率及电极相对损耗率的高速电弧加工实验结果表明,金属基复合材料 SiC_p/Al 的加工效率较其他合金材料的加工效率高,并且电极相对损耗率更高。这说明 SiC_p/Al 的蚀除机制有其独特之处,并且半导体 SiC 增强体颗粒对蚀除过程中有重要的影响,需要进行单独的分析和研究。

为了探索 SiC_p/Al 的高速电弧蚀除机制,探索 SiC 颗粒在材料蚀除中的作用,首先对蚀除颗粒进行收集、分析,以揭示蚀除机制。

1. 蚀除颗形貌特征

分别收集不同放电参数下,体积分数为 20% SiC/Al 及体积分数为 50% SiC/Al 的蚀除颗粒。在扫描电子显微镜下观察其形貌,结果如图 7-15 所示。

体积分数为 20% SiC/Al 及体积分数为 50% SiC/Al 的蚀除颗粒无论是形状还是大小上均存在明显差异。体积分数为 20% SiC/Al 的蚀除产物形状主要有大量不规则的条状、片状物及少数较规整的球状,直径可达 200~300μm,而长度可超过 1mm。体积分数为 50% SiC/Al 的蚀除颗形状相对规则,无明显的条状或片状,主要呈椭球状、球状及粉末状。多数颗粒粒径集中在 100μm 以内,且随着放电能量增加,颗粒尺寸有增大趋势。

2. SiC_p/Al 材料中 SiC 颗粒的蚀除机制推断

由蚀除颗粒的形貌特征可以推断,体积分数为 20% SiC/Al 的材料蚀除以基体材

图 7-15 蚀除颗粒

(a) 体积分数为 20% SiC/Al，I_p = 300A；(b) 体积分数为 20% SiC/Al，I_p = 400A；
(c) 体积分数为 20% SiC/Al，I_p = 500A；(d) 体积分数为 50% SiC/Al，I_p = 300A；
(e) 体积分数为 50% SiC/Al，I_p = 400A；(f) 体积分数为 50% SiC/Al，I_p = 500A。

料的熔化排出为主,且 SiC 颗粒大多以固体形式与基体材料一起被抛出;而体积分数为 50% SiC/Al 的材料蚀除中有相当大比例以汽化方式排出,即多数 SiC 颗粒受热直接升华并与部分汽化的基体 Al 材料形成混合蒸汽,排出加工区域后被冷却而重新凝固为球状颗粒。按照此推断,体积分数为 20% SiC/Al 的蚀除颗粒中应包含完整 SiC 颗粒,而体积分数为 50% SiC/Al 的多数蚀除颗粒应该难以发现完整的 SiC 颗粒。

为验证上述推断,采用体积分数为 36%~38% 的盐酸溶液对蚀除颗粒进行处理。在处理过程中,体积分数为 20% SiC/Al 蚀除颗粒与盐酸溶液发生剧烈的化学反应并产生大量气泡,而体积分数为 50% SiC/Al 蚀除颗粒的反应剧烈程度远不及前者。盐酸溶液中蚀除颗粒的质量变化如图 7-16 所示,体积分数为 20% SiC/Al 的蚀除颗粒质量降低速率是体积分数为 50% SiC/Al 蚀除颗粒的 2~3 倍。在此过程中,主要存在两种化学反应,一为金属铝和盐酸溶液反应生成氯化铝及氢气,二为氧化铝和盐酸反应生成氯化铝及水。气泡则是由第一个化学反应产生。化学反应在约 100 min 时趋于停止,表现为无气泡产生。

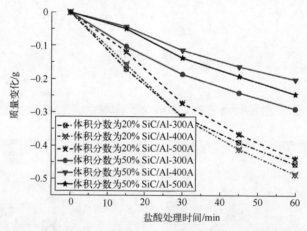

图 7-16　蚀除颗粒在盐酸溶液中的质量变化(见书末彩图)

图 7-17 为盐酸溶液处理后的残余蚀除颗粒。体积分数为 20% SiC/Al 的颗粒尺寸远小于盐酸处理前的原始颗粒尺寸,直径大于 200μm 的球状颗粒消失不见,仅残余 10μm 左右的不规则颗粒。对照母材的金相及 SEM 图可判定残余颗粒为形态完整的 SiC 颗粒。同时发现,体积分数为 50% SiC/Al 的残余颗粒大小与处理前相比无显著变化,部分球状颗粒的直径范围为 15~100μm,且只发现极少形态完整的 SiC 颗粒。

通过对残余蚀除颗粒的观测,可证明上述推断的合理性,即在高速电弧加工中,低体分金属基复合材料(体积分数为 20% SiC/Al)以基体材料的熔化且增强体伴随熔化基体材料排出为主;而高体分(体积分数为 50% SiC/Al)材料以基体材料

第 7 章 典型难切削材料的加工特性

图 7-17 盐酸溶液处理后的残余颗粒

(a) 体积分数为 20% SiC/Al, I_p = 300A; (b) 体积分数为 20% SiC/Al, I_p = 400A;
(c) 体积分数为 20% SiC/Al, I_p = 500A; (d) 体积分数为 50% SiC/Al, I_p = 300A;
(e) 体积分数为 50% SiC/Al, I_p = 400A; (f) 体积分数为 50% SiC/Al, I_p = 500A。

熔化及增强体颗粒(SiC)和基体的汽化为主。

3. 材料蚀除过程中的多相化学反应

为获知蚀除颗粒在盐酸溶液处理前后的化学组成,本节进行了 EDS 测试。测试时,在体积分数为 20% SiC/Al 及体积分数为 50% SiC/Al 蚀除颗粒中随机选取 5

组并取平均值。如图 7-18 所示,在盐酸处理前,体积分数为 20% SiC/Al 及体积分数为 50% SiC/Al 蚀除颗粒中均含有氧元素,证明高速电弧加工的热作用下,材料被加热并生成氧化物(如 Al_2O_3、SiO_2),并且在盐酸溶液处理后,残余颗粒依然发现较高比例的氧元素,可以确认氧化物中含有与盐酸不反应的氧化硅成分。

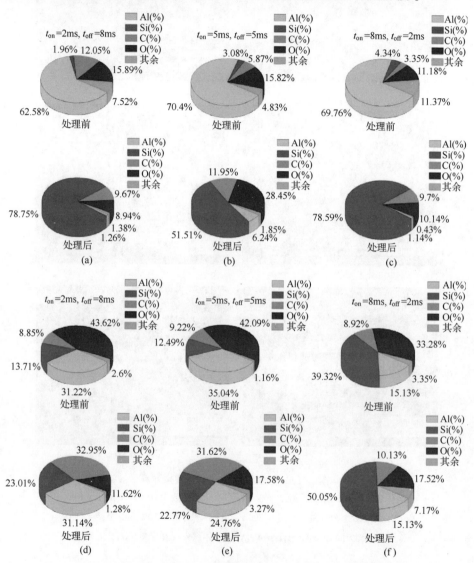

图 7-18　盐酸溶液处理前后的蚀除颗粒原子百分比(见书末彩图)
(a) 体积分数为 20% SiC/Al,I_p=300A;(b) 体积分数为 20%SiC/Al,I_p=400A;
(c) 体积分数为 20%SiC/Al,I_p=500A;(d) 体积分数为 50%SiC/Al,I_p=300A;
(e) 体积分数为 50%SiC/Al,I_p=400A;(f) 体积分数为 50%SiC/Al,I_p=500A。

体积分数为20% SiC/Al颗粒在经盐酸处理后,Al元素比例大幅度降低,证明体积分数为20% SiC/Al的蚀除颗粒中主要为Al及其氧化物;体积分数为50% SiC/Al颗粒在盐酸处理后,尺寸及Al元素比例变化均有限,说明Al主要以不易与酸反应的碳化物形式存在。此外,由于Si元素和C元素的原子质量相当,而残余颗粒中的Si元素和C元素比例差距显著,进一步证明加工过程中SiC发生裂解并有一系列的其他反应。

根据EDS分析结果,在高速电弧放电加工SiC/Al时,存在如下多相化学反应:首先,基体材料铝和SiC颗粒在超过600℃时即可发生如下反应[45-46]:

(1) $4Al + 3SiC \rightarrow Al_4C_3 + 3Si$

上述反应中生成的Al_4C_3在部分液体中很难稳定存在,如水、甲醇等[47]。在常温下,Al_4C_3即可与水发生化学反应,加热时反应加剧[48]:

(2) $Al_4C_3 + 12H_2O \rightarrow 4Al(OH)_3 + 3CH_4 \uparrow$

其次,Al接触到SiO_2时,可生成Si和Al_2O_3[47]等:

(3) $4Al + 3SiO_2 \rightarrow 2Al_2O_3 + 3Si$

除上述反应中,Si元素和Al元素还参与了如下反应:

(4) $Si + O_2 \rightarrow SiO_2$

(5) $SiO_2 + C \rightarrow SiC + CO_2 \uparrow$

(6) $Si + C \rightarrow SiC$

(7) $4Al + 3O_2 \rightarrow 2Al_2O_3$

对上述化学反应解释如下:高速电弧放电加工时,所用的工作介质为水基工作液,水被电解及被等离子加热裂解生成H_2和O_2。因此,基体材料Al及其与SiC生成的Si均可与O_2反应生成氧化物。而电极材料中的碳可与SiO_2反应,该过程类似于将SiO_2置于有机材料中加热生成SiC[48]。此外,基体材料接触到SiO_2后可置换出Si,Si则与C在1500℃转化为SiC[49]。

以上为SiC_p/Al材料在高速电弧加工时的可能的反应过程,可用于解释高体分材料的蚀除效率低于低体分材料的原因。并且由于电极中的碳也会与SiO_2反应,进一步增加了电极的损耗量,使高体分SiC_p/Al的电极相对损耗率高于低体分SiC_p/Al。

7.3.5 电极相对损耗率

1. 体积分数为20% SiC/Al的电极相对损耗率

体积分数为20% SiC_p/Al复合材料的高速电弧放电加工所得的电极相对损耗率的响应曲面如图7-19所示。总体而言,电极相对损耗率稳定在1.6%~2.8%,但在不同加工参数下还是表现出一定的差异。在峰值电流较高、脉冲宽度长以及脉冲间隔小的加工条件下，电极相对损耗率相对较小，例如：在峰值电流为500A，脉冲宽度为8ms，脉冲间隔为2ms时，电极相对损耗率为1.62%；而在峰值电流为300A，脉冲宽度为8ms，脉冲间隔为2ms时，电极相对损耗率升至2.78%。

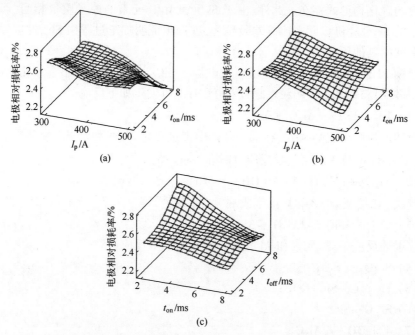

图7-19 体积分数为20% SiC_p/Al 的电极相对损耗率响应曲面图
(a) 峰值电流(I_p)与脉冲宽度(t_{on})；(b) 峰值电流与脉冲间隔(t_{off})；(c) 脉冲宽度(t_{on})与脉冲间隔(t_{off})。

高速电弧放电加工时，电弧放电通道等离子体所产生的高温一方面作用在工件上，使工件材料熔化甚至汽化，另一方面也导致部分工具电极材料被高温蚀除。工具电极的过度损耗为加工精度、轮廓形状等都会带来负面影响，因而在实际加工中，我们希望工具电极的损耗越小越好。根据实验结果可知，高速电弧放电加工体积分数为20% SiC_p/Al 时，适宜采用大峰值电流、长脉冲宽度以及短脉冲间隔。这样的参数组合一方面可获得更高的材料去除率，另一方面会带来较低的电极相对损耗率。

根据加工实验结果，可得出体积分数为20% SiC/Al 工具电极相对损耗率回归方程：

$$TWR_{20SiC_p/Al(\%)} = 3.107 - 0.00141 \times I_p + 0.0907 \times t_{on} - 0.0838 \times t_{off} - 0.000396 \times I_p \times t_{on} + 0.000312 \times I_p \times t_{off} + 0.00013 \times t_{on} \times t_{off} + 0.068 \quad (7-8)$$

2. 体积分数为50% SiC_p/Al 的电极相对损耗率

体积分数为50% SiC/Al 的电极相对损耗率响应曲面如图7-20所示，体积分数为50% SiC_p/Al 的高速电弧放电加工所获得的电极相对损耗率在9.8%~

13.7%。从总体上看,电极相对损耗率和前面的材料去除率相比表现出相反的趋势,即材料去除率增大时,电极相对损耗率有下降趋势,如电极相对损耗率最大值出现在峰值电流为 300A,脉冲宽度为 8ms,脉冲间隔为 8ms 时,约为 13.7%;最小值出现在峰值电流为 500A,脉冲宽度为 8ms,脉冲间隔为 2ms 时,约为 9.8%。因而在对体积分数为 50% SiC_p/Al 进行高速电弧放电加工时,为降低电极相对损耗率,依然可优先采用大能量加工参数组合。

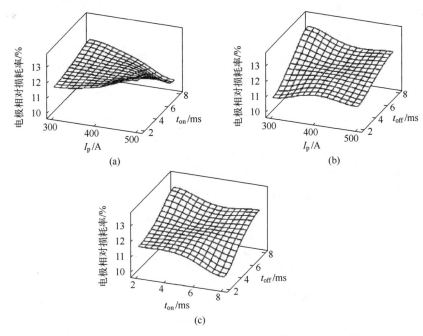

图 7-20 体积分数为 50% SiC_p/Al 的电极相对损耗率响应曲面图
(a) 峰值电流(I_p)与脉冲宽度(t_{on});(b) 峰值电流与脉冲间隔(t_{off});(c) 脉冲宽度(t_{on})与脉冲间隔(t_{off})。

根据实验参数,得出 50% SiC/Al 工具电极相对损耗率回归方程为

$$TWR_{50SiC_p/Al(\%)} = 4.984+0.01618 \times I_p+0.822 \times t_{on}+0.5777 \times t_{off}-0.002593 \times I_p \times t_{on}-0.000898 \times I_p \times t_{off}+0.01413 \times t_{on} \times t_{off} \quad (7-9)$$

3. 体积分数为 20% SiC_p/Al 和体积分数为 50% SiC_p/Al 的电极相对损耗率对比

SiC_p/Al 的体积分数对电极相对损耗率有很大影响。差异产生的原因有两个:一是单次放电蚀坑体积的差异;二是石墨电极参与与 SiC/Al 的多相反应消耗碳元素的差异。如果体积分数为 50% SiC_p/Al 和体积分数为 20% SiC_p/Al 工具电极相对损耗率差值远远高于 100%,则说明石墨电极参与了大量化学反应而导致其额外损耗。体积分数为 20% SiC_p/Al 和体积分数为 50% SiC_p/Al 的高速电弧放电加工电极相对损耗率对比如图 7-21 所示。

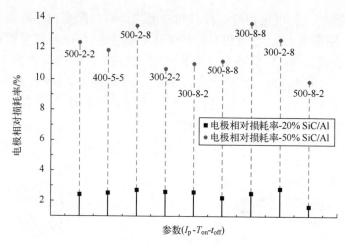

图7-21 体积分数为20% SiC/Al和体积分数为50% SiC/Al的电极相对损耗率对比

在完全析因实验中,体积分数为50% SiC_p/Al的电极相对损耗率为体积分数为20% SiC_p/Al的5~6倍,这与7.6.4节的分析一致。在加工Ti6Al4V时,发现不同加工参数下电极相对损耗率稳定在2.87%~3.59%[50],加工镍基高温合金时的电极相对损耗率一般低于3%。可见,利用高速电弧放电加工金属材料以及低体积分数的碳化硅铝基复合材料时,与加工其他金属类似,电极相对损耗率差别较小且稳定在3%~5%。而对高体积分数的SiC_p/Al加工时,SiC的多相反应加剧了工具电极的损耗。

4. 工具电极损耗的补偿

由上文可知,当高速电弧放电加工低体积分数SiC_p/Al时,工具电极损耗率一般低于3%,而加工高体积分数SiC_p/Al时,工件电极相对损耗率高出10%。高速电弧放电加工SiC_p/Al的电极为圆柱形电极,其损耗过程如图7-22所示。过高的工件电极相对损耗率对加工效率及加工轮廓精度产生较大影响,因此有必要对电极的损耗部分进行补偿。

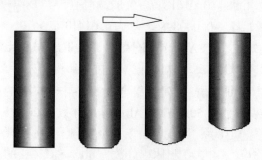

图7-22 电极损耗模式示意图

在电火花放电加工中,针对电极补偿的方法主要有基于模型预测补偿以及基于加工状态监测补偿[51]。前者为离线补偿方法,如通过仿真或模拟来预测电极损耗量并进行电极补偿。后者为在线补偿方法,如通过监测极间电压或有效放电率等信息,预测电极的动态损耗量并进行电极损耗的动态补偿。在微细电火花分层铣削加工中,基于电极等损耗策略的补偿方法是常见的有效补偿方法。其包括电极均匀损耗法、电极定长补偿法等。其中,电极均匀损耗方法力求电极端面各点损耗均匀,使电极在每层加工后电极底面仍保持原来的平面形状,避免其对下一层加工的影响[52-54]。

与微细电火花放电不同,高速电弧放电加工 SiC_p/Al 时,电弧放电不仅存在于电极端面,也存在于电极侧面,因此电极损耗补偿等方法不适用于高速电弧放电加工。对于电极长度的损耗,可通过轴向线性进给完成,而对于电极侧面的损耗,目前较可行的方案是进行电极修整。

轴向线性进给可通过加工程序长度补偿方法实现[55]。思路为,首先通过实验获取电极长度损耗规律,并假设长度损耗和加工轨迹长度为线性关系,然后在加工代码中根据轨迹长度增加电极轴向进给运动。补偿量为

$$\Delta l = L\delta \tag{7-10}$$

式中:Δl 为补偿量;L 为加工轨迹长度;δ 为电极损耗系数。对于电极的修整,无须采用电火花放电加工中利用平面电极对工具电极采取反极性放电的方法[56],可通过离线砂轮磨削或者车削批量进行修整。通过电极轴向线性进给补偿和电极修整加工的窄槽和方槽如图 7-23 所示。

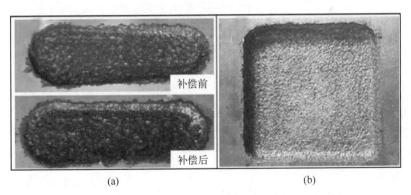

图 7-23 电极补偿和修整加工的窄槽和方槽
(a) 电极轴向补偿;(b) 电极修整。

7.3.6 加工效率优化及与其他方法的比较

1. 基于 MATLAB 优化工具箱的加工效率优化

对加工参数的优化方法很多,如响应曲面(response surface methodology)[57]、多目标优化(multi-objective optimization)[58]、集成蚁群算法(integrated ant colony algorithm)[59]、遗传算法(genetic algorithm)[60-61]等。由实验结果分析可知,材料去除率和电极相对损耗率受加工参数影响的规律性较强,即材料去除率随着峰值电流和脉冲宽度的增加而增加、随着脉冲间隔的增加而降低。本节基于 MATLAB 优化工具箱,结合材料去除率和电极相对损耗率的拟合方程进行加工效率优化,优化的参数为脉冲电源可调参数。所用的优化工具为非线性多元优化函数"Fmincon"。优化模型为 Max[MRR(X)],体积分数为20%和体积分数为50%SiC$_p$/Al 的约束函数分别为 $F_{op20SiC}$ 和 $F_{op50SiC}$。

$$F_{op20SiC}(x) = \begin{cases} lb = [300:1:1] \\ ub = [600:10:10] \\ x_0 = [400:5:5] \\ 2.0 \leq TWR(X) \leq 3.0 \\ 15.0 \leq MRR(X)/x_1 \leq 18.0 \\ lb \leq X \leq ub \end{cases} \quad (7-11)$$

$$F_{op50SiC}(x) = \begin{cases} lb = [300:1:1] \\ ub = [600:10:10] \\ x_0 = [400:5:5] \\ 9.0 \leq TWR(X) \leq 10.0 \\ 10.0 \leq MRR(X)/x_1 \leq 14.0 \\ lb \leq X \leq ub \end{cases} \quad (7-12)$$

式中:X 为待优化参数,$X=(x_1,x_2,x_3)$,x_1 为峰值电流,x_2 为脉冲宽度,x_3 为脉冲间隔;lb 为 x_1,x_2,x_3 的取值下限;ub 为 x_1,x_2,x_3 的取值上限;x_0 为初值;MRR(X) 和 TWR(X) 分别为上文给出的拟合公式;MRR(X)/x_1 为单位能量去除率。优化值以及实验值如表 7-13 所列。当峰值电流为 600A 时,体积分数为 20% SiC$_p$/Al 和体积分数为 50% SiC$_p$/Al 的加工效率分别可将材料去除率优化至 10200mm³/min 和 7500mm³/min。

2. 高速电弧放电加工和其他加工方法的比较

现阶段,切削加工和电火花加工为 SiC$_p$/Al 的主要加工方法。尽管传统切削加工方法和电火花加工、高速电弧放电加工等非传统加工方法各具优势,但往往各自适用于不同的加工阶段或加工需求。就加工效率而言,本节将高速电弧放电加工和其他加工方法进行比较,结果如表 7-13 所列。

表 7-13　材料去除率和电极相对损耗率优化值及实验值

参　数		x_1/A	x_2/ms	x_3/ms	材料去除率/(mm^3/min)	电极相对损耗率/%
体积分数为 20%	优化值	600	10	1	10069	1.0
体积分数为 20%	实验值	600	10	1	10200	1.8
体积分数为 50%	优化值	600	8	1	7329	9.0
体积分数为 50%	实验值	600	8	1	7500	9.3

当采用车削方式加工低体积分数的 SiC_p/Al 时,切削速度、进给速率和加工深度等取极限值,此时可以获得较高的加工效率,然而其负面影响是刀具寿命极短。若采用经济的加工模式,此时可以最大限度地延长刀具寿命,然而加工效率却大幅下降。高体积分数 SiC_p/Al 的切削性能比低体积分数的还要差,加工效率更低。例如:对体积分数为 40%[45%(质量分数)]SiC_p/Al 采取车削加工时,其材料去除率仅为 1200mm^3/min。采用电火花加工 SiC_p/Al 的优势在于可获得良好的尺寸精度和加工表面,然而其加工效率上的劣势也很明显。

由表 7-14 可知,经济切削加工以及电火花加工(EMD)的材料去除率一般远低于高速电弧放电加工。因而在粗加工大余量去除阶段,若用高速电弧放电加工代替传统的切削加工,则可以获得更高的材料去除率和更低的加工成本。

表 7-14　BEAM 和其他方法加工 SiC/Al 效率比较

SiC 体积分数	加 工 方 法	加 工 效 率	工 具 寿 命
12%~15%	车削加工[24]	最大 MRR:17335mm^3/min (v=210m/min,f=0.25mm/rev,d_p=0.6mm)	0.6min
12%~15%	车削加工[24]	经济 MRR:2700mm^3/min (v=90m/min,f=0.15mm/r,d_p=0.2mm)	6.5min
25%	车削加工[23]	MRR:5000mm^3/min (v=50m/min,f=0.1mm/r,d_p=1mm)	—
45%(质量分数) (40%)	PCBN&PCD 车削加工[25]	MRR:1200mm^3/min (v-40m/min,f-0.15mm/r,d_p=0.2mm)	—
20%	EDM[27]	最大 MRR:120mm^3/min (I_p=100A,t_{on}=0.5ms)	
20%	EDM[26]	MRR:60mm^3/min (I_p=11A,t_{on}=0.088ms)	

7.3.7 加工表面完整性分析

1. 表面形貌特征

高速电弧放电加工的高能量密度必然形成大且深的放电蚀坑,对工件表面质量影响较大。作为 SiC_p/Al 复合材料的加工新方法,必须对高速电弧加工后的表面完整性进行系统分析,以掌握工艺参数对表面质量的影响规律,从而为后续的高质量加工的参数选择提供依据。在工具负极性加工条件下,体积分数为 20%和体积分数为 50% SiC_p/Al 的加工表面如图 7-24 所示。随着放电能量的增加,加工表面的粗糙程度增加。当峰值电流为 500A,脉冲宽度为 8ms,脉冲间隔为 2ms 时,无论是体积分数为 20%还是体积分数为 50% SiC_p/Al,均可发现加工后的表面明显比峰值电流为 300A、脉冲宽度为 8ms、脉冲间隔 2ms 时的表面粗糙。分别观察体积分数为 20%和体积分数为 50% SiC_p/Al 的加工表面发现,两者在颜色上存在明显差异。体积分数为 20% SiC_p/Al 加工表面呈现出银白色金属光泽,而体积分数为 50% SiC_p/Al 的加工表面呈灰黑色,隐约可见暗淡的金属光泽。由 7.3.4 节内容可知,体积分数为 20%和体积分数为 50% SiC_p/Al 材料增强体的体积分数的差异会导致材料蚀除机制和表面成分的细微差别,从而造成的表面颜色的差异。

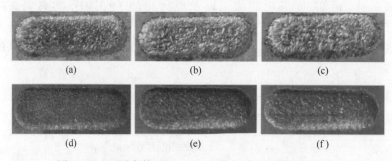

图 7-24 不同参数下的 SiC_p/Al 加工表面(负极性加工)

(a) 体积分数为 20% SiC/Al, $I_p=300A, t_{on}=8ms, t_{off}=2ms$;
(b) 体积分数为 20% SiC/Al, $I_p=400A, t_{on}=5ms, t_{off}=5ms$;
(c) 体积分数为 20%SiC/Al, $I_p=500A, t_{on}=8ms, t_{off}=2ms$;
(d) 体积分数为 50% SiC/Al, $I_p=300A, t_{on}=8ms, t_{off}=2ms$;
(e) 体积分数为 50% SiC/Al, $I_p=400A, t_{on}=5ms, t_{off}=5ms$;
(f) 体积分数为 50% SiC/Al, $I_p=500A, t_{on}=8ms, t_{off}=2ms$。

为研究加工表面的微观形貌,对体积分数为 $20SiC_p/Al$ 和体积分数为 $50SiC_p/Al$ 的加工表面分别进行扫描电子显微镜观察,结果分别如图 7-25 和图 7-26 所示。高速电弧放电加工后的表面可发现微裂纹等,这一现象与电火花放电加工类似。

在放电周期内，工件表面材料受电弧放电通道等离子体高温作用迅速被加热熔化甚至汽化，同时，在工作液高速冲液的作用下，放电后的区域迅速冷却至常温。剧烈的温度变化导致工件内部及表面应力梯度极大，从而产生裂纹。

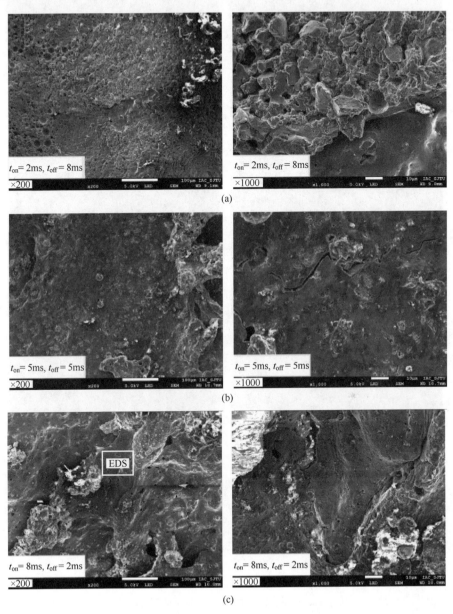

图 7-25　体积分数为 20% SiC/Al SEM 图（负极性）
（a）I_p = 300A；（b）I_p = 400A；（c）I_p = 500A。

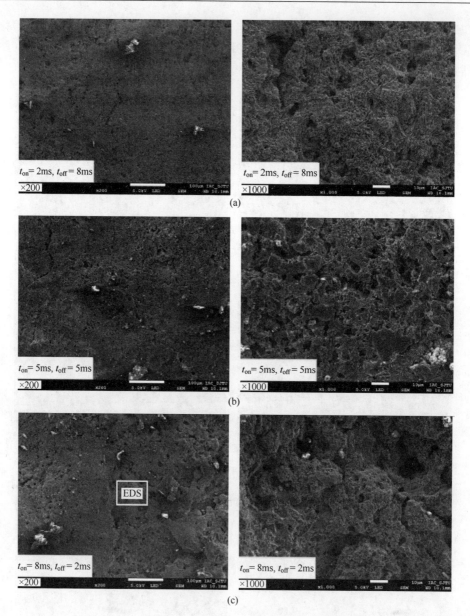

图 7-26　体积分数为 50% SiC/Al SEM 图（负极性加工）
(a) I_p=300A；(b) I_p=400A；(c) I_p=500A。

由图 7-25 知，在较低能量放电条件下（如峰值电流为 300A），体积分数为 20SiC$_p$/Al 的加工表面可以明显发现形态完整的 SiC 颗粒。在中等能量（如峰值电流为 400A）及更高能量（如峰值电流为 500A）放电条件下，蚀坑容积增大，微观裂纹也有变大、变深的趋势,熔融的工件材料飞溅冷却后黏附到附近表面覆盖 SiC 颗粒,使 SiC 颗粒不易被发现。

由图 7-26 可知,在不同加工参数下,体积分数为 50% SiC_p/Al 加工表面均可观察到附着的加工屑颗粒,但颗粒的尺寸明显小于加工体积分数为 20% SiC_p/Al 时所产生的加工屑颗粒。当放大 1000 倍时,发现 SiC 颗粒的完整性遭到破坏。部分加工参数下,加工表面凹凸不平且伴随着不规则蚀坑[如图 7-26(a)和图 7-26(c)],完全看不出 SiC 颗粒的原始形貌。在图 7-26(b)的加工参数下,部分形态较完整的 SiC 颗粒可被辨认出,而其余部分的 SiC 颗粒则不可分辨,说明体积分数为 50% SiC/Al 加工表面的 SiC 颗粒很可能在电弧放电通道等离子体的高温作用下发生了性状改变。

为获知表面元素成分,分别对图 7-25(a)和图 7-26(a)所框选处加工表面做 EDS 测试,测试结果如图 7-27 所示。体积分数为 20%SiC/Al 加工表面主要含 Al 元素,同时也含有少量 C 元素和 Si 元素。C 元素和 Si 元素可能是在电弧放电通道等离子体作用下 SiC 与基体材料发生化学反应,以化合物的形式存在于加工表面而被探测到,也可能是工作液中的添加剂分解而来。此外,体积分数为 20%SiC_p/Al 加工表面所含氧元素比例较小,说明测试区域氧化并不严重。对比之下,体积分数为 50% SiC_p/Al 的加工表面含有更高成分氧元素,并且测试区域含有较高比例的 Al 元素。由于体积分数为 50%SiC_p/Al 在加工后,表面材料的 SiC 颗粒完整性被破坏,而所测区域中又含有大量铝元素,进一步说明体积分数为 50%SiC_p/Al 加工表面的 SiC 颗粒在电弧放电通道等离子体作用下发生了性状改变。

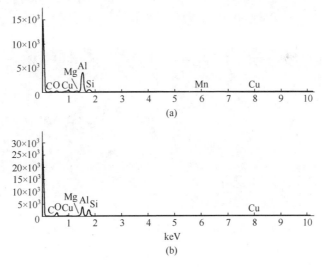

图 7-27 体积分数为 20%和 50% SiC/Al EDS 测试结果(负极性加工)
(a) 体积分数为 20% SiC/Al;(b) 体积分数为 50%SiC/Al。

2. 热影响层

高速电弧放电加工后的工件表面通常会形成热影响层,并且会影响材料的性能,通常在后续加工中需要将其去除。负极性加工时,体积分数为20%和体积分数为50% SiC_p/Al 截面的金相组织如图7-28所示。图7-28(a)、图7-28(c)及

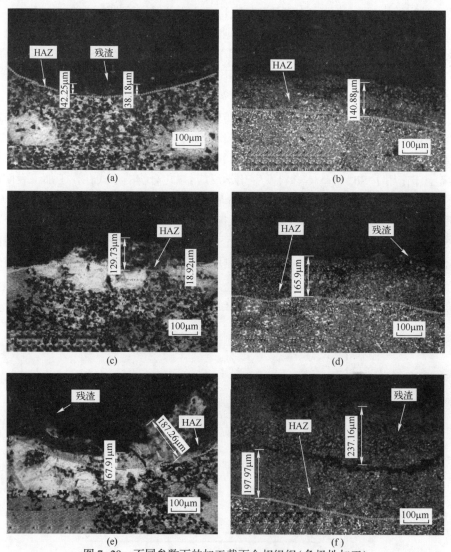

图7-28 不同参数下的加工截面金相组织(负极性加工)

(a) 体积分数为20% SiC/Al,$I_p=300A$,$t_{on}=2ms$,$t_{off}=8ms$;(b) 体积分数为50% SiC/Al,$I_p=300A$,$t_{on}=8ms$,$t_{off}=2ms$;(c) 体积分数为20% SiC/Al,$I_p=400A$,$t_{on}=5ms$,$t_{off}=5ms$;(d) 体积分数为50% SiC/Al,$I_p=400A$,$t_{on}=5ms$,$t_{off}=5ms$;(e) 体积分数为20% SiC/Al,$I_p=500A$,$t_{on}=8ms$,$t_{off}=2ms$;(f) 体积分数为50% SiC/Al,$I_p=500A$,$t_{on}=8ms$,$t_{off}=2ms$。

图7-28(e)为体积分数为20% SiC$_p$/Al 的截面金相组织。图7-28(b)、图7-28(d)及图7-28(f)为体积分数为50% SiC$_p$/Al 的截面金相组织。金相观察所取的截面对应图7-24 中的加工区域。无论是体积分数为20% SiC$_p$/Al 还是体积分数为50% SiC$_p$/Al,加工表面的再铸层特征并不明显,而热影响区域(heat affect zone,HAZ)却清晰可见,且热影响层厚度均明显随着放电能量的增加而增加。体积分数为20% SiC$_p$/Al 在峰值电流为300A 时,平均热影响层厚度在50μm 以下,当峰值电流为500A 时,热影响层厚度可超过67.9μm。并且随着放电能量的增加,加工截面轮廓起伏变化趋势加大。对比图7-24 可知,影响区层厚度与加工表面的粗糙程度有密切关联,即粗糙的加工表面往往对应着更厚的热影响层。产生这一现象的原因在于放电能量的增加导致放电蚀坑变大,进而增加加工表面的粗糙程度。同时,较大的放电能量往往对应长的脉冲宽度,意味着更长的放电和热传导时间,导致截面方向上热影响层厚度增加。

在机制分析部分的热传导仿真表明 SiC 热传导系数及热扩散系数随着温度的增加而降低。特别是对于高体积分数的 SiC$_p$/Al 复合材料,大量的热量积聚在放电区域,难以及时排出,因而容易导致其热影响层厚度高出低体积分数的 SiC$_p$/Al (甚至可能高出100%)。对比体积分数为20% SiC$_p$/Al 及体积分数为50% SiC$_p$/Al 的金相图片发现,相同加工参数下,体积分数为50% SiC$_p$/Al 截面轮廓变化幅度不及体积分数为20% SiC$_p$/Al。特别值得关注的是,体积分数为50% SiC$_p$/Al 的平均热影响层厚度明显高于体积分数为20% SiC$_p$/Al。例如,在峰值电流为300A 的加工条件下,体积分数为50% SiC$_p$/Al 的热影响层厚度可达140μm,该值接近同一加工参数下体积分数为20% SiC$_p$/Al 已加工表面热影响层厚度的3倍。

如图7-29 所示,在500倍金相显微镜下,可观察到体积分数为20% SiC$_p$/Al 加工后的热影响区内 SiC 颗粒相对完整。与电弧放电通道等离子体直接接触的

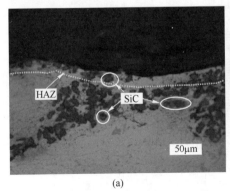 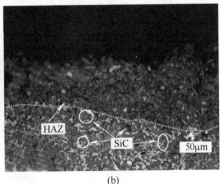

(a)   (b)

图7-29　500倍金相显微镜下热影响层图片(负极性加工)

(a) 体积分数为20% SiC$_p$/Al; (b) 体积分数为50% SiC$_p$/Al。

SiC颗粒有明显断裂痕迹,且残余部分仍完整保留在基体材料中。与体积分数为20% SiC_p/Al 不同的是,体积分数为50% SiC_p/Al 加工后表面一层SiC颗粒完整性变差,其颗粒尺寸显著变小,这点可以用前面的气化蚀除机制来解释。进一步观察可发现,热影响层内基体材料的性状明显区别于母材中基体材料的性状。结合机制分析结果可知,体积分数为50% SiC_p/Al 加工后表面热影响层内的基体材料发生了性状改变。

3. 加工表面硬度

为考查高速电弧放电加工对 SiC_p/Al 工件表面硬度的影响,对母材及加工表面分别进行硬度测量。由于 SiC_p/Al 属于铝基复合材料,适合采用布氏硬度(HB)计量。测量时,在被测表面随机选取5个点,测量结果取均值并计算标准差。不同参数下加工表面的硬度测量结果如图7-30所示。体积分数为20% SiC_p/Al 及体积分数为50% SiC_p/Al 母材的布氏硬度测量值分别为67.16MPa及92.46MPa。由于单位体积的体积分数为50% SiC_p/Al 基体材料含有更多的SiC硬质颗粒,因而其布氏硬度总体高于体积分数为20% SiC_p/Al 的硬度值。对于体积分数为20% SiC_p/Al,高速电弧放电加工后的表面硬度比母材有所提高;而对于体积分数为50% SiC_p/Al,加工后表面硬度比母材明显降低。由于体积分数为20% SiC_p/Al 所含SiC颗粒比例相对低,其主要成分为基体材料,一方面,放电通道等离子体对材料加热并在高速流动的工作液移弧、断弧作用下蚀除大部分熔池中的熔融材料。与此同时,高速流动的工作液还会将熔池部分剩余的熔融材料表面急速冷却,导致材料表面硬度提升。另一方面,电弧放电通道等离子体的高温使材料表面产生一定程度的氧化,所形成的氧化物也可提高材料硬度。与之不同的是,体积分数为50% SiC_p/Al 在加工时的SiC颗粒和基体材料的多相反应加剧,破坏颗粒和基体结合面的稳定性,

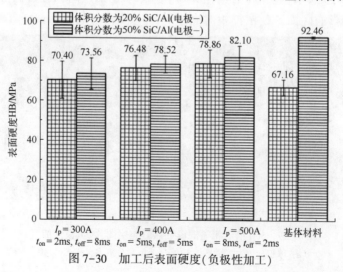

图7-30 加工后表面硬度(负极性加工)

导致其抵抗塑形变形能力降低,因而较之母材,高速电弧放电加工后的表面硬度下降。此外,考察加工表面硬度和放电参数的关系发现,无论是体积分数为20% SiC_p/Al 还是体积分数为50% SiC_p/Al,其表面硬度均随放电能量的增加而升高。

7.3.8 极性效应对加工性能的影响

无论工件材料如何,高速电弧放电加工中都普遍存在极性效应[62-63]。然而,由于 SiC_p/Al 复合材料的特殊性,其高速电弧放电加工的极性效应的机制与表现形式同电火花加工的极性效应以及其他材料的高速电弧加工极性未必完全相同,需要开展进一步的研究。

1. 极性效应对材料去除率的影响

正如上面的分析所述,SiC_p/Al 复合材料的高速电弧放电加工表现出来的极性效应和学者们在研究 SiC_p/Al 电火花加工时所发现的极性效应完全不同。比如 Mohan 等利用管电极研究不同条件下电火花加工体积分数为20% SiC_p/Al 和体积分数为25% SiC_p/Al 时发现,工具电极正极性加工时可获最佳的材料去除率(在峰值电流为 11A,脉冲宽度为 $88\mu s$ 时,加工体积分数为20% SiC_p/Al 最大材料去除率为 $60mm^3/min$,加工体积分数为25% SiC_p/Al 的最大材料去除率为 $45mm^3/min$)[64]。采用不同极性高速电弧放电加工 SiC_p/Al 的材料去除率对比如图 7-31 所示。无论是体积分数为20% SiC_p/Al 还是体积分数为50% SiC_p/Al,工具电极正极性加工得到的材料去除率均低于工具电极负极性加工得到的 MRR。工具电极接负极性加

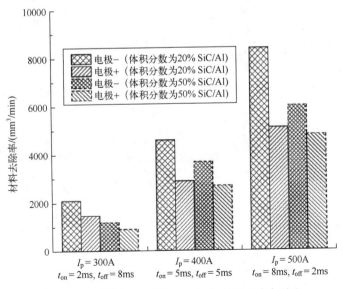

图 7-31 不同加工极性 SiC_p/Al 的材料去除率对比

工 SiC_p/Al 时,工件接电源的正极,由于上述极性效应的存在,正极所获得的能量更多且更容易实现高的材料去除率。并且,通过高速电弧放电加工 SiC_p/Al 复合材料的间隙放电电压和放电电流波形也可以发现,工具电极接正极性加工时的放电通道等离子体在工件一侧的弧根更容易受到流体动力的扰动而被切断。这说明 SiC 颗粒在高速电弧放电加工(对应相对高的能量密度)和电火花加工(对应相对低的能量密度)SiC_p/Al 时,对加工性能的影响程度和影响机制完全不同。而高速电弧放电加工无论是加工高温合金还是加工 SiC_p/Al,均表现出较为一致的极性效应。

2. 极性效应对电极相对损耗率的影响

图 7-32 为不同加工极性下 SiC_p/Al 复合材料高速电弧放电加工的电极相对损耗率对比。在对体积分数为 20% 和体积分数为 50% SiC_p/Al 复合材料的高速电弧放电加工中,工具电极接正极性加工的电极相对损耗率均高于工具负极性的加工 TWR。这一趋势依然与沉入式高速电弧放电加工高温合金的结果相同[65]。分别考察体积分数为 20% 和体积分数为 50% SiC_p/Al 复合材料在不同加工极性下的电极相对损耗率,发现极性效应造成的电极相对损耗率差别均在 2%~3%,并且随着放电能量的增加,极性效应造成电极相对损耗率的差值有略微增大的趋势。

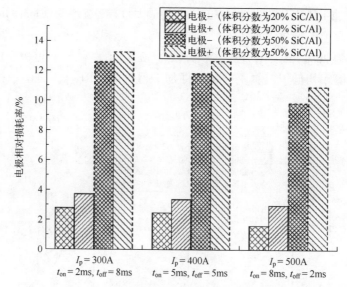

图 7-32 不同加工极性下 SiC_p/Al 复合材料高速电弧放电加工的对比

7.3.9 极性效应对加工表面完整性的影响

1. 极性效应对加工表面形貌及粗糙度的影响

为研究极性效应对 SiC_p/Al 复合材料加工表面质量的影响,研究者分别在不同加工条件参数下进行了工具正极性加工对比实验。所得的加工表面如图 7-33 所示。工具正极性加工时,随着放电能量的增加,表面粗糙度值也随之增加,这与工具负极性加工的趋势类似。但不同的是,在相同放电能量条件下,工具正极性加工所获得到的表面明显比工具负极性加工的表面平整。

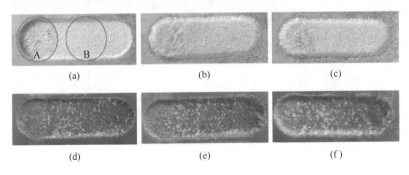

图 7-33　不同参数下的加工表面(正极性加工)

(a) 体积分数为 20% SiC/Al, I_p =300A, t_{on} =2ms, t_{off} =8ms; (b) 体积分数为 20% SiC/Al, I_p =400A, t_{on} =5ms, t_{off} =5ms; (c) 体积分数为 20% SiC/Al, I_p =500A, t_{on} =8ms, t_{off} =2ms; (d) 体积分数为 50% SiC/Al, I_p =300A, t_{on} =2ms, t_{off} =8ms; (e) 体积分数为 50% SiC/Al, I_p =400A, t_{on} =5ms, t_{off} =5ms; (f) 体积分数为 50% SiC/Al, I_p =500A, t_{on} =8ms, t_{off} =2ms。

如第 3 章中有关高速电弧放电加工机制分析部分所述,根据间隙工作液流场仿真的结果可知:当电极轴向进给时,放电主要集中在电极的底部,而电极底部的工作液流场分布并不均衡,工作液流场产生的流体动力断弧作用对电极底部区域沿径向分布存在较大差别,放电熔池中的熔融材料爆炸蚀除作用效果也有较大差别。因而在电极轴向进给时所形成的表面蚀坑深浅变化较大;而在电极沿径向进给时,电弧放电会集中在电极进给前沿的弧线一侧,由于该处的工作液流场的流速相对平稳(保持在 20m/s 左右),因此电弧放电形成的表面明显比前者均匀且平整。对比图 7-33 可知,采用不同加工条件参数所加工的表面均存在着粗糙程度明显不同的两个部分,即初始轴向进给阶段和水平(径向)进给阶段生成的加工表面会有较大的差异。如图 7-33(a)中圆圈部分标记的 A 和 B。这一现象在工具正极加工时更加明显,因为工具在正极性加工时电极沿着径向进给阶段形成的表面相对更加平整,且比轴向进给阶段形成的表面质量更优。

分别在工具正极性和负极性加工后的表面随机选取测量点进行粗糙度测量的结果如图 7-34 所示。在同样的加工参数下,工具正极性加工后的表面粗糙度远低于工具负极性加工后的表面粗糙度。由本章前面的叙述可知,体积分数为 20% SiC$_p$/Al 在工具负极性加工后表面极为粗糙,甚至超出粗糙度仪测量范围(Ra 为 25μm/0.002μm),而在其上再经过工具正极性加工后,平均表面粗糙度可降至

10μm 左右。体积分数为 50% SiC_p/Al 在工具负极性加工后的平均表面粗糙度为 13~15μm,而在其上进一步进行工具正极性加工后 Ra 可降至 8.5~10.5μm。

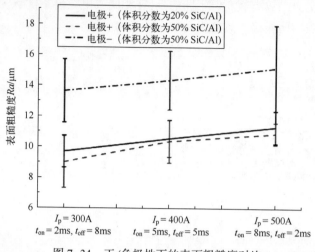

图 7-34 正/负极性下的表面粗糙度对比

分别对体积分数为 20% SiC_p/Al 和体积分数为 50% SiC_p/Al 复合材料进行工具正极性加工后的表面做 SEM 观测,结果分别如图 7-35 和图 7-36 所示。工具正极性加工后的表面比工具负极性加工后的表面明显平整。在 SEM 图像中可以观察到表面微观裂纹,还可以看到密集分布的微小针孔,其最大直径为 3~5μm。这可能是由于 SiC 增强相颗粒在放电通道等离子体高温作用下被直接气化并喷发,在熔池部位的再铸层部分的材料上留下了密集的针孔。体积分数为 20% SiC_p/Al 在工具正极性加工后所获得的表面与工具负极性加工后的类似,也可明显发现形态较完整的 SiC 颗粒的存在。在放电能量较低时,SiC 附着于加工后的工件材料表层,随着放电能量的增加,工件表面形貌起伏变大,部分 SiC 颗粒被覆盖。

体积分数为 50% SiC_p/Al 复合材料在工具正极性加工后所获得的表面形貌与工具负极性加工后的略有不同,表现在工具正极性加工后的表面可发现部分形态较为完整的 SiC 颗粒。图 7-36(c)为采用 500A 峰值电流加工后的表面,通过观察可发现表面材料有部分剥落,裸露出形状完整的 SiC 大颗粒。可见,体积分数为 50% SiC_p/Al 在电弧放电通道等离子体的作用下,SiC 与基体材料的多相反应在电弧放电通道等离子体直接作用的表层较剧烈,而表层材料之下的 SiC 则可保持相对完整的形态。

采用工具正极性加工后的工件表面 EDS 测试结果如图 7-37 所示。工具正、负极性加工后的工件表面元素成分基本类似,不同的是工具正极性加工后的表面

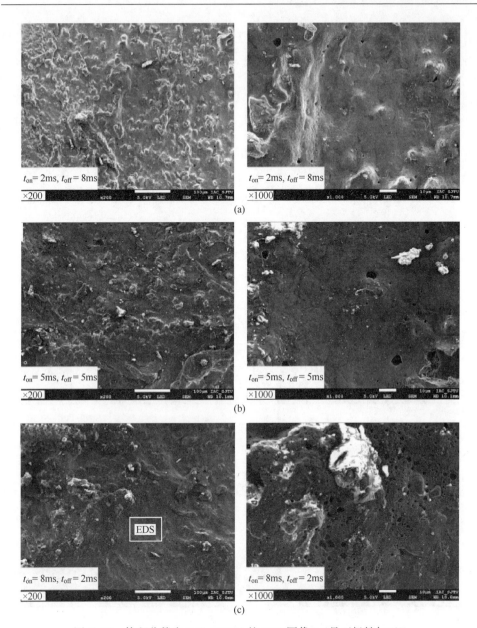

图 7-35 体积分数为 20% SiC/Al 的 SEM 图像(工具正极性加工)
(a) $I_p=300A$；(b) $I_p=400A$；(c) $I_p=500A$。

含有更多的 Al 元素。对体积分数为 20% SiC_p/Al 而言，工具正极性加工后的表面要相对平整些，加工表面成分与基材相近，因而更容易测得高比例的 Al 元素。对体积分数为 50% SiC_p/Al,SiC 颗粒占据较高比例，在电弧放电通道等离子体的高

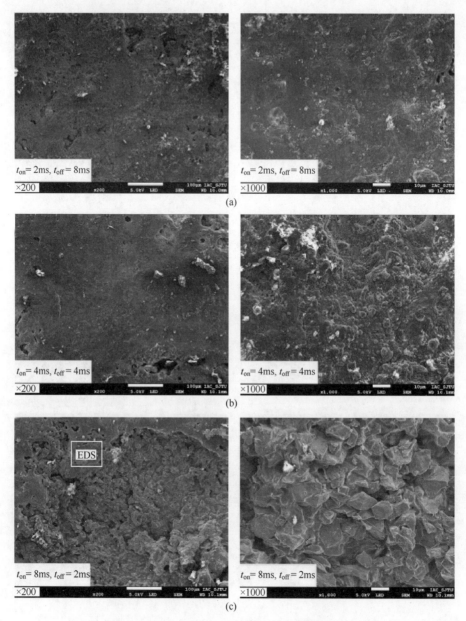

图 7-36　50% SiC_p/Al SEM 图（工具正极性加工）

(a) $I_p = 300A$；(b) $I_p = 400A$；(c) $I_p = 500A$。

温作用下容易和基体材料发生化学反应,因而被测表面含有较高比例的 Al 元素和 Si 元素。

第 7 章　典型难切削材料的加工特性

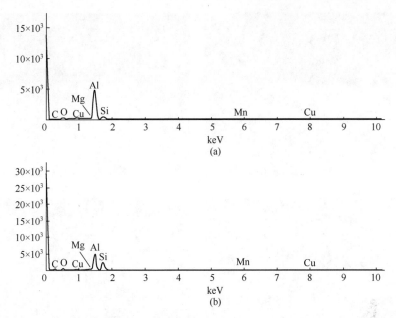

图 7-37　体积分数为 20% 和体积分数为 50% SiC$_p$/Al EDS 测试结果(工具正极性加工)
(a) 体积分数为 20%SiC$_p$/Al; (b) 体积分数为 50%SiC$_p$/Al。

2. 极性效应对表面热影响区的影响

工具正极性加工表面热影响区如图 7-38 所示。图 7-38(a)、图 7-38(c) 及图 7-38(e) 为体积分数为 20% SiC$_p$/Al 的截面金相显微镜照片。而图 7-38(b)、图 7-38(d) 及图 7-38(f) 为体积分数为 50% SiC$_p$/Al 的截面金相显微镜照片。对比工具负极性加工的金相显微镜照片可知,工具正极性加工后的截面轮廓趋于平整,其热影响层厚度值也远小于工具负极性加工时的厚度值。例如,当峰值电流为 50A 时,体积分数为 20% SiC$_p$/Al 在工具负极性加工形成的热影响层厚度可超出 180μm,而在同样加工参数条件下工具正极性加工获得的热影响层厚度则为 30μm 以下。尽管在工具正极性加工条件下,体积分数为 50% SiC$_p$/Al 的热影响层厚度也有降低趋势,然而数值依然较大,例如,在峰值电流为 500A 时,其厚度值超过 150μm,该厚度值是相同参数加工体积分数为 20% SiC$_p$/Al 的 3 倍以上。

3. 极性效应对加工表面硬度的影响

SiC$_p$/Al 复合材料在工具正极性高速电弧放电加工后的表面硬度如图 7-39 所示。在中、低放电能量下,体积分数为 20% SiC$_p$/Al 的加工后表面硬度和母材相当。在上述放电参数下,熔融的材料(以基体材料铝为主)被及时抛出,形成的加工表面较为平整,所形成的热影响层厚度有限,因而其表面硬度接近材料基材。而在高放电能量下,加工表面硬度有所上升而高于基材的硬度,具体机制尚待进一步

255

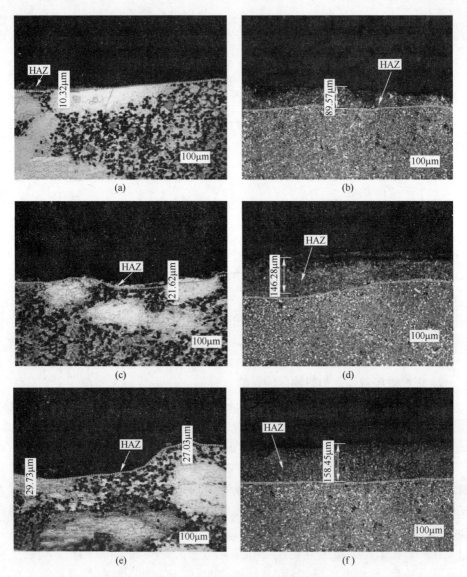

图 7-38 不同参数下的 SiC_p/Al 加工截面金相显微镜照片(工具正极性加工)

(a) 体积分数为 20% SiC_p/Al,$I_p=300A$,$t_{on}=8ms$,$t_{off}=2ms$; (b) 体积分数为 50% SiC_p/Al,$I_p=300A$,$t_{on}=8ms$,$t_{off}=2ms$; (c) 体积分数为 20% SiC_p/Al,$I_p=400A$,$t_{on}=5ms$,$t_{off}=5ms$; (d) 体积分数为 50% SiC_p/Al,$I_p=400A$,$t_{on}=5ms$,$t_{off}=5ms$; (e) 体积分数为 20% SiC_p/Al,$I_p=500A$,$t_{on}=8ms$,$t_{off}=2ms$; (f) 体积分数为 50% SiC_p/Al,$I_p=500A$,$t_{on}=8ms$,$t_{off}=2ms$。

研究确认。对体积分数为 50% SiC_p/Al 进行工具正极性加工时,SiC 颗粒参与了传热及冷却过程,在电弧放电通道等离子体作用下,基体材料的性状改变导致材料表面整体硬度下降,低于基材的硬度。但由于工具正极性加工工件分配到的能量弱于工具负极性加工的能量,因此基体材料性状改变程度略低于负极性加工,导致正极性加工后的工件表面硬度整体上高于工具负极性加工后获得的硬度值。

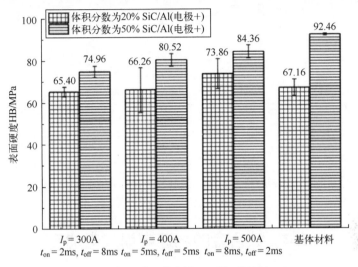

图 7-39　加工表面的硬度(工具正极性加工)

结合加工效率、相对电极损耗率、表面质量等进行综合考虑,在一般情况下,为获得高的材料去除率及低的工具电极损耗率,对 SiC_p/Al 复合材料进行高速电弧放电加工时优先采用工具负极性加工,随后可进一步采用工具正极性加工以提高表面质量。该加工策略与镍基高温合金高速电弧放电加工所采用的利用极性效应提高综合加工性能的策略是完全一致的。

4. 极性效应对残余应力的影响

高速电弧放电加工后的工件表面残余应力采用 X 射线衍射(XRD)法来测量。测量时,以电化学腐蚀的方式从加工表面单次向下腐蚀 0.1mm,并记录该层的残余应力。由于 SiC 颗粒导电性较基体材料差,加上体积分数为 50%SiC_p/Al 加工表面的材料性状发生改变,难以对其实施电化学腐蚀。因而,以体积分数为 20% SiC_p/Al 为例来研究极性效应对残余应力的影响。分别测量脉冲电流为 500A 的加工参数下工具正、负极性加工后的表面残余应力,如图 7-40 所示。SiC_p/Al 复合材料经过高速电弧放电加工后,工件表面呈拉应力状态,并且工具负极性加工下的应力峰值高于工具正极性加工。在离加工表面深度 0.4mm 处,残余应力接近基材数值(-30MPa)。

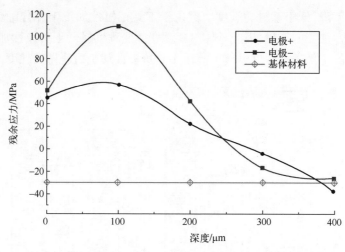

图 7-40 体积分数为 20%SiC_p/Al 复合材料的加工表面残余应力

7.4 钛合金的高速电弧放电加工

钛合金是航空航天工业常用的结构材料,受其机械即热力学特性的影响,采用切削加工和电火花加工时都会遇到一些困难,特别是采用电火花加工时容易出现拉弧烧伤等加工不稳定状态。采用高速电弧放电加工,其加工特性如何？本节采用多孔棒状电极对钛合金(Ti6Al4V)进行了分层铣削方式的高速电弧放电加工性能实验。首先,设计了5因子2水平部分析因实验,找出工具负极性加工时材料去除率的主要影响因素;然后,采用全因子实验研究了加工参数与加工性能之间的关系。根据材料去除率和电极相对损耗率的拟合公式,采用 MATALB 优化工具箱对加工效率进行优化;最后,通过对比实验研究了极性对表面质量的影响。

7.4.1 实验设计

本实验采用带有 12 个冲液孔的圆柱外形石墨电极,电极的外径 ϕ 为 20mm,内冲液孔直径为 12×ϕ2mm。圆柱电极首先沿着轴向方向垂直进给 3mm,然后沿水平方向进给,开始层铣式高速电弧放电加工。在不同的实验条件下,加工出的槽宽约为 20mm,长约为 60mm,深约为 3mm。加工性能指标选取材料去除率和电极相对损耗率。材料去除率由高速电弧放电铣削加工的进给速度、加工深度、电极直径的乘积计算得到,电极相对损耗率为电极损耗体积与工件材料蚀除体积的比。本实验由以下三组构成:

组1:部分析因实验。如表 7-15 所列,采用 Minitab 软件设计 5 因子 2 水平部分析因实验,目的是找出影响材料去除率的主要因素,极性为工具负极性。

组2:全因子实验。根据组1的结果,选取主要影响因素开展全因子实验。旨在找出主要影响因素的参数与加工性能(材料去除率和电极相对损耗率)之间的关系。

组3:极性效应实验。其旨在研究极性效应对加工效果尤其是表面质量的影响。实验所采用的加工参数根据实验组2数据设置。采用扫描电子显微镜(SEM,型号为OVA NanoSEM230)观察不同加工极性下的表面形貌,采用金相显微镜(型号为Axio Imager A1m)观察截面金相显微照片。此外,利用能谱仪(EDS,型号为Aztec X-Max80)测试加工表面的元素组成,并通过X射线衍射仪(XRD,型号为Proto-LXRD)检测加工表面不同深度的残余应力。表面粗糙度采用Mitutoyo SJ-210粗糙度仪测量。

7.4.2 实验结果及分析

1. 部分析因实验结果

表7-15所列为部分析因实验结果。

表7-15 部分析因实验结果

运行顺序	峰值电流/A	脉冲宽度/ms	脉冲间隔/ms	冲液压力/MPa	主轴转速/(r/min)	材料去除率/(mm³/min)
1	500	2	2	1.0	1500	8400
2	300	2	8	0.5	1000	2400
3	300	8	8	0.5	1500	4800
4	300	2	8	1.0	1500	2700
5	500	8	8	1.0	1500	13200
6	300	8	2	0.5	1000	6000
7	300	2	2	0.5	1500	4800
8	500	2	8	1.0	1000	3600
9	300	2	2	1.0	1000	4800
10	300	8	2	1.0	1500	7200
11	500	8	2	1.0	1000	16200
12	500	2	8	0.5	1500	3300
13	500	8	8	0.5	1000	9600
14	300	8	8	1.0	1000	4500
15	500	2	2	0.5	1000	7200
16	500	8	2	0.5	1500	16800

针对部分析因实验的结果,材料去除率的主效应图如图7-41所示。可以看出,在设计的影响因素水平下,峰值电流、脉冲宽度和脉冲间隔对材料去除率影响非常大,但主轴转速和工作液冲液入口压强等参数不是主要因素。虽然随着工作液冲液入口压强和主轴转速的增大,材料去除率也会增大,但是相对于峰值电流、脉冲宽度和脉冲间隔这两个因素所引起的材料去除率的增大是有限的。因此,峰值电流(低水平300A和高水平500A)、脉冲宽度(低水平2ms和高水平8ms)和脉冲间隔(低水平2ms和高水平8ms)是为随后的全因子实验而选择,主轴转速和工作液冲液入口压强设定为常量(分别为1000r/min和0.5MPa)。

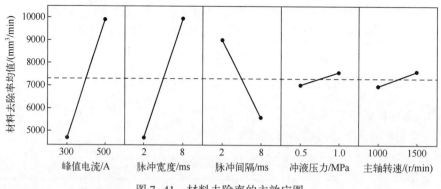

图7-41 材料去除率的主效应图

2. 全因子实验结果

实验参数及材料去除率如表7-16所列。

表7-16 实验参数及材料去除率结果

运行顺序	峰值电流/A	脉冲宽度/ms	脉冲间隔/ms	材料去除率/(mm³/min)	电极相对损耗率/%
1	300	2	2	4500	3.38
2	300	8	2	6000	3.14
3	400	5	5	6000	3.25
4	400	5	5	6300	3.20
5	500	2	2	7200	2.90
6	300	2	8	2400	3.26
7	500	8	8	9600	2.87
8	500	8	2	16800	3.11
9	500	2	8	3000	3.92
10	300	8	8	4800	3.59

图 7-42 为全因子实验的材料去除率的响应曲面图。峰值电流为 500A 时,材料去除率可达 16800mm^3/min,比能量效率为 33.6mm^3/(A·min),比电火花加工的分别高出约 10% 和超过 10 倍。在最佳综合性能下(材料去除率为 6236mm^3/min,这时的工具电极寿命最长,材料去除率较高),材料去除率可达到铣削加工的 2.5 倍以上。

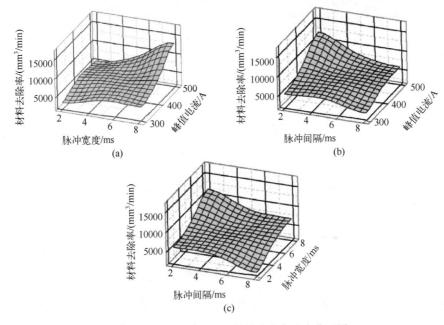

图 7-42 全因子实验的材料去除率响应曲面图

此外,材料去除率随峰值电流和脉冲宽度的增加而增加,但随脉冲间隔的增加而下降。可以得出结论,对于 Ti6Al4V 采用高速电弧放电加工,加工效率主要由放电周期内的平均电流和脉冲宽度决定,其原因可以看作放电能量的影响。为了进一步提高加工效率,适宜采用大峰值电流、长脉冲宽度、短脉冲间隔的加工参数组合。根据实验所获得的数据,拟合出的公式如下:

$$MRR = -415 + 14.88 \times I_p - 1212 \times t_{on} + 737 \times t_{off} + 5.12 \times I_p \times t_{on} - 03.37 \times I_p \times t_{off} \tag{7-13}$$

电极相对损耗率的响应曲面图如图 7-43 所示。在最大放电能量(峰值电流 500A,脉冲宽度 8ms,脉冲间隔 2ms)的参数组合中,电极相对损耗率约为 3.1%,如果施加最小放电能量(峰值电流 300A,脉冲宽度 2ms,脉冲间隔 8ms),电极相对损耗率约为 3.3%。从实验结果可知,最大电极相对损耗率约为 3.9%,最小电极相对损耗率约为 2.9%(变化范围约为 1%)。可以推断,当 Ti6Al4V 高速电弧放电加工时,虽然电极损耗受峰值电流、脉冲宽度和脉冲间隔的影响,但在不同的加工参数组合下,电极相对损耗率的变化范围不大。

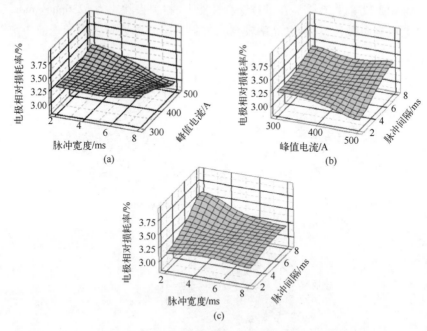

图7-43 全因子实验的电极相对损耗率响应曲面图

虽然电极相对损耗率在不同参数组合下趋于均匀的低水平,但随着峰值电流的增大,脉冲宽度的延长和脉冲间隔的缩短,电极相对损耗率会趋于减小。和镍基高温合金的工艺特性相仿,较大的峰值电流和较长的脉冲宽度、较短的脉冲间隔意味着放电能量的增强,这将增加放电通道等离子体的能量密度,进一步提高了材料去除能力,导致材料去除率以较大幅度增加,所以,电极相对损耗率随之降低。根据实验结果,拟合的电极相对损耗率回归公式如下:

$$\text{TWR} = 2.83 + 0.00029 \times I_p + 0.172 \times t_{on} + 0.019 \times t_{off} - 0.000388 \times I_p \times t_{on} + 0.00018 \times I_p \times t_{off} - 0.0096 \times t_{on} \times t_{off} \tag{7-14}$$

根据材料去除率与电极相对损耗率的拟合公式,利用MATALB优化工具箱对加工效率进行优化。优化参数在实验范围内。材料去除率的优化模型表示为

$$\begin{cases} I_b = [100:2:2] \\ u_b = [600:10:10] \\ 2.0 \leqslant 脉冲宽度(x) \leqslant 4.0 \\ 30.0 \leqslant 脉冲间隔(x)/x_1 \leqslant 35.0 \\ I_b \leqslant x \leqslant u_b \end{cases} \tag{7-15}$$

式中:x 为加工参数,包括峰值电流(x_1)、脉冲宽度(x_2)、脉冲间隔(x_3);l_b 是 x 的下界,u_b 是 x 的上界。优化值和实验值比较见表 7-17。经优化,峰值电流为 600.0A 时,脉冲宽度为 8.8ms,脉冲间隔为 3.0ms,材料去除率可达 20100mm³/min,电极相对损耗率约为 2.8%。优化值与实验值之间的材料去除率误差约为 4.5%,说明材料去除率的优化过程是令人满意的,材料去除率与电极相对损耗率的拟合公式可以接受。

表 7-17 优化值和实验值比较

参 数	x_1/A	x_2/ms	x_3/ms	材料去除率/(mm³/min)	电极相对损耗率/%
优化值	600.0	8.773	2.981	21000	2.598
实验值	600.0	8.8	3.9	20100	2.782

工具负极加工虽然可以获得较高的材料去除率,但加工后的表面较为粗糙,对后续的切削加工作业产生不利影响。因此,与前面其他材料的加工策略一样,采用基于极性效应改进加工表面质量的加工策略。

3. 极性效应实验结果

图 7-44 所示为对钛合金材料分别进行工具电极正、负极性加工时加工 Ti6Al4V 获得的材料去除率和电极相对损耗率。当采用工具正极性时,材料去除率远低于同样参数下的工具负极性加工的结果,且电极损耗比也相对较大。当峰值电流为 500A 时这一现象尤其明显。此外,不同极性的加工表面质量也不相同。当工具电极极性为正时,材料去除率更小而相对电极损耗比更大。

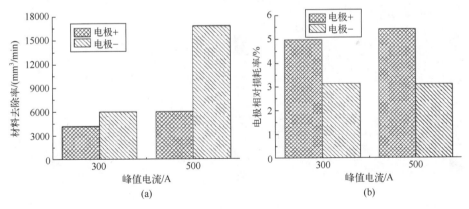

图 7-44 工具正、负极性加工的材料去除率及电极相对损耗率(t_{on}=8ms,t_{off}=2ms)
(a) MRR;(b) TWR。

图 7-45 为工具正、负极性加工时的表面。当工具为负极性时,被加工表面的颜色为蓝色,而正性极加工时,被加工表面的颜色为金黄色且表面质量更好。如

图7-45(a)~(d)所示,在不同的加工条件参数下,所获得的最佳表面粗糙度 Ra 分别是 8.59μm、10.91μm、12.86μm 和 14.58μm。当峰值电流为300A且电极正极性时,所获得的最佳表面粗糙度(Ra 为 8.59μm)要优于相关文献的 22.63μm(峰值电流为100A)。

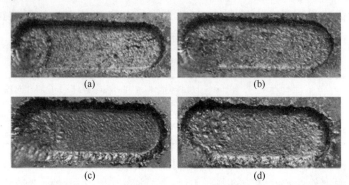

图7-45 不同工具极性加工后的钛合金工件表面(t_{on} = 8ms,t_{off} = 2ms,电极正极性)

(a) I_p = 300A,正极性;(b) I_p = 500A,正极性;(c) I_p = 300A,负极性;(d) I_p = 500A,负极性。

从图7-45(b)和图7-45(d)所示的工具正极性和工具负极性加工结果均可以看出:加工浅槽左侧的 A 位置为电极做轴向进给加工时形成的,而其右侧区域 B 是工具电极做横向进给层铣加工时形成的。很明显,层铣的横向进给模式获得的加工表面比在轴向沉入进给模式下形成的表面平整。为了调查其原因,采用基于流体仿真 MRF 方法(多个参考帧)和标准 κ-ε 模型。极间冲液流场向量速度分析如图7-46所示。

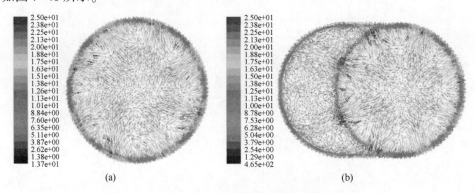

图7-46 极间冲液流场向量速度分析(见书末彩图)

说明工具电极无论是做轴向进给还是水平横向进给,其流场最大流速都出现在电极边缘,即电极在做水平横向进给时,放电间隙即电极在进给方向前沿的半个圆柱柱面部分与工件之间的放电间隙附近的流速最高。而电极做轴向进给时,电弧放电发生在电极端面和工件之间,电极投影区域的放电间隙中的工作液冲液速度远低于边缘部位,位于电极中心附近的电弧放电通道等离子体不容易被液体动力切断,形成的熔融材料体积较大且不均匀,从而生成了较粗糙的表面。此外,此时的加工屑颗粒也不易从放电间隙中排出,容易引发短路。特别是在工具负极性加工时,由于正极工件一侧获得的放电能量较高,工作液流场产生的流体动力断弧机制对电弧的控制作用更显著。但工具电极在做水平进给层铣加工时放电大多发生在电极进给方向前沿部位和工件对应位置之间,这里恰好是流速最大的区域,非常有利于实现流体动力断弧且使加工更加高效且稳定。另外,加工屑颗粒也极易排出加工间隙,这些因素加在一起,就使工具电极进给方向上沿途的加工表面更加平整。

采用扫描电子显微镜观察不同极性下加工 Ti6Al4V 的表面形貌,放大 100 倍和 1000 倍的扫描电子显微镜照片分别如图 7-47 所示。虽然在正极和负极加工表面都可以发现微裂纹,但其微裂纹甚至比电火花加工的微裂纹还不明显。可能的原因是 BEAM 的冲刷效果更好并能及时带走余热。

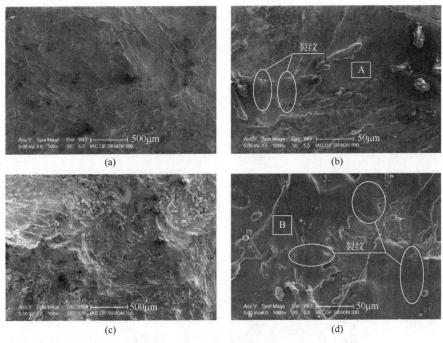

图 7-47 不同加工极性的扫描电子显微镜照片($I_p = 500$A,$t_{on} = 8$ms,$t_{off} = 2$ms)
(a) 正极性,×100;(b) 正极性,×1000;(c) 负极性,×100;(d) 负极性,×1000。

钛合金加工后的表面成分可通过 EDS 分析获得,其结果如表 7-18 所列。工具负极性加工后的表面的氧元素含量明显高于工具正极性加工后表面的氧元素含量。由此,可以推断两种不同极性加工后的表面氧化钛的百分比的差异导致了不同的颜色。当工具负极加工时,工件与脉冲电源的正极连接;电弧放电通道等离子体的高温可以将水基工作液中的氧裂解为氧离子,并和钛合金结合生成氧化膜,从而改变了材料的表面反射特性,生成了彩色的表面。另外,钛是非常活泼的金属,在加工中可以看到钛与离子氧发生剧烈的氧化反应,并极大地增强了放电爆炸蚀除作用,这也是为何钛合金在工具负极性高速电弧放电加工时材料去除率明显比其他材料高的一个重要原因。工具负极性加工后的表面可以测得更多氧元素并呈现蓝色的原因也在于此。采用金相显微镜观察加工后的表面及以下基体剖面,如图7-48所示。工具正极性和工具负极性两种不同极性高速电弧放电加工后的工件表面再铸层厚度都很薄(通常小于$10\mu m$),并且未发现明显的热影响区。采用逐层腐蚀工件表面材料并对残余应力进行逐层测试的方法,所得到的残余应力分布如图7-49所示。当深度大于比$200\mu m$时,无论工具是正极性还是工具负极性加工后的工件表面的残余应力值均已接近材料基体的应力。因此,研究者建议后续切削加工的余量不小于0.2mm。

表7-18 加工表面EDS分析结果　　　　　　　单位:%

元素	位置A		位置B	
	质量分数	原子分数	质量分数	原子分数
O	25.76	50.18	42.92	64.06
Al	4.06	4.69	2.66	2.36
Ti	64.90	42.23	48.51	24.18
V	2.59	1.58	1.54	0.72
Cu	2.69	1.32	—	—
C	—	—	4.37	8.68
合计	100.0	100.0	100.0	100.0

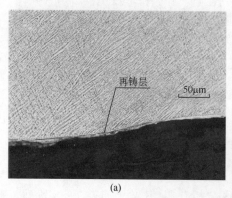
(a)

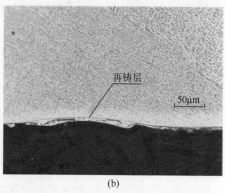
(b)

图7-48 工件金相显微镜照片($I_p=500A,t_{on}=8ms,t_{off}=2ms$)
(a)工具正极性;(b)工具负极性。

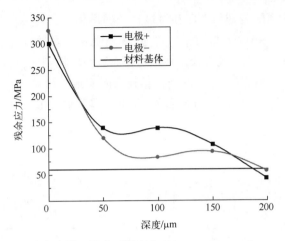

图 7-49 残余应力沿工件表面深度分布($I_p = 500$A, $t_{on} = 8$ms, $t_{off} = 2$ms)

7.5 钛铝金属间化合物的高速电弧加工

7.5.1 实验设计

基于前期电弧加工基本工艺规律的研究结果,研究者进行了开路电压、电极直径和分层厚度三个参数对钛铝合金的高速电弧放电加工效果的实验,并研究了不同参数对于材料去除率、电极相对损耗率和加工后的工件表面质量 SR 的影响。其中,材料去除率为单位时间内去除的材料体积,单位为 mm^3/min;电极相对损耗率为电极损耗体积与工件蚀除体积的百分比;SR 为工件表面的面粗糙度,单位为 μm。本次实验加工一系列长度 60mm 的槽,主轴转速为 1000r/min,冲液压力为 1MPa。

实验设计基于 Minitab 软件的 3 因子 2 水平的全因子实验,设置 3 个中心点,所用到的实验参数如表 7-19 所列。

表 7-19 实验参数

参　　数	水　　平		
	低 水 平	中 心 点	高 水 平
开路电压 U/V	100	120	140
电极直径 D/mm	12	16	20
分层厚度 ΔH/mm	2	3	4

7.5.2 实验结果及分析

1. 材料去除率

图 7-50 为材料去除率与开路电压、分层厚度和电极直径关系的曲面图。由该

图可知,材料去除率随着开路电压和电极直径的增加先增大后减小,随着分层厚度的增大而增大。图 7-51 为材料去除率的主效应图,可知对材料去除率影响最大的是分层厚度,而开路电压和电极直径对其影响相对较小。特别地,当开路电压为 140V,分层厚度为 4mm,电极直径为 20mm 时,材料去除率最大可达 4484.9mm^3/min,由此验证了高速电弧对 TiAl 金属间化合物的加工可行性,并且具有较高的材料去除率。

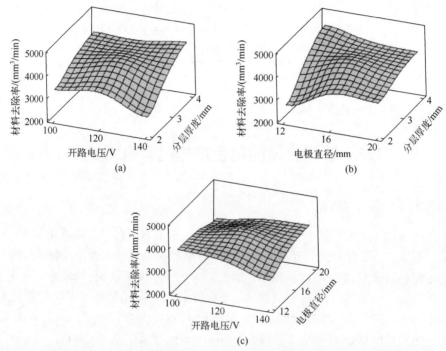

图 7-50　材料去除率与开路电压、分层厚度及电极直径关系的曲面图
(a) 开路电压及直径对材料去除率影响;(b) 开路电压及分层厚度对材料去除率影响;
(c) 电极直径和分层厚度对材料去除率影响。

2. 电极相对损耗率

图 7-52 为电极相对损耗率与开路电压、电极直径和分层厚度关系的曲面图。总体而言,电极相对损耗率随着开路电压和电极直径的增大而增大,随着分层厚度的增大而减小。图 7-53 为电极相对损耗率的主效应图,可知对电极相对损耗率影响的最大因素是电极直径。特别地,当开路电压为 100V,分层厚度为 4mm,电极直径为 20mm 时,电极相对损耗率仅为 1.83%。

3. 加工表面质量 SR

因为在高速电弧放电加工中,电弧通常会在电极与工件距离最近的位置产生,

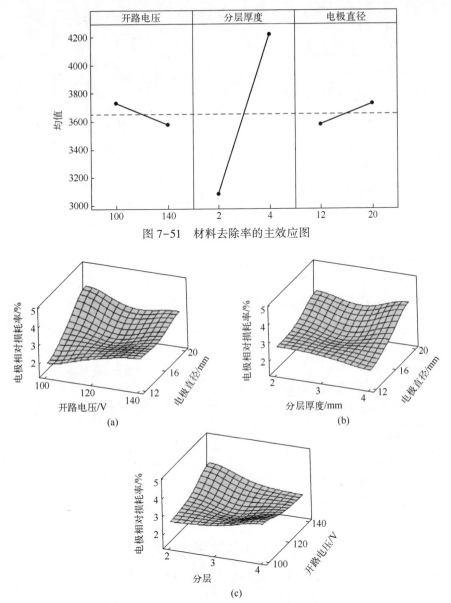

图 7-51 材料去除率的主效应图

图 7-52 电极相对损耗率与开路电压、电极直径及分层厚度关系的曲面图
(a) 电极相对损耗率与开路电压及电极直径关系；(b) 电极相对损耗率与分层厚度及电极直径关系；
(c) 电极相对损耗率与分层厚度及开路电压关系。

具有一定的随机性，并且在机械断弧和流体动力断弧的复合作用下，电弧的偏转难以预测，被加工表面的不同位置在微观尺度上差异较大，因此本次实验采用面粗糙度 SR 来衡量加工后工件表面的粗糙程度，单位为 μm。

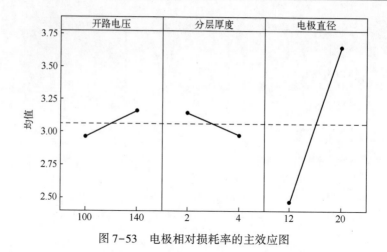

图 7-53　电极相对损耗率的主效应图

图 7-54 为加工表面质量与开路电压、电极直径及分层厚度的曲面图。由该图可知,表面粗糙度随着开路电压和分层厚度的增大而增大,随着电极直径的增大而减小。上文已阐释开路电压的增大容易造成二次放电,二次放电会造成被加工表

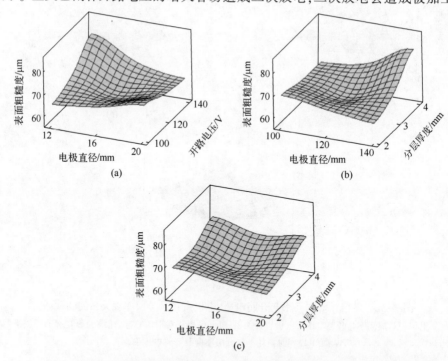

图 7-54　加工表面质量与开路电压、电极直径及分层厚度关系的曲面图
（a）表面粗糙度与电极直径及分层厚度关系;（b）表面粗糙度与电极直径及开路电压关系;
（c）表面粗糙度与开路电压及分层厚度关系。

面质量的恶化,增大表面粗糙度;分层厚度的增大和电极直径的减小都会造成排屑困难,有的金属颗粒会黏着在工件表面成为积屑,有的会引发二次放电,这些都会对表面粗糙度产生影响。图 7-55 为加工表面质量的主效应图,三种因素对表面质量的影响程度都很大,其中最大的影响因素是分层厚度。

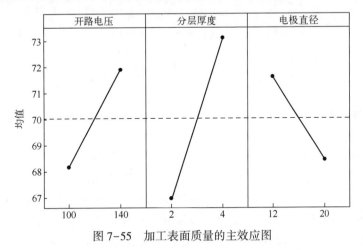

图 7-55　加工表面质量的主效应图

图 7-56 为开路电压为 100V,分层厚度为 2mm,电极直径为 20mm 时加工槽样貌,可以看出被电弧高温蚀除后形成圆柱形加工槽沿着加工进给方向较为均匀地分布,该工件表面粗糙度为 61.64μm。

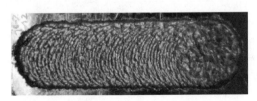

图 7-56　加工槽样貌($U=100\text{V}, D=20\text{mm}, \Delta H=2\text{mm}$)

4. 重铸层

高速电弧加工后的 TiAl 合金截面金相显微镜照片如图 7-57 所示。从图 7-57 中可以看出加工后的热影响区并不明显,而重铸层则清晰可见,且重铸层厚度随着分层厚度的增加和电极直径的减小而增加,平均重铸层厚度在 50μm 以下。对比不同加工参数下的表面粗糙度可知,重铸层厚度与表面粗糙度有关联,更粗糙的表面往往有更厚的重铸层,其原因在于更长时间停留在工件表面的电弧会融化更深更多的金属材料,导致重新凝结在工件表面的金属更多更厚,同时工件表面会更加粗糙。

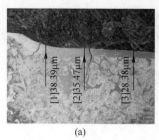 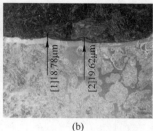 

图 7-57　TiAl 合金截面金相显微镜照片

（a）$U=100\text{V}, D=12\text{mm}, \Delta H=4\text{mm}$；（b）$U=120\text{V}, D=16\text{mm}, \Delta H=3\text{mm}$；（c）$U=140\text{V}, D=20\text{mm}, \Delta H=2\text{mm}$。

5. 残余应力

高速电弧放电加工后的工件具有一定的残余应力，因此需要进行残余应力检测以分析不同加工参数的影响。由于对材料去除率影响最大的因素是分层厚度，故分析了不同分层厚度下的工件表面残余应力。通过电化学逐层腐蚀工件表层材料，每 $400\mu\text{m}$ 测量一次残余应力。图 7-58 为 X 射线衍射的测量结果。由图可知，加工后的表面呈现较大的拉应力（约为 150MPa），深度越大越接近基体应力，且分层厚度越小残余应力下降越快，当深度大于 $400\mu\text{m}$ 时，加工面的残余应力接近基体残余应力（48MPa），并且在部分工件表面的不同深度测得压应力，但压应力的出现并无确切的规律可循。基于此，需要为后续加工至少预留 $400\mu\text{m}$ 的余量以消除高速电弧加工带来的应力影响。

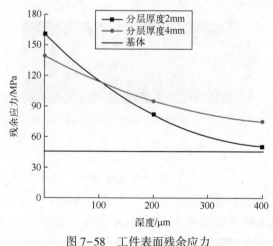

图 7-58　工件表面残余应力

7.6　小　结

本章以镍基高温合金、铝基碳化硅复合材料、钛合金及钛铝金属间化合物材料为例,研究了典型难切削材料的高速电弧加工工艺规律,分析了加工参数对材料去除率、电极相对损耗率、表面质量等的影响,为实际加工提供了工艺参数选择和优化的依据。

参考文献

[1] MIRAHMADI S J,HAMEDI M,AJAMI S. Investigating the effects of cross wedge rolling tool parameters on formability of Nimonic ® 80A and Nimonic ® 115 superalloys[J]. The International Journal of Advanced Manufacturing Technology,2014,74(5-8):995-1004.

[2] ZHU D,ZHANG X,DING H. Tool wear characteristics in machining of nickel-based superalloys[J]. International Journal of Machine Tools & Manufacture,2013,64:60-77.

[3] EZUGWU E O,WANG Z M,MACHADO A R. The machinability of nickel-based alloys:a review[J]. Journal of Materials Processing Technology,1999,86:1-17.

[4] DUDZINSKI D,DEVILLEZ A,MOUFKI A,et al. A review of developments towards dry and high speed machining of Inconel 718 alloy [J]. International Journal of Machine Tools & Manufacture,2004,44:439-457.

[5] RAHMAN M,SEAH W K H,TEO T T. The Machinability of Inconel 718[J]. Journal of Materials Processing Technology,1997,63:199-204.

[6] ARUNACHALAM R,MANNAN M A. Machinability of nickel-based high temperature alloys [J]. Machining Science and Technology,2007,4(1):127-168.

[7] THAKUR D G,RAMAMOORTHY B,VIJAYARAGHAVAN L. Study on the machinability characteristics of superalloy Inconel 718 during high speed turning[J]. Materials and Design,2009,30:1718-1725.

[8] M'SAOUBI R,AXINTE D,HERBERT C,et al. Surface integrity of nickel-based alloys subjected to severe plastic deformation by abusive drilling [J]. CIRP Annals-Manufacturing Technology 2014,63:61-64.

[9] LI H Z,ZENG H,CHEN X Q. An experimental study of tool wear and cutting force variation in the end milling of Inconel 718 with coated carbide inserts [J]. Journal of Materials Processing Technology,2006,180(1-3):297-304.

[10] LI L,HE N,WANG M,et al. High speed cutting of Inconel 718 with coated carbide and ceramic inserts [J]. Journal of Materials Processing Technology,2002,129:127-230.

[11] NARUTAKIA N,YAMANEA Y,HAYASHIB K,et al. High-speed Machining of Inconel 718 with Ceramic Tools [J]. CIRP Annals-Manufacturing Technology,1993,42(1):103-106.

[12] 于春田. 纤维增强金属的制法及特征[J]. 铸造,1995(7):38-42.

[13] 樊建中,石力开. 颗粒增强铝基复合材料研究与应用发展[J]. 宇航材料工艺,2012,42(1):1-7.

[14] PANDEY A B,KENDIG K L,WATSON T J. Affordable Metal Matrix Composites for High Performance Applications[M]. The Minerals,Metals and Materials Society,2001.

[15] 崔岩. 碳化硅颗粒增强铝基复合材料的航空航天应用[J]. 材料工程,2002(6):3-7.

[16] FEI TANG,IVER E ANDERSON,THOMAS G-H,et al. Pure Al matrix composites produced by vacuum hot pressing: tensile properties and strengthening mechanisms[J]. Materials Science & Engineering A,2004,383(2):362-373.

[17] HONG S-J,KIM H-M,DAE HUH,et al. Effect of clustering on the mechanical properties of SiC particulate-reinforced aluminum alloy 2024 metal matrix composites[J]. Materials Science & Engineering A,2003,347(1):198-204.

[18] CLYNE T W,WITHERS P J. An introduction to metal matrix composites[M]. Cambridge: Cambridge University Press,1993.

[19] MIN SONG. Effects of volume fraction of SiC particles on mechanical properties of SiC/Al composites[J]. Transactions of Nonferrous Metals Society of China,2009,19(6):1400-1404.

[20] 王文明,潘复生,曾苏民. 碳化硅颗粒增强铝基复合材料开发与应用的研究现状[J]. 兵器材料科学与工程,2004(3):61-67.

[21] 吕一中,崔岩,曲敬信. 金属基复合材料在航空航天领域的应用[J]. 北京工业职业技术学院学报,2007(3):1-4.

[22] 张荻,张国定,李志强. 金属基复合材料的现状与发展趋势[J]. 中国材料进展,2010,29(4):1-7.

[23] LLOYD D J. Particle reinforced aluminium and magnesium matrix composites[J]. International Materials Reviews,1994,39(1):1-23.

[24] QUIGLEY O,MONAGHAN J,REILLY P. Factors affecting the machinability of an SiC/Al metal-matrix composite[J]. Elsevier,1994,43(1):21-36.

[25] LOONEY L A,MONAGHAN J M,REILLY P,et al. The turning of an SiC/Al metal-matrix composite[J]. Elsevier,1992,33(4):453-468.

[26] 郑喜军,米国发. 碳化硅颗粒增强铝基复合材料的研究现状及发展趋势[J]. 热加工工艺,2011,40(12):92-97.

[27] 赵永庆. 钛及钛合金金相图谱[M]. 长沙:中南大学出版社,2011.

[28] 常辉,周廉,张廷杰. 钛合金固态相变的研究进展[J]. 稀有金属材料与工程,2007,36(9):1505-1510.

[29] 刘娜. Ti6Al4V 粉末及其制品的研究进展[J]. 材料导报,2010(5):92-95.

[30] C. 莱茵斯,M. 皮特尔斯,莱茵斯,等. 钛与钛合金[M]. 陈振华,译. 北京:化学工业出版社,2005.

[31] 赵永庆,奚正平,曲恒磊. 我国航空用钛合金材料研究现状[J]. 航空材料学报,2003,23(0z1):215-219.

[32] 訾群. 钛合金研究新进展及应用现状[J]. 钛工业进展,2008,25(2):23-27.

[33] 谢惠茹. 我国钛及钛合金研发与进展[J]. 中国材料进展,2007,26(8):7-9.

[34] 彭昂,毛振东. 钛合金的研究进展与应用现状[J]. 船电技术,2012,32(10):57-60.

[35] MINDESS S. Advances in cementitious materials[M]. American Ceramic Society,1991.

[36] 杨鑫,奚正平,刘咏,等. TiAl 基合金电子束快速成形研究进展[J]. 稀有金属材料与工

程,2011,40(12):2252-2256.

[37] 杨超. TiAl 合金在商用航空发动机中的应用[J]. 铸造技术,2014(9):5.

[38] 欧阳鸿武,刘咏,贺跃辉,等. TiAl 基合金排气阀的研制和应用前景[J]. 材料导报,2003(4):8-10.

[39] 张小明. TiAl 基合金在汽车发动机上的应用[J]. 中国材料进展,2002(10):18-19.

[40] 张永刚. 金属间化合物结构材料[M]. 北京:国防工业出版社,2001.

[41] DILSHAD A K, MOHAMMAD H. Effect of tool polarity on the machining characteristics in electric discharge machining of silver and statistical modeling of the process [J]. International Journal of Engineering Science & Technology,2011,3(6):5001-5010.

[42] KUNIEDA M, KOBAYASH T. Clarifying mechanism of determining tool electrode wear ratio in EDM using spectroscopic measurement of vapor density [J]. Journal of Materials Processing Technology,2004,149(1-3):284-288.

[43] SEO Y W, KIM D, RAMULU M. Electrical Discharge Machining of Functionally Graded 15-35 Vol% SiCp/Al Composites [J]. Materials and Manufacturing Processes,2006,21(5):479-487.

[44] JOSEPH NJUGUNA MUGUTHU, GAO DONG, BW IKUA. Optimization of machining parameters influencing machinability of Al2124SiCp (45%wt) metal matrix composite[J]. Journal of Composite Materials,2015,49(2):217-229.

[45] MURRAYAND C R. Qualitative inorganic analysis [M]. Methuen,1954.

[46] J. M. LEE, S. B. KANG, A. KAMIO. Microstructural Changesin Al-Cu-Mn Alloy Rein-forced with SiC Particleson Holdingathigh Temperatures[J]. Materials Transactions Jim,1999,40(6):537-545.

[47] SWINDLEHURST S J, HALL I W. Thermal treatment effect sinSiC/Almetal matrix composites [J]. Journal of Materials Science,1994,29(4):1075-1082.

[48] VLASOV A S, ZAKHAROV A I, SARKISYAN O A. Obtaining silicon carbide from rice husks [J]. Refractories,1991,32(9-10):521-523.

[49] ZHONG Y, SHAW L L, MANJARRES M. Synthesis of Silicon Carbide Nanopowder Using Silica Fume[J]. Journal of the American Ceramic Society,2010,93(10):3159-3167.

[50] CHEN J, GU L, XU H. Study onblastin gerosion arc machining of Ti-6Al-4Valloy[J]. International Journal of Advanced Manufacturing Technology,2016,85(9-12):2819-2829.

[51] 孙钟明. 电火花成形加工中的电极损耗预测及补偿方法研究[D]. 杭州:浙江大学,2014.

[52] 孙仲明,陈健,陆国栋. 微细电火花加工的电极补偿方法综述[J]. 电加工与模具,2013(1):1-5.

[53] YU Z Y, MASUZAWA T, FUJINO M. Micro-EDM for Three-Dimensional Cavities-Development of Uniform Wear Method [J]. CIRP Annals-Manufacturing Technology,1998,47(1):169-172.

[54] 裴景玉,邓容,胡德金. 微细电火花加工的底面轮廓模型及定长补偿方法[J]. 电加工与

模具,2007(6):1-5,10.

[55] 周林,石民,潘晓斌,等. 基于程序长度补偿的电火花铣削工艺[J]. 制造技术与机床, 2011(10):41-43.

[56] 刘光壮,杨晓冬,赵万生. 电火花铣削加工的电极损耗补偿[J]. 制造技术与机床,1998 (8):34-36,3.

[57] DIKSHIT MITHILESH K,PURI ASIT B,MAITY ATANU. Optimization of surface roughness in ball-end milling using teaching-learning-based optimization and response surface methodology [J]. Proceedings of the Institution of Mechanical Engineers,Part B:Journal of Engineering Manufacture,2017,231(14):2596-2607.

[58] LIN W W,YU D Y,ZHANG C Y,et al. Multi-objective optimization of machining parameters in multi-pass turning operations for low-carbon manufacturing[J]. Proceedings of the Institution of Mechanical Engineers,2017,231(13):2372-2383.

[59] ZHANG X,WANG S L,YI L L,et al. An integrated ant colony optimization algorithm to solve job allocating and tool scheduling problem[J]. Proceedings of the Institution of Mechanical Engineers,2018,232(1):172-182.

[60] JAIN N K J, V K. Optimization of electro-chemical machining process parameters using genetic algorithms[J]. Machining Science and Technology,2007,11(2):235-258.

[61] MAHAPATRA S S,PATNAIK A. Optimization of wire electrical discharge machining (WEDM) process parameters using Taguchi method[J]. The International Journal of Advanced Manufacturing Technology,2007,34(9-10):494-502.

[62] 金庆同. 特种加工[M]. 北京:航空工业出版社,1988.

[63] 刘晋春,赵家齐. 特种加工[M]. 2版. 北京:机械工业出版社,1994.

[64] MOHAN B,RAJADURAI A,SATYANARAYANA K G. Electric discharge machining of Al-SiC metal matrix composites using rotary tube electrode[J]. Journal of Materials Processing Tech,2004,153-154:978-985.

[65] 徐辉. 高速电弧放电加工的工艺特性研究[D]. 上海:上海交通大学,2015.

第 8 章

高速电弧放电加工典型工艺方法

通过对高速电弧放电加工机制和工艺特性研究可知,这一加工方法有巨大的高效加工潜力,特别是在高效去除难切削材料方面有着其他方法难以比拟的优势。但难切削材料构件的结构特征多种多样,如何针对丰富多样的加工需求,研发出更加适合的加工工艺方法并应用到实际生产当中？这是更具挑战性且工作量巨大的任务。一般而言,根据加工材料类型、几何特征的不同,除可以应用棒状多孔电极进行如前所述的电弧铣削加工外,由于流体动力断弧机制提供了有效的主动控制电弧的能力,还可利用开发出多孔成形电极的沉入式及扫铣加工、采用叠片电极的多轴弯曲流道加工、采用指状电极的侧铣加工,以及电弧与铣削组合加工等一系列独特的方法。这也是高速电弧放电加工区别于其他电弧加工方法的工艺能力优势。

8.1 成形电极沉入式加工

对于大多数型腔类模具加工,很多材料需要用直径较小的刀具通过铣削加工方式渐次去除材料,或者利用电火花成形加工方式,利用成形电极直接采用沉入式加工方式来获得精密形面。由于近些年来随着切削机床、刀具和工艺的进步,对于HRC65以下的淬硬模具钢都可以采用高速切削技术来加工。因此,留给电火花成形加工的部位减少了很多,只有具备尖角、深窄槽、深孔等一些切削不擅长的几何特征,电火花加工才具有绝对的综合加工工艺优势。造成这种局面的主要原因是:电火花成形加工虽然可以达到很好的加工精度,但其高效大余量去除材料的能力与切削加工相比明显处于劣势,因此传统的放电加工方法也被贴上了"慢工艺"的标签。如果能够将高速电弧放电加工用于型腔的沉入式加工,大幅度提高粗加工时的加工效率,也许同样属于放电加工类型的高速电弧放电加工能够在这一领域发挥相对比较优势,实现更加"高效低耗"的综合加工效果。

在工程应用中,有部分零部件含有截面为多边形等特殊形状或者复杂曲面的型腔,这些难以采用常规的旋转电极电弧放电加工的几何特征可以采用类似于电火花成形加工方式,进行电极沉入式高速电弧放电加工,从而实现材料的大余量高效去除。成形电极的形状可根据加工特征进行设计和制备,并进行冲液孔和加工轨迹的优化。

如前所述,正、负极性组合加工既可以利用工具负极性高速电弧放电加工来实现材料的高效去除,又可以借助工具正极性高速电弧放电加工获得相对较好的表面质量。因此,在工艺设计的时候,可以首先采用工具负极性高速电弧放电加工进行大余量的高效去除,然后切换到工具正极性高速电弧放电加工模式,降低表面粗糙度值。

图 8-1 为采用集束电极加工的方形型腔。集束电极端面为正方形,加工方式为沉入式。方形集束电极是由 25 根管状电极单元组成,每行的电极数量为 5 根。首先,采用工具负极性高速电弧放电加工使工件型腔初步成形,所采用的放电峰值电流为 500A,以高加工效率为优先考虑因素。加工后工件表面比较粗糙,加工结果如图 8-1(a)所示,所得的材料去除率可达 12300mm³/min,Ra 为 343μm。随后,采用较小的放电峰值电流(100A),改接工具正极性,并完成剩余型腔深度的加工,且在一定程度上改善工件表面质量,加工结果如图 8-1(b)所示。此时的材料去除率为 1800mm³/min,但表面不平度明显下降(Ra 为 27μm)。方形集束电极的加工结果见表 8-1。

(a) (b)

图 8-1 采用集束电极加工的方形型腔
(a) 工具负极性加工;(b) 工具正极性加工。

表 8-1 方形集束电极的加工结果

工具电极极性	负 极 性	正 极 性
材料去除率/(mm³/min)	12300	1800
电极相对损耗率/%	1.2	6.0
Ra/μm	343	27
加工时间/min	0.70	0.25

由两个图片的对比还可以看出，由于工件材料为碳素工具钢，在工具负极性加工时[图 8-1(a)]，工件一侧接脉冲电源正极，不可避免地会出现工件材料中的铁元素被氧化的(电解)现象，加工后的表面呈红褐色，而工具正极性加工时[图 8-1(b)]加工后的表面却呈光亮的金属颜色。

图 8-2(a)为用于加工三角形型腔的多孔内冲液电极。与前面的集束电极不同，该多孔电极为石墨材料实体电极钻孔而得。加工参数与集束电极工具正极性高速电弧放电加工相同。当采用工具负极性高速电弧放电加工时，所获得的材料去除率为 7000mm³/min，其加工结果如图 8-2(b)所示。随后，采用工具正极性高速电弧放电加工剩余的型腔余量(0.5mm)，结果如图 8-2(c)所示。工具正极性加工时的材料去除率为 1200mm³/min，表面质量明显提高。三角形型腔的多孔内冲液实体电极的加工结果见表 8-2。在工具负极性加工时同样可以观测到电解现象。

图 8-2　三角形型腔的实体电极及加工的型腔

(a) 三角形电极；(b) 负极性加工；(c) 正极性加工。

表 8-2　三角形型腔的多孔内冲液实体电极的加工结果

工具电极极性	负　极　性	正　极　性
材料去除率/(mm³/min)	7000	1200
电极相对损耗率/%	2.0	8.3
Ra/μm	343	27
加工时间/min	1.80	0.52

为了验证多孔内冲液实体电极沉入式高速电弧放电加工的应用效果，研究者进行了涡轮盘流道模拟型面的加工实验(模拟实验在三轴数控机床上进行)。经过优化的多孔内冲液实体电极如图 8-1(a)所示。多孔内冲液实体电极最内层冲液孔径为 3mm，其余外层冲液孔的直径为 2mm。待加工工件材料为镍基高温合金 GH4169。工件轮廓为涡轮盘流道的模拟型面，加工工艺采用工具负极性沉入式高速电弧放电加工方式。根据优化冲液孔分布的对比实验，这里采用优化后的主要

工艺参数(放电峰值电流 I_p 为 500A,冲液入口压强 p 为 1.2MPa)以获得更好的加工效率。实际获得的材料去除率为 6300mm³/min,电极相对损耗率为 5%。该加工结果说明优化后的多孔内冲液电极能有效地提升加工复杂结构工件的效率。采用优化的多孔内冲液实体电极加工的 3D 型面如图 8-3 所示。

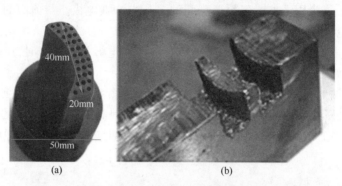

图 8-3 采用优化的多孔内冲液实体电极加工的 3D 型面

8.2 扫铣式高速电弧放电加工

为了提高航发的推重比和可靠性,新型的航空发动机的压气机越来越多地采用整体式叶盘类零件。其中大部分是具有开敞流道的高温合金或钛合金结构,给传统加工方法带来很大的挑战。由于高速电弧放电加工在难加工材料高效、低成本加工方面具有明显优势,因此利用高速电弧放电加工实现整体叶盘流道加工的扫铣式高速电弧放电加工方法(或称"高速电弧放电扫铣加工")应运而生。

高速电弧放电扫铣加工的原理如图 8-4 所示[1]。成形扫铣电极为根据流道截面沿流线扫略的模型生成,并预留加工间隙。在电极进给的过程中,引入分层扫掠

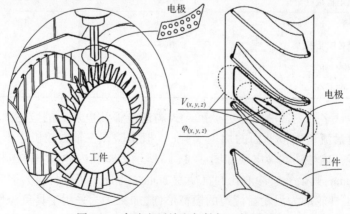

图 8-4 高速电弧放电扫铣加工的原理

方式以实现材料的高效去除。分层扫掠方式的优点在于增大了排屑空间并提高了冲液效果,使得高速电弧放电加工得以稳定高效地进行。

高速电弧放电扫铣加工时,电弧放电被控制在电极的底部进行,电蚀产物被多孔内冲液扫铣电极底部高速流出的工作液及时冲走。为去除工件上由于电极冲液孔处不放电而留下的残余凸起,电极还要沿着流道方向做扫掠运动。在此过程中,需要通过多轴联动控制来实现这一多轴联动扫掠运动。该工艺方法对于开式叶盘类零件有很好的加工应用前景。

8.3 半封闭流道的加工方法

8.3.1 基于叠片电极的加工

在整体叶盘类零件中,除开敞式结构外,还有部分带叶冠的闭式整体叶盘类零件。如部分火箭发动机的闭式涡轮叶盘、闭式泵叶轮、闭式扩压器等。这种叶盘又称闭式整体叶盘。相比开式整体叶盘而言,闭式整体叶盘的流道更复杂,属于半封闭结构,刀具可达性差,且多由高温合金等难切削材料制成,往往难以采用传统切削方法加工,只能借助电火花加工等特种加工工艺来完成加工。然而,传统电火花加工的效率低,使整体闭式叶盘的加工时间和成本极高。高速电弧放电加工独特的流体动力断弧机制使其可以不依赖电极的旋转就能有效控制电弧,因此可以采用多孔内冲液成形电极并结合多轴联动数控来实现复杂流道的加工,为闭式整体叶盘类零件的复杂流道加工提供了新的手段。由于流道具有弯曲、半封闭的特点,直接在所设计的成形电极中加工相应的多孔结构十分困难。因此,上海交通大学提出了叠片电极结构以实现弯曲流道的高速电弧放电加工[2]。叠片电极由多层平板电极片叠加而成,图 8-5 所示为 4 片电极片叠在一起形成的叠片电极。在每层电极表面(除上下两片电极的外端面)加工有冲液流道,从电极的末端贯穿电极进

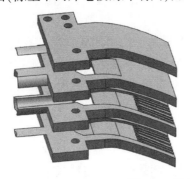
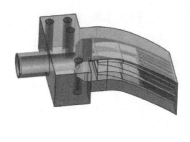

图 8-5　叠片电极示意图

给方向的前部端面,用于提供高速电弧放电加工过程中所需要的高速内冲液。多层电极片叠加构成的成形电极外部形状轮廓不同于指状电极、侧铣电极等中空圆柱棒状电极,而与待加工流道形状相对应,是依据所需加工的半封闭结构形状设计的,从而保留了成形电极的优势,同时可通过中间电极叠片中的流道槽实现加工中的内冲液以获得流体动力断弧效果,依靠内冲液实现对断弧的移动、切断等控制,有效提升电弧放电加工效率和稳定性,并保护工件不会被驻留电弧烧伤。图8-6所示为叠片电极半封闭弯曲流道的高速电弧放电加工。

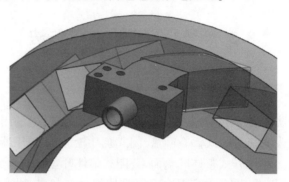

图8-6 叠片电极半封闭弯曲流道的高速电弧放电加工

8.3.2 叠片电极的设计及制备

1. 叠片电极的设计

叠片电极的设计目标是将具有内部冲液流道的弯曲实体成形电极进行层状离散化,通过叠片形式实现实体电极构建。叠片电极的模型包含3个部分,即叠片电极各层型面、装夹和内部腔室及冲液流道。首先需要获取用于成形加工的实体电极,其外形对应于流道成形加工部分的外部型面;其次设计尾部装夹及冲液入口;最后进行分层化处理,合理设计内部每层之间的工作液腔室、冲液流道槽的位置布局及形状尺寸。

叠片电极的设计步骤具体可描述为:①根据待加工闭式涡轮叶盘的三维模型获得流道几何特征,综合考虑加工余量、进刀轨迹,反求电极成形加工型面的外形;②设计尾部装夹、固定部分及冲液入口;③对整体电极进行分层化处理,设计电极内部的冲液腔室以及流道等部分。

2. 电极成形加工型面的获取

根据成形电极的设计原理,设计出用于加工闭式叶盘单一流道的整式成形电极。如图8-7所示,在CAD建模环境中,导入闭式叶盘的三维模型,之后剖分出所要加工的指定单一流道,建立该流道对应的拉伸体,通过布尔操作,修剪多余的部分即可得到该流道对应的实体电极部分,作为成形电极的原始模型。

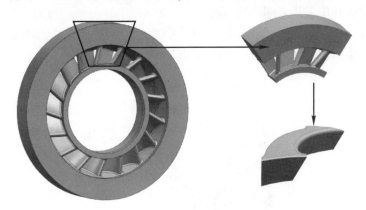

图 8-7　闭式涡轮叶盘三维模型、截取的单一流道以及电极原始模型

下一步对电极原始模型进行分割、减厚和减高操作,以保证加工时的通过性。通过将电极分割为两个,分别从叶盘的上、下面伺服进给加工。同时,缩小电极尺寸,主要原因是考虑到电极进给所需的移动空间、放电间隙、精加工的余量等。减厚操作是通过对成形电极沿轴向方向顺时针、逆时针分别旋转一个角度,得到 2 个体之后,求得中间相交的部分来实现,如图 8-8(a)所示。减高操作与其类似,通过将减厚过的电极模型在直径方向上分别移动±1.5mm,即总减高量为 3mm,求得中间相交的部分即可,如图 8-8(b)所示。修正上下左右四边之后可得成形电极的整体外形,也是叠片电极用于流道成形加工时的外形轮廓,如图 8-8(c)所示。

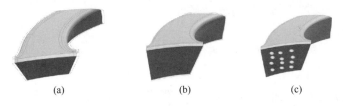

图 8-8　对原始电极模型进行减厚和减高操作得到加工部分的电极模型
(a)减厚操作；(b)减高操作；(c)生成的电极模型。

3. 实体电极分层及冲液流道设计

在叠片电极设计中,进行分层离散化是最重要的一步,主要工作是设计各层内部工作液腔室即冲液流道槽。考虑到流道槽的密度以及电极的强度,设置叠片电极每层的厚度为 6~8mm。如图 8-9 所示为一个叠片电极的冲液流道槽设计:工作液从入口流入,先经过一个较大的工作液腔室,然后逐步缩窄为细长流道槽。流道入口处于连接工作液供液系统,为保证流量的充足稳定,中部设计了工作液腔室,以减小工作液流体沿程阻力,流向每层之间的入口截面为矩形,深度由深至浅过渡。为了提高出口冲液流速,在电极的后半部流道分叉变为多个流道槽。这些流道槽设计在叠片电极层之间的交界处,这样就实现了在叠片电极每层的表面都有从末端贯穿至前端的流道,能够在高速电弧放电加工时形成高速内冲液流场,从而保证高速电弧放电加工的核心——流体动力断弧机制的实现。

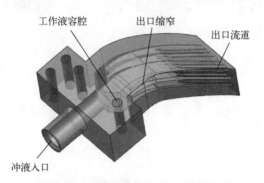

图 8-9　叠片电极内部分层及流道设计

8.3.3　叠片电极高速电弧放电加工工艺实验

为了探索叠片电极在高速电弧放电加工技术中的实际应用,本节将在搭建的实验平台开展工艺实验,并对实验结果进行记录和分析,从而验证叠片电极高速电弧放电加工在闭式叶盘三维流道成形加工中的效果。在不影响原理验证实验结论的情况下,为了使实验便于开展,本节采用了三轴数控机床代替五轴数控机床,除运动轴数受限外,加工的物理过程是接近一致的。

1. 实验设计

本节通过 3 因子 2 水平的全析因实验(表 8-3)对峰值电流、脉冲宽度以及冲液压力三个参数对加工工艺表现的主效应及交互效应进行研究,分析材料去除率和电极相对损耗率,从而为更进一步的工程实际应用奠定基础。最后通过叠片电极高速电弧放电加工的正-负极性组合,加工出模拟闭式叶盘流道,并对实验结果进行了材料去除率、电极相对损耗率以及工件金相组织的分析。

表 8-3　全析因实验的因子及其水平

实验参数	参　数　值	
	低水平(-1)	高水平(1)
峰值电流 I_p/A	150	450
电流脉冲宽度 t_{on}/ms	1	10
冲液压力 p/MPa	0.9	1.3

选取材料去除率和电极相对损耗率作为响应变量,材料去除率为望大特性,电极相对损耗率为望小特性。采用 MINITAB 专业数理统计和质量分析软件对实验进行设计及数据分析。计划实验顺序,输出实验执行列表,随机化实验过程,依次进行实验,填写实验结果,如表 8-4 所列。

表 8-4　全析因实验的实验设计及实验结果总表

标准序号	运行序号	峰值电流 x_1（编码值）	脉冲宽度 x_2（编码值）	冲液压力 x_3（编码值）	材料去除率 y_1/（mm^3/min）	电极相对损耗率 y_2/%
9	1	0	0	0	842	15.69
8	2	1	1	1	1026	13.62
6	3	1	−1	1	864	14.03
11	4	0	0	0	756	15.41
1	5	−1	−1	−1	540	17.12
3	6	−1	1	−1	756	15.37
2	7	1	−1	−1	1296	12.85
7	8	−1	1	1	443	20.12
4	9	1	1	1	1512	10.32
10	10	0	0	0	810	15.56
5	11	−1	−1	1	378	21.68

根据实验结果分析可知,随着峰值电流和脉冲宽度的增加,材料去除率增大,主要原因是大电流和长脉冲宽度使单个放电脉冲的电弧能量增大,能够去除更多的材料;而冲液压力增大,使电极冲液出口的流速增大,有利于排屑及流体动力断弧作用,从而使材料去除率增加。随着峰值电流和脉冲宽度的增大,电极相对损耗率减小的原因是:在大能量和高流速的作用下去除的工件材料增加,而由于电极材料石墨的升华温度较高,对高温的耐受程度远高于工件材料,因而损耗增加幅度有限,使得相对电极相对损耗率下降。

基于方差(ANOVA)分析,求解得到的材料去除率和相对电极相对损耗率的响应回归方程如下。

材料去除率的响应回归方程如式(7-11)所示:

$$y_1 = 838.5 + 322.6x_1 + 82.3x_2 - 174.2x_3 - 55.3x_1x_3 \tag{8-1}$$

电极损耗率的响应回归方程如式(7-12)所示:

$$y_2 = 0.15615 - 0.02934x_1 - 0.00781x_2 + 0.01724x_3 - 0.00604x_1x_3 \tag{8-2}$$

根据材料去除率和电极相对损耗率的响应回归方程,可以较好地预测在不同因子水平下的响应值,即能够帮助进行实验参数的优化选取,以得到较为优化的实验结果。

按照前面设计的叠片电极及要加工的闭式叶盘流道的形状,设计所要加工的模拟工件毛坯以及电极装夹部分,将工件和叠片电极分别安装在机床工作台和机床主轴上,如图 8-10 所示。

图 8-10　叠片电极高速电弧放电加工模拟流道加工实验装置

2. 摇动进给策略

在模拟叶盘流道加工时,由于电极本身没有高速旋转运动,只有沿特定轨迹的进给运动,因此在侧边等局部冲液条件不佳的部位容易出现短路的情况。为了避免这一问题,可采用摇动进给的策略,即当叠片电极主要在 Y 方向进给时,叠片电极依次沿着 $X-Z$ 方向做小幅度方形运动(边长 1mm)。这样在电极周围便形成了 1mm 的周期性间隙,使得当电极向前做进给运动时,从电极前面端部流出的工作液能够有效地将大量加工屑从电极周围的周期性间隙中流出,达到持续稳定的高效加工,避免了加工到一定深度之后因短路难以继续深入下去的问题。

3. 模拟加工实验结果

如图 8-11 所示为利用叠片电极模拟闭式叶盘流道的高速电弧放电加工效果,成功地在工件上加工出模拟三维流道。分别在 200A 和 400A 峰值电流的情况下加工,均能顺利贯穿整个模拟流道。

加工过后的叠片电极损耗情况如图 8-12 所示,电极损耗在叠片电极的前端部位以及侧面部位均有发生,特别是前端及两边损耗较为严重。其原因主要是电极前端的电场畸变较为严重,容易引起这些部位放电集中。此外,电极端面放电的加工屑颗粒随着工作液向外排出时,会经过上下及左右侧面,加工屑颗粒经过这些部位会引起二次放电而使电极产生不均匀损耗。

(a)　　　　　　　　　　　　　　　(b)

图 8-11　叠片电极加工过后的工件内部闭式流道

(a) 200A 电流参数下的工件流道；(b) 400A 电流参数下的工件流道。

图 8-12　加工过后的叠片电极损耗情况

峰值电流为 200A 时的实际进给速率 F 最大值为 2.4，平均值约为 2.0，经计算，最大的材料去除率约为 2795mm^3/min，而平均值为 2329mm^3/min。

峰值电流为 400A 时的机床实际进给速率 F 最大值为 6.0，平均值为 4.5，经计算，最大的材料去除率为 6988mm^3/min，平均值为 5241mm^3/min。

可见采用叠片电极高速电弧放电加工闭式叶盘流道，可以获得远高于其他加工方法的效率，也验证了高速电弧放电加工工艺在难切削材料、复杂几何特征的大余量去除加工中具有独特的效率优势。

根据叠片电极与工件加工前后的质量变化，计算得到电极相对损耗率分别为 4.50%(峰值电流为 200A) 和 4.17%(峰值电流为 400A)。与传统的电火花加工相比，采用叠片电极高速电弧放电加工方法使材料去除率有了数量级的提升，而电极损耗率在实用上也是可以接受的，且通过优化工艺和电机设计可以进一步降低。

4. 加工表面的金相分析

为了研究叠片电极高速电弧放电加工的工件表面的热影响区，本节对其进行了表面金相分析。将加工过后的工件用线切割剖开,进行制样。腐蚀样件表面约20s后洗净、吹干,利用蔡司共聚焦显微镜观察加工区域的纵向剖面,对比不同区域的材料内部金相组织结构,可以得知加工过后工件材料表面的热影响层(HAZ)厚度约为63μm,如图8-13所示。

图8-13 叠片电极高速电弧放电加工工件表面热影响层

对比传统电火花加工技术,在峰值电流 $I_p = 24$ A,脉冲宽度 $t_{on} = 400$μs,单个脉冲能量 $E = 240$mJ 情况下热影响层为 $20\sim40$μm[3-4],小于叠片电极高速电弧放电加工所对应的 HAZ 厚度,而叠片电极高度电弧放电加工的峰值电流为 $I = 200$A,脉冲宽度 $t_{on} = 5$ms,单个脉冲能量 $E = 30$J,峰值电流和单个脉冲能量都远大于电火花加工,而热影响层的厚度为电火花加工的2倍左右,可见应用叠片电极进行闭式叶盘流道的成形加工在工件表面产生的热影响层的厚度远没有想象的严重,而是完全在可控和可接受范围,特别是对后续的加工没有太大不良影响。这是一个非常好的工艺特性。只要保留一定的加工余量,后续精加工就可以顺利进行。

8.4 指状电极侧铣加工

8.4.1 侧铣式高速电弧放电加工

与侧刃铣削类似,高速电弧放电加工也可以采用侧铣模式,利用侧铣工具电极的侧面母线,通过数控运动加工出所需的几何形面。作为一种新型的高速电弧放电加工模式,其侧铣电极可设计为圆筒形,沿轴线开有中心冲液孔,并且在侧面设置了与该中心冲液孔相通的多个侧冲液孔,这些侧冲液孔呈阵列式分布,电极底面也开有底面冲液孔,如图8-14所示。

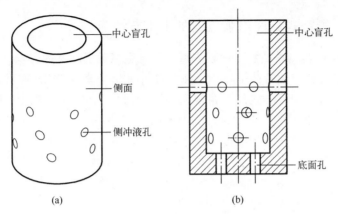

图 8-14 高速电弧放电加工侧铣电极
(a) 侧铣电极三维图；(b) 侧铣电极二维图。

侧铣电极沿用了集束电极与叠片电极多孔内冲液的特性。强化的内冲液可以实现强迫排屑与流体动力断弧机制，并防止电蚀产物堆积所造成的极间短路，使放电通道的绝缘性得以迅速恢复，并且能够冷却电极和工件。同时，侧铣电极的旋转运动能够促使极间的放电通道等离子体沿着转动方向偏移，增大了阳极放电点和阴极放电点之间的距离，可实现机械运动断弧，并避免有害的放电集中，减少侧铣电极的损耗，并使电极的损耗更加均匀。

侧铣电极与工件分别接到脉冲电源的负极和正极，通过机床主轴带动侧铣电极的旋转并沿着特定的数控轨迹实现进给运动。利用电极的侧面及底面与工件之间的受控电弧放电来蚀除工件材料，从而实现侧铣式高速电弧放电加工。如图 8-15 所示，侧铣式高速电弧放电加工主要利用电极的侧面，并配合电极底面，完成对工件侧面及底面材料的高效去除。侧铣式高速电弧放电加工在进行侧面加工时，电蚀产物会受到重力的影响，难以在侧面产生积聚，因此提高了电弧放电加工的稳定性。

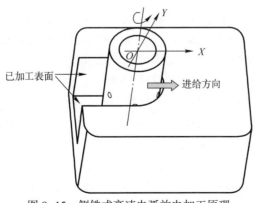

图 8-15 侧铣式高速电弧放电加工原理

8.4.2 侧铣式高速电弧放电加工工艺性能

1. 峰值电流对侧铣式加工材料去除率和电极相对损耗率的影响

由于侧铣模式有独特的工具与工件相对运动方式,其工作液冲液流场和断弧、排屑条件等与其他加工方式都存在很大差异,因此其工艺特性也必然呈现出某些不同,需要通过实验研究加以探明。本实验所采用的脉冲电源其峰值电流可调范围为 0~600A,脉冲宽度为 5000μs,脉冲间隔为 500μs,主轴转速为 1000r/min,进行了五种不同峰值电流条件下的加工实验。本实验选取的峰值电流分别为 200A、300A、400A、500A 和 600A,冲液压力为 1MPa。通过实验,所得到的材料去除率与电极相对损耗率如图 8-16 所示。

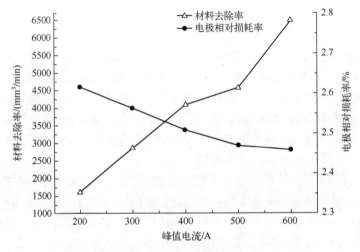

图 8-16 侧铣式高速电弧放电加工工艺特性

由图 8-16 可知,当峰值电流为 200A 时,材料去除率为 1617mm³/min;峰值电流为 300A 时,材料去除率为 2874mm³/min;当峰值电流增大到 400A 时,材料去除率为 4095mm³/min;当峰值电流增大到 500A 时,材料去除率为 4574mm³/min;最后将峰值电流提高到 600A,材料去除率可达 6504mm³/min。这一基本趋势与前面叙述的其他高速电弧放电加工方法的有关规律是一致的。随着峰值电流的增加,由脉冲电源输送给电弧放电通道等离子体的能量也随之升高。放电通道等离子体的温度也响应升高,电离度、电子温度、离子温度等表征等离子体内能的各个指标均被提升,因此其具备蚀除更多工件材料的能力。于是,在工件和电极表面产生高温,并使工件材料熔化、汽化,实现对工件材料的高效去除。另外,提高峰值电流会增大正极表面放电蚀坑半径,加大工件已加工表面的粗糙度。

随着材料去除率的提高,电极相对损耗率会随之减小。从图 8-16 可见,当峰值电流为200A时,电极相对损耗率为2.62%;而当峰值电流为300A时,电极相对损耗比为2.57%;当峰值电流增大到400A时,电极相对损耗率为2.5%;当峰值电流为500A时,电极相对损耗率为2.47%;当电流提高到600A时,电极相对损耗率降为2.46%。这是因为石墨电极的高熔点会使电极损耗量很小。同等条件下,单个脉冲电弧放电所去除工件的体积越多,电极相对损耗率也就越小。电极损耗率这种随峰值电流的增加而降低的趋势在前面的其他加工方式的工艺特性实验中也出现过。

2. 脉冲宽度对侧铣式高速电弧放电加工材料去除率和电极相对损耗率的影响

选择峰值电流大小为400A,脉冲间隔为500μs,电极转速为1000r/min,进行五种不同脉冲宽度条件下的加工实验。选取脉冲宽度为3000~7000μs,冲液压力为1MPa。通过实验,得到材料去除率与电极相对损耗率,如图8-17所示。

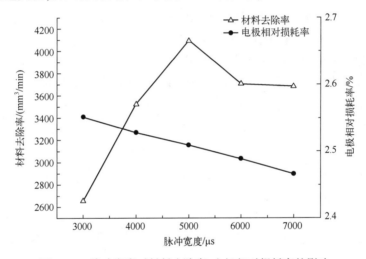

图8-17 脉冲宽度对材料去除率、电极相对损耗率的影响

从图8-17中可见,当峰值电流为400A,脉冲宽度分别为3000μs、4000μs、和5000μs时,侧铣式高速电弧放电加工的材料去除率分别为2653mm³/min、3523mm³/min和4095mm³/min,呈逐渐上升趋势。但当脉冲宽度增加到6000μs时,材料去除率降为3703mm³/min;当脉冲宽度为7000μs时,材料去除率继续下降,为3681mm³/min。可见在放电峰值电流保持不变的情况下,材料去除率先随着脉冲宽度的增加而提高,在5000μs附近达到峰值,继续提高脉冲宽度时,材料去除率反而会降低。这是因为在侧铣条件下,脉冲宽度增大会使单个脉冲放电能量会增加,因而材料去除率也随之提高。脉冲宽度增大,单个脉冲放电能量提高,因此材料去除率提高。但脉冲宽度时间过长时,虽然放电区域输入的能量电蚀产物,会使过多的加工屑产生出来,由于侧铣电极侧面冲液孔的存在,有很

多工作液从电极进给方向的相反一侧泄漏,使得冲液流场的流速难以达到足够高的程度,因此很容易造成短路发生,反而使材料去除率降低。如果能改进电机设计,使得工作液冲液只能从进给方向的前面一侧喷出,则加工就会更加稳定,材料去除率有望和其他加工方式一样,随着脉冲宽度的增加而增加。另外,随着脉冲宽度的增加,相对电极相对损耗率呈持续减小趋势,放电所产生的电蚀坑大小和表面粗糙度值增加。

由此可见,加大峰值电流和在一定范围内提高脉冲宽度均可以提高单个脉冲放电能量,从而提高侧铣式高速电弧放电加工的材料去除率,同时还可以减小电极相对损耗率。但峰值电流及脉冲宽度的提高会使工件及电极表面更加粗糙,降低侧铣式高速电弧放电加工的加工精度,因此较大的脉冲能量只适用于大余量去除的粗加工场合。

3. 峰值电流、脉冲宽度组合对加工性能的影响实验

通过上述实验,发现峰值电流和脉冲宽度会对侧铣式高速电弧放电加工的材料去除率和电极相对损耗率有比较大的影响。为了更加深入地了解峰值电流、脉冲宽度组合对侧铣式高速电弧放电加工性能的影响,选取峰值电流及脉冲宽度两因素进行组合实验。选定脉冲间隔为 $500\mu s$,转速为 $1000r/min$,峰值电流及脉冲宽度参数按表 8-5 进行选取。

表 8-5 实验参数

实验序号	峰值电流/A	脉冲宽度/μs
1	200	3000
2	200	5000
3	200	7000
4	400	3000
5	400	5000
6	400	7000
7	600	3000
8	600	5000
9	600	7000

按实验表格选取实验参数,进行侧铣式高速电弧放电加工实验,工件材料为 Cr12 工具钢。通过一系列实验,得到不同峰值电流、不同脉冲宽度条件下的材料去除率,如图 8-18 所示。

在脉冲宽度一定的条件下,材料去除率随峰值电流的升高而提高;在同样的峰值电流下,材料去除率在脉冲宽度为 $5000\mu s$ 时达到峰值。超过 $5000\mu s$,材料去除

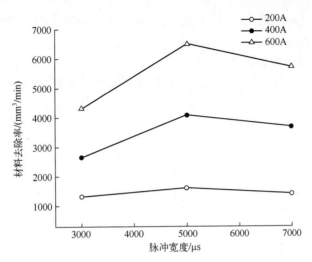

图 8-18 峰值电流、脉冲宽度对材料去除率的影响

率随脉冲宽度的增大而减小。如上所述,侧铣电极存在背侧泄漏问题,超过一半以上的冲液流量都从电极的背侧泄漏了,因此当较大的放电能量产生更多的加工屑时,冲液流量的不足导致流场速度下降,一方面流体动力断弧作用不够,另一方面加工屑来不及及时被工作液带走,导致加工稳定性变差,影响了材料去除率的进一步增加。当峰值电流为 600A 时,材料去除率可以达到 6504mm³/min,体现了侧铣式高速电弧放电加工所具有的高效去除能力。

相同实验过程测得的电极相对损耗率如图 8-19 所示。

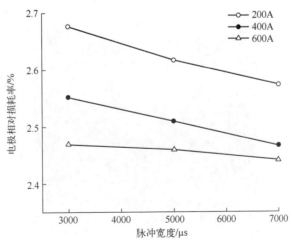

图 8-19 峰值电流、脉冲宽度对电极相对损耗率的影响

随着峰值电流的增大,材料去除率的提高,电极相对损耗率相应地减小,此趋势在该实验条件范围内都是一致的。

4. 侧铣式高速电弧放电加工样件

利用高速电弧放电加工实验机床控制侧铣电极按照特定的轨迹进给,在直流脉冲电压作用下,侧铣电极和工件之间的工作液介质被击穿,形成电弧放电通道,不断蚀除工件材料,从而加工出所需的形状。

为了保证加工的效率和较好的表面质量,本节选择了表 8-6 所列的实验参数组合:

表 8-6 实验参数

参　数	取　值
开路电压	100V
峰值电流	400A
脉冲宽度	5000μs
脉冲间隔	500μs
工件	45 钢
加工极性	工件正极
冲液压力	1MPa
转速	1000r/min

采用侧铣式高速电弧放电加工方式加工一条长度为 40mm,深度为 40mm 的槽,时间为 30s,如图 8-20 所示。

图 8-20 侧铣式高速电弧放电加工槽

8.5 高速电弧放电与铣削组合加工工艺

高速电弧放电加工工艺的突出优势在于实现了难切削材料的高效、低成本大余量去除加工。但其高效加工后的表面较为粗糙,且有一定厚度的再铸层,通常不能直接达到零件的最终尺寸精度和表面粗糙度等加工要求,还需要后续的加工处理。实验结果表明,通过正、负极性组合加工,可以大幅度改善加工表面质量,为后续加工提供更好的表面状态。为了达到在一台装备上完成从粗加工到精加工的目的,本节提出了高速电弧放电加工与铣削加工相结合的组合加工的策略。具体而言,就是优先采用工具负极性高速电弧放电加工实现高效粗加工,去除大部分加工余量,然后采用工具正极性加工以改善表面质量,最后采用铣削加工完成零部件的精加工。

本节结合高速电弧放电加工的极性效应和数控铣削加工,提出了表面质量优化的组合加工方法,如图 8-21 所示,该表面质量优化方法包含两个阶段:

第 1 阶段:高速电弧放电加工阶段,即利用工具正极性加工改善由工具负极性高效加工后的表面质量。

第 2 阶段:数控铣削阶段,即在高速电弧放电加工后,引入数控铣削加工,去除高速电弧放电加工后的加工余量,达到表面质量的设计要求。

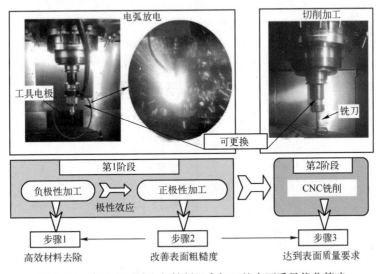

图 8-21 高速电弧放电与铣削组合加工的表面质量优化策略

经过第 1 阶段优化,将加工表面粗糙度降至 $12 \sim 15 \mu m$,在很大程度上改善了由工具负极性加工后的形状精度和表面粗糙度。经过第 2 阶段优化,可将零件的形状精度和表面粗糙度加工到零件设计要求的数值。

8.5.1 电弧-铣削组合加工机床装备

针对 SiC_p/Al 复合材料的高效、高质量加工，根据上述优化的工艺策略，研究者提出了一套完整的电弧-铣削组合加工工艺方法，即工具负极性高速电弧放电加工→工具正极性高速电弧放电加工→数控铣削精加工。高速电弧放电加工阶段需要采用大电流、宽脉冲以实现高能量密度的电弧放电进而实现材料高效去除。此外，还需要高压、大流量的工作液极间冲液以增强流体动力断弧机制，从而达到粗加工阶段高效率大余量去除材料的目的。这些加工条件都需要高速电弧放电加工装置来保证。如果在同一台设备上既能完成高速电弧放电加工，又能实现后续的铣削加工，则从工艺基准角度看省去了二次装夹问题，对提高加工精度和效率都有帮助。然而，如何保证两种工艺在同一台设备上的兼容性，不必在高速电弧放电加工后费时费力地拆除高速电弧放电加工装置，并切换到铣削加工模式，需要在工艺装置设计方面加以充分考虑。

图 8-22 为充分考虑了高速电弧放电加工与铣削加工两种不同工艺兼容性的组合加工机床原理图。组合加工机床的主体部分为五轴数控加工中心，为实现高速电弧放电加工工艺，专门增加了与之配套的工作液冲液循环系统、脉冲电源以及

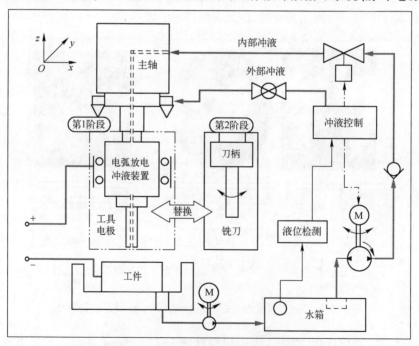

图 8-22 电弧-铣削组合加工系统原理图

放电检测系统、高压冲液装置、烟气排放等相关设施。其中,最关键的部分为高速电弧放电加工用的高压冲液装置,在高速电弧放电加工阶段,高压冲液装置用于实现高速电弧放电加工所需的流体动力断弧机制。在铣削加工阶段,高压冲液装置被移除,并更换上铣刀,使得机床切换到金属切削模式。该加工系统设计了两套冲液管路,其中主轴内部冲液用于高速电弧放电加工,而外部冲液则主要用于金属切削加工。

为了便于高速电弧放电加工和金属切削加工模式之间的转换,高速电弧放电加工用的高压冲液装置的机械连接接口兼容标准的刀柄规格。高压冲液装置的结构及原理简要描述如下[5]:连接高压冲液装置的机械连接部分为标准数控刀柄,可方便装入机床主轴内。为防止机床主轴带电,利用绝缘结构隔离机床主轴和高压冲液装置。为实现旋转的工具电极导电功能,设计了便于更换的轴承和导电装置。刀柄安装于机床主轴后,工具电极在主轴带动下旋转。而高压工作液则由机床的主轴中心孔流入刀柄装置,通过多孔工具电极的内冲液孔喷至放电间隙中。

8.5.2 电弧-铣削组合加工工艺验证实验

为研究表面质量优化加工的可行性,本节设计了一组加工对比实验,用来比较实验包括工具负极性高速电弧放电加工、工具正极性高速电弧放电加工、数控铣削的组合加工策略。表8-7为实验所用的加工参数,冲液压力为1MPa。在高速电弧放电加工阶段,主要目标首先是通过工具负极性加工实现材料的高效去除,其次是通过工具正极性加工改善表面质量,因而该阶段选用大电流、长脉冲宽度的放电参数。所用的工件材料为不锈钢,工具电极为直径20mm的石墨,其轴向开有12个直径ϕ为2mm冲液孔,主轴转速为1000r/min。数控铣削加工所用的刀具为PCD铣刀,直径ϕ为8mm,铣削时的主轴转速设置为3000r/min。

表8-7 加工表面质量优化实验参数

参　　数	BEAM		铣　　削
电极/刀具直径/mm	20		8
放电参数	$I_p = 500\mathrm{A}, t_{on} = 8\mathrm{ms}, t_{off} = 2\mathrm{ms}$		—
切削深度/mm	3		0.5
进给速率/(mm/min)	电极负极性	电极正极性	
	140(体积分数为 20% SiC/Al)	85(体积分数为 20% SiC/Al)	100(体积分数为 20% SiC/Al)
	100(体积分数为 50% SiC/Al)	60(体积分数为 50% SiC/Al)	50(体积分数为 50% SiC/Al)

8.5.3 表面质量优化验证实验结果及分析

1. 加工表面粗糙度

工具负极性高速电弧放电加工、工具正极性高速电弧放电加工以及数控铣削后的工件表面对比如图 8-23 所示。同样参数下正极性加工后的 SiC_p/Al 复合材料表面显得更加平整,而铣削加工后,加工表面完全是铣削加工的特征,再也看不到前道工序高速电弧放电加工的痕迹,因此更加平整光滑,加工轮廓清晰完整,体积分数为 20% SiC_p/Al 复合材料工件表面金属光泽更加突出,而体积分数为 50% SiC_p/Al 复合材料的工件表面颜色更接近基材。

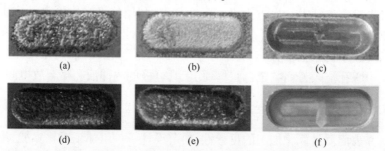

图 8-23 电弧-铣削组合加工中不同阶段工件加工表面对比

(a) 体积分数为 20% SiCp/Al,负极性高速电弧放电加工;(b) 体积分数为 20% SiCp/Al,正极性高速电弧放电加工;(c) 体积分数为 20% SiCp/Al,铣削;(d) 体积分数为 50% SiCp/Al,负极性高速电弧放电加工;(e) 体积分数为 50% SiCp/Al,正极性高速电弧放电加工;(f) 体积分数为 50% SiCp/Al,铣削。

图 8-24 为各加工表面的粗糙度测量结果。工具负极性放电加工后,体积分数为 20% SiC_p/Al 复合材料工件表面的蚀坑较大,凹凸不平,粗糙度 Ra 约为 25μm。

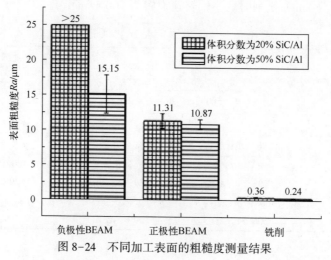

图 8-24 不同加工表面的粗糙度测量结果

而体积分数为 50% SiC_p/Al 工具负极性高速电弧放电加工的蚀坑相对较小,但工件表面粗糙度均值也超过 15μm。经过工具正极性高速电弧放电加工的表面修整后,体积分数为 20% SiC_p/Al 和体积分数为 50% SiC_p/Al 工件表面粗糙度均可降低至 12μm 以下。而在铣削加工优化后,体积分数为 20% SiC_p/Al 和体积分数为 50% SiC_p/Al 工件表面粗糙度分别降低至 0.36μm 和 0.24μm。由此可见,经过第 1 阶段工具正极性高速电弧放电加工光整处理后,工件表面粗糙度明显降低,达到可切削范围;经过第 2 阶段的铣削精加工后,表面粗糙度得到进一步降低,完全可以达到半精加工或者精加工的要求。

2. 加工表面硬度

图 8-25 为上述电弧-铣削组合加工各阶段的表面硬度测量结果。体积分数为 20% SiC_p/Al 经过电弧放电加工后,其表面硬度为 HB73,高于基材的 HB 67.16。其原因可能是体积分数为 20% SiC_p/Al 所含的 SiC 颗粒相对较少,其材料特性接近基体材料(Al),因而在电弧放电通道等离子体的作用下放电区域材料温度急速上升,而在放电脉冲间隔期间,由于工作液介质的冷却作用,熔池中未被抛出的液态材料迅速冷却,因而工件表面材料硬度增高。而在铣削后,其硬度为 HB 66.88,非常接近母材硬度。

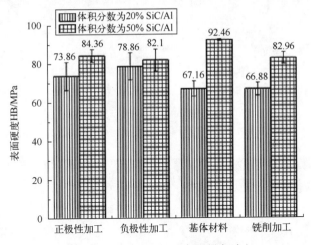

图 8-25 不同阶段加工表面硬度对比

与体积分数为 20% SiC_p/Al 不同,体积分数为 50% SiC_p/Al 经过高速电弧放电加工后硬度为 HB 85,较之基材的 HB 92.46 有所下降。其原因可能是一方面该材料中含有较多的 SiC 颗粒,而 SiC 颗粒在 3000K 的温度下可以直接气化并裂解,使表面一层材料中的 SiC 被消耗而比例减少;另一方面 SiC 颗粒在高温下可以和基体材料中的 Al 发生化学反应,使表面的力学性能发生改变,因而材料硬度降低。在铣削后,其硬度为 HB 82.96,接近工具负极性高速电弧放电加工后的数值,说明铣削加工工艺依然存在破坏 SiC 完整性、剥离 SiC 颗粒的可能,造成表面 Al 含量上升,材料硬度下降。

3. 加工表面热影响层

图 8-26 所示为电弧-铣削组合加工各阶段加工后剖面的金相组织显微照片。由于 SiC 颗粒特殊的导热特性,工具负极性高速电弧放电加工后的工件表面附着

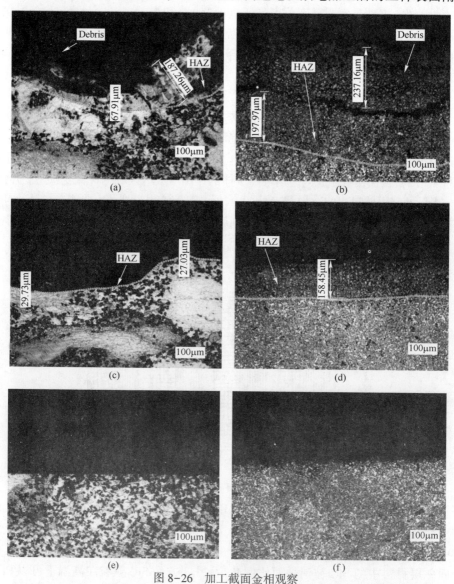

图 8-26 加工截面金相观察

(a) 体积分数为 20% SiC_p/Al,BEAM,电极-;(b) 体积分数为 50% SiC_p/Al,BEAM,电极-;
(c) 体积分数为 20% SiC_p/Al,BEAM,电极+;(d) 体积分数为 50% SiC_p/Al,BEAM,电极+;
(e) 体积分数为 20% SiC_p/Al,铣削;(f) 体积分数为 50% SiC_p/Al,铣削。

较多的蚀除材料,并且热影响层较厚。特别是体积分数为 50% SiC_p/Al,其热影响层厚度接近 200μm。经过正极性高速电弧放电加工后,体积分数为 20% SiC_p/Al 的热影响层厚度降至负极性高速电弧放电加工后的 50% 以下,而体积分数为 20% SiC_p/Al 的热影响层厚度降至负极性高速电弧放电加工后的 20%左右。经过最终铣削加工后,体积分数为 20% SiC_p/Al 和体积分数为 50% SiC_p/Al 的热影响层均很薄,几乎达到肉眼无法辨认的程度。

8.6 高速电弧放电加工技术的样件加工

8.6.1 SiC_p/Al 底座和支架的高速电弧放电加工

本节在 SiC_p/Al 的高速电弧放电加工工艺规律探索及相关加工机制研究的基础上,对 SiC_p/Al 的高速电弧放电加工工艺进一步验证,对其工程应用开展了一系列研究,并进行了样件试加工。将在这类样件加工中所获得知识和经验进行总结,尝试将其应用于更加广泛的难切削材料的高效加工中,进一步拓展高速电弧放电加工工艺的适用性。

图 8-27 为采用高速电弧放电加工的体积分数为 20% SiC_p/Al 底座样件,该底座为航天器某结构件,其外形尺寸为 270mm×200mm×30mm。需加工的特征为一系列大小不一的凹槽。加工时,采用直径 20mm 的石墨多孔内冲液电极进行加工,对部分宽度小于 20mm 的凹槽则采用直径为 10mm 的石墨多孔内冲液电极进行加工。材料去除体积约为 $5.4×10^5 mm^3$。采用工具负极性高速电弧放电加工,设置峰值电流为 500A,脉冲宽度为 8ms,脉冲间隔为 2ms,整个加工时间约为 1h,比切削加工缩短 2h 以上。仅为切削加工所用工时的 1/3,充分体现了对难切削材料高速电

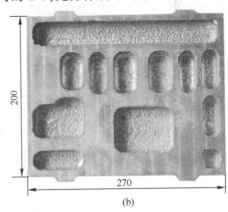

(a)　　　　　　　　　　　　　(b)

图 8-27　体积分数为 20% SiC_p/Al 航天器某结构件——底座

弧放电加工的高效低耗的工艺比较优势。

图 8-28 中工件材料为体积分数为 20% SiC_p/Al 的加强筋零件,有 3 个封闭三角形区域、1 个开放三角形区域以及 2 道加强筋上的直槽需要加工,去除的材料占毛坯体积的 80% 以上。若采用切削加工,仅粗加工阶段即耗时超过 10h。而利用高速电弧放电加工时,针对三角形区域,采用直径 20mm 的石墨多孔内冲液电极沿三角形轮廓进行高速电弧放电加工,可整体切除三角形区域;对于加强筋上的窄槽,则采用直径 20mm 的石墨多孔内冲液电极进行分层放电铣削加工。先后利用工具负极性和工具正极性进行高速电弧放电加工的高效加工和光整加工,获得图中所示的样件。在高速电弧放电加工阶段,加工耗时小于 2h。在此基础上,采用数控铣削精加工,最终获得图 8-28 所示的工件成品,其表面粗糙度低于 0.5μm。

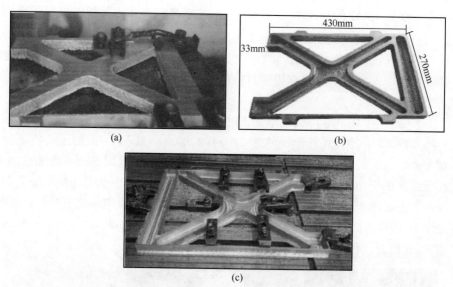

图 8-28 某航天器体积分数为 20% SiC_p/Al 复合材料支架加工成品

图 8-29 为体积分数为 50% SiC_p/Al 材料的某航天器支座样件,其毛坯尺寸为 65mm×65mm×35mm。由前文分析可知,体积分数为 50% SiC_p/Al 材料硬度高,若采用立方氮化硼刀具的切削方式加工,刀具磨损非常严重,若采用普通刀具,则无法进行正常加工。该零件需要加工的特征是外部轮廓和内部型腔。首先采用工具负极性高速电弧放电加工,峰值电流为 500A,之后采用工具正极性加工以改善表面质量,峰值电流为 300A,加工总耗时 25min 左右。完成放电加工后,利用 PCD 铣刀(直径 8mm)进行表面精加工,铣削后的表面粗糙度低于 0.5μm。

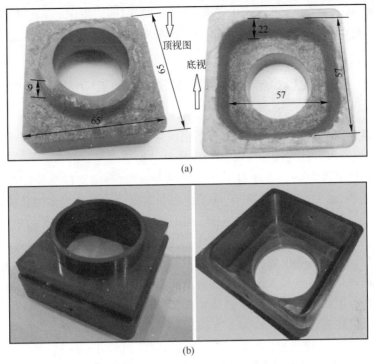

图 8-29 某航天器体积分数为 50% SiC_p/Al 材料支座加工样件

8.6.2 开式整体叶盘类加工案例

图 8-30 为采用高速电弧放电加工的钛合金开式整体叶盘的模拟样件。由于钛合金具有较活泼的化学性质,采用高速电弧放电加工时的材料去除率远比加工体积分数为 20% SiC_p/Al 要高,甚至要高出 1 倍还多。例如:当峰值电流为 500A 时,高速电弧放电加工钛合金的材料去除率可达 16800mm^3/min,单位能量去除率

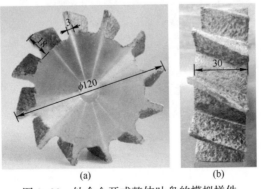

图 8-30 钛合金开式整体叶盘的模拟样件

达 33.6mm³/(A·min)。图 8-30 中单个叶片加工时间需要 10min 左右,单侧流道加工需要 5min 左右。这一模拟样件的加工案例充分展示了高速电弧放电加工完全适用于钛合金、高温合金等其他难切削材料的高效加工。

8.6.3 诱导轮模拟样件的高速电弧放电加工

由三个变螺距螺旋面构成的诱导轮是一种结构复杂的流体输运装置,广泛应用于航空航天、机械、化工等行业的透平机械中。在新型液氧/煤油液体火箭发动机中,用于氧预压泵和煤油预压泵的诱导轮是结构非常复杂的零件,也是最难加工的火箭发动机零件之一[6]。随着工业需求的发展,这种螺旋诱导轮工作曲面形状变得更加复杂,加工工艺过程繁琐,加工成本非常高[7]。当采用多轴数控机床或加工中心加工此类零件时,加工效率较低,加工成本较高,且占据较大的机加工资源。另外,传统切削加工出来的诱导轮叶片精度也难以保证[8]。

为了验证采用高速电弧放电加工技术高效加工诱导轮类核心部件的能力,同时验证多轴联动高速电弧放电加工复杂曲面形状的可行性,研究者开展了五轴联动高速电弧放电加工三叶等螺距诱导轮模拟样件的验证加工实验,粗加工工艺采用工具负正极性高速电弧放电加工方法,整个加工过程如下。

首先,通过 UG 建立模拟诱导轮的三维几何模型,如图 8-31 所示。由该图可知,该诱导轮模型的结构较为复杂,需要数控机床的多轴联动才能完成加工。模拟样件的基面母线为样条曲线,需实现轴向(Y)和径向(X、Z)的直线轴联动;零件基本结构为三头螺旋面结构的叶片,这需要基面回转中心线的回转轴(A、B)。基于零件的上述结构特征,诱导轮的叶型加工必须采用五轴联动的加工方式。

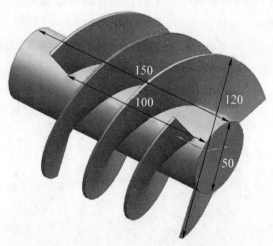

图 8-31 模拟诱导轮的三维几何模型(单位:mm)

诱导轮模拟样件的加工实验采用工具负、正极性组合的高速电弧放电加工工艺,以便在粗加工阶段获取更好的材料去除率和较好的表面质量。这种加工方式需要为后续的切削精加工预留一定的加工余量。因此,诱导轮模拟样件的基本几何模型确定以后,应根据零件形状和加工工艺设计专用的工装夹具,选择合适的电极尺寸并制备石墨多孔内冲液电极。然后,利用UG的CAM软件生成诱导轮叶片的粗加工分层铣削数控轨迹代码。在G代码生成前,需要设置适当的进给方式和加工参数以适应高速电弧放电加工的特殊工艺需求。如设置每层电弧放电铣削深度为5mm,设置与多孔内冲液圆柱电极直径一致的刀具直径ϕ为20mm,设置考虑侧面放电间隙的加工余量(1mm左右)。最后,生成的G代码还需做必要的后置处理,以转换成五轴联动电弧-铣削组合加工机床数控系统可执行的加工程序。

由工具正负极性加工对镍基高温合金的工艺特性实验可知,镍基高温合金和Cr12工具钢在高速电弧放电加工时所能获得的加工性能基本相近。因此,模拟诱导轮加工所用的毛坯材料以Cr12工具钢来代替。以上加工条件预置后,在优选的加工工艺参数组合下,开展了诱导轮模拟样件的验证加工实验。第1阶段,采用工具负极性高速电弧放电加工以快速加工出诱导轮流道,此阶段宜采用较大的放电峰值电流(500A)以获得较高的加工效率,预留的加工余量为2mm。第2阶段,采用工具正极性高速电弧放电加工以完成诱导轮叶片剩余加工余量(2mm)的加工,此阶段采用较小的放电峰值电流(100A)以改善工件表面质量,为后续切削加工预留的加工余量为0.5mm。最终,采用工具负正、极性结合的高速电弧放电加工策略加工出的诱导轮模拟样件如图8-32所示,整个过程的加工条件参数和结果在表8-8中列出。

表8-8 诱导轮模拟样件的工具负、正极性组合高速电弧放电加工结果

工具电极极性	负 极 性	正 极 性
材料去除率/(mm^3/min)	6500	2000
电极相对损耗率/%	2.5	6.3
加工时间/h	1.5	0.5

诱导轮模拟样件的高速电弧放电加工实验结果表明,高速电弧放电加工的各种加工模式在应对复杂几何形面零件的加工方面具有非常强的工艺适应性。另外,高速电弧放电加工工艺和CAM软件可以有机结合以完成复杂加工零件的造型、型面分析和数控程序制作,从而使高速电弧放电加工实现多轴联动加工,且加工工艺的规划是简单的和可靠的。加工诱导轮模拟样件的实验结果表明,高速电弧放电加工工艺不仅可以完成难切削材料零部件的沉入式加工,也可以实现复杂结构零部件的多轴联动铣削加工。

图 8-32 诱导轮模拟样件的工具负、正极性组合高速电弧放电加工案例

8.6.4 三元流叶轮的电弧-铣削组合加工

三元流叶轮是一种具有复杂三维曲面叶片的叶轮类零件,被广泛应用于航空航天、水利水电、化工、冶金、能源动力等领域[9]。这类三元流叶轮的数控加工也是考核五轴数控加工机床能力的典型零件类型。

待加工的三元流叶轮模拟样件及毛坯的三维模型如图 8-33 所示,该样件最大直径为 256mm,轮毂面上均匀分布 8 片叶片,叶片最薄处为 0.74mm,最厚处为 2.40mm,具有厚度薄、扭曲大的特征,流道曲面最窄处为 19.5mm。叶轮样件材料为不锈钢。

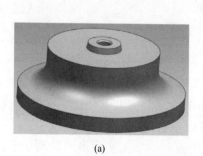
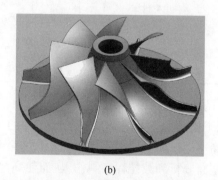

(a)   (b)

图 8-33 三元流叶轮模拟样件及毛坯的几何模型
(a) 叶轮毛坯三维模型;(b) 叶轮模拟样件模型。

为了在实现高效加工的同时,获得对后续机械加工工艺友好的表面质量,根据三元流叶轮模拟样件的几何特征,将加工过程分成流道大能量高速电弧放电加工、轮毂中等能量高速电弧放电加工、叶片中等能量高速电弧放电加工、轮毂小能量高速电弧放电加工、叶片小能量高速电弧放电加工 5 道加工工序。各道工序采用的详细加工参数如表 8-9 所列,表中"-"表示本工序不包含此项参数,大、中、小能量对应的具体脉冲电源参数见表 8-9。由于工件材料为不锈钢,根据前期积累的经验,采用 90V 的开路电压,冲液压力采用用 1.2MPa,主轴转速设置为 1200r/min,工具电极为多孔内冲液棒状石墨电极。根据表 8-10 中的加工参数,在 UG 软件中生成各工序加工刀轨,并经后处理得到加工 G 代码之后实施加工实验。为提高加工尺寸精度及减少放电空走刀时间,在加工过程中使用定时对刀策略对电极轴向损耗长度进行必要的补偿。

表 8-9 脉冲电源参数

放电能量	峰值电流/A	脉冲宽度/ms	脉冲间隔/ms	电极极性
大能量	500	8	3	-
中等能量	500	8	4	+
小能量	200	4	4	+

表 8-10 加工参数

加工工序	加工余量/mm	切深/mm	轨迹重叠率/%	电极直径/mm
流道大能量电弧加工	4	4	70	16
轮毂中等能量电弧加工	3	—	50	16
叶片中等能量电弧加工	3	3	—	16
轮毂小能量电弧加工	2.5	—	50	10
叶片小能量电弧加工	2.5	1	—	10

实施流道大能量及轮毂、叶片中等能量加工工序后,叶轮样件整体形貌如图 8-34 所示。从该图中可以看出:叶轮样件加工表面整体上较为光整,未出现电弧驻留放电点;然而,由于加工过程中电极发生损耗及轨迹重叠率、切深等加工参数选取,叶片及流道表面仍可以观察到较为明显的凸起。实施轮毂及叶片的小能量电弧加工工序,得到如图 8-35 所示的单个流道形貌。对比中等能量及小能量电弧加工后的单个流道形貌,发现小能量高速电弧放电加工工序对上一道工序的加工表面修整效果十分显著。

在加工过程中,对工件材料去除率进行计算,得到如表 8-11 所列的结果,可以看出各工序中最大材料去除率都保持在较高水平,且由于高速电弧放电加工使用

图 8-34　电弧半精加工后的叶轮样件

图 8-35　电弧加工后的单个流道形貌
(a) 电弧中等能量加工；(b) 电弧小能量加工。

了较为廉价的石墨作为电极材料，因此与传统机械加工方式相比，其具有较大的成本优势。加工结束后，为验证后续切削加工的可加工性，对高速电弧放电加工后的表面进行了粗糙度及硬度测量。因加工特征为复杂曲面，难以直接进行粗糙度及硬度的测量，为了获取方便测量分析的加工表面，使用小能量脉冲电源参数进行了不锈钢材料的单道槽高速电弧放电加工。分别使用粗糙度仪及台式硬度仪对单道槽加工表面进行粗糙度及硬度测量，得到加工表面粗糙度为 $12.5\mu m$，硬度为 69.4，而基体硬度为 71.2。结果表明，加工表面硬度与基体硬度相比未有明显变化，表面粗糙度为 $12.5\mu m$ 相对较为平整，同时根据以往的高速电弧放电加工的工艺经验，工件加工表面热影响层厚度应该在 $100\mu m$ 以内。因此电弧加工后的表面对后续切削加工而言,具有较好的兼容性。

表 8-11 各工序中最大材料去除率

工序名称	流道大能量电弧加工	轮毂、叶片中等能量电弧加工	轮毂、叶片小能量电弧加工
最大材料去除率/(mm^3/min)	14500	5000	3200

8.7 小　　结

　　高速电弧放电加工作为一种新型的高效放电加工技术,其独特的流体动力断弧机制使该方法可以不拘泥于电极旋转的加工方式且可充分利用电弧的高能量密度实现难加工材料的高效、低耗、低成本大余量去除加工。经实际样品加工实验检验,该方法可借助成形电极、叠片电极、扫铣电极及多孔棒状电极实现丰富的加工形式,诸如沉入式、轨迹、扫铣、侧铣以及类铣削的多轴联动加工,为难切削材料的大余量去除提供了有效途径。对电弧-铣削组合加工的研究结果表明:高速电弧放电加工与后续的机械切削精加工有很好的工艺兼容性。

参考文献

[1] 赵万生,顾琳,陈吉朋. 开放式三维流道高速电弧放电层扫加工方法:CN104772535A[P]. 2015-07-15.

[2] 王春亮. 基于叠片电极的高速电弧放电加工工艺研究[D]. 上海:上海交通大学,2016.

[3] CUSANELLI G,HESSLER-WYSER A,BOBARD F,et al. Microstructure at submicron scale of the white layer produced by EDM technique[J]. Journal of Materials Processing Technology, 2004,149(1):289-295.

[4] KRUTH J P,STEVENS L,FROYEN L,et al. Study of the white layer of a surface machined by die-sinking electro-discharge machining[J]. CIRP Annals-Manufacturing Technology,1995, 44(1):169-172.

[5] 陈吉朋,顾琳,张发旺,等. 基于标准接口的高速电弧放电加工刀柄装置:CN106270860A [P]. 2017-01-04.

[6] 孙永鹏,张少林. 变螺距诱导轮的 CAM 技术[J]. 火箭推进,2001(1):32-38.

[7] 于捷,杜方平. 刀具移距在诱导轮叶片加工中的作用[J]. 火箭推进,2011,37(4):54-58.

[8] 史勇,何卫东,卢博. 插铣技术在诱导轮加工中的应用[J]. 火箭推进,2014,40(1): 76-80.

[9] 卢列. 三元流叶轮的数字化制造技术[D]. 大连:大连理工大学,2015.

内 容 简 介

本书系统介绍了作者团队在高速电弧放电加工技术领域多年研究的成果,分析了高速电弧放电加工中放电通道电弧等离子体的主要物理特性,详细阐述了基于流体动力断弧机制的高速电弧放电加工的原理、实现方法,以及利用该加工原理实现的典型加工工艺,以典型样件加工为例总结了该工艺方法的特点和实际加工效果。本书涵盖高速电弧放电加工这一新型高效特种加工方法的机制、加工物理过程的分析与模拟、加工工艺规律等,对于实现航空航天难切削材料的高效加工具有重要的参考价值。

本书可供从事航空航天制造、特种加工及相关技术的科研及工程技术人员参考,并可作为高等院校机械工程专业的研究生专业课教材或本科教学参考书使用。

This book systemically introduces the research achievements of Blasting Erosion Arc Machining (BEAM) which are accumulated by the research team of authors. On the basis of analyzing the physical properties of arc discharge plasma channel in BEAM process, thehydrodynamic arc breaking mechanism, on which the BEAM is initiated, is elaborated. The principle, implementation, various typical machining schemes of BEAM are also describedindetails. It highlights the machining characteristics and its effectiveness in manufacturing of typical parts which are made of difficult-to-cut materials. This book covers the basic mechanism, physical process simulation and analysis, characteristics of machining process, of this new type of high efficiency nontraditional machining method. It is of remarkable reference to the manufacturing of difficult-to-cut materials in aerospace and energy industries.

This book may provide a good knowledge for researchers and engineers engaging in the aerospace manufacturing, non-traditional machining, as well as related engineering fields. In addition, it can also be applied as a textbook or course reference for both graduate and undergraduate educations in colleges and universities.

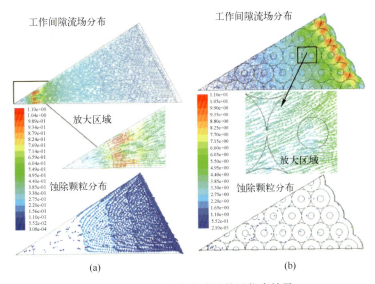

图 1-14 单孔和多孔内冲液效果仿真结果

（a）单孔内冲液的流场和蚀除颗粒分布；（b）多孔内冲液的流场和蚀除颗粒分布。

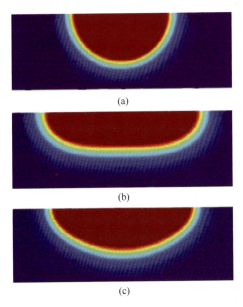

图 1-20 基于不同热源的分析模型仿真结果

（a）点热源模型仿真蚀坑；（b）均匀分布热源模型仿真蚀坑；（c）高斯分布热源模型仿真蚀坑。

彩1

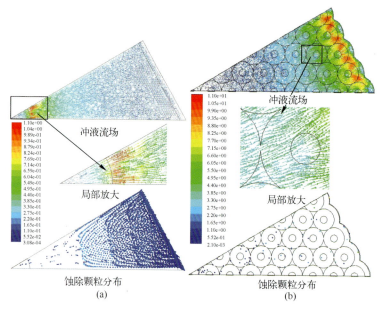

图 2-8 单孔成形电极及多孔集束电极加工的流场和蚀除产物分布
(a) 单孔成形电极;(b) 多孔集束电极。

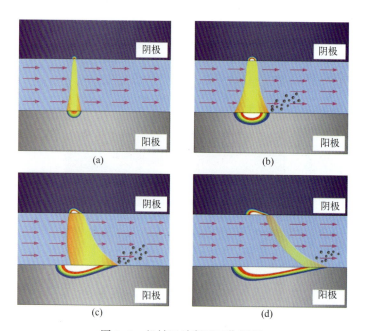

图 3-1 机械运动断弧工作原理
(a) 击穿;(b) 扩张;(c) 偏移;(d) 断弧。

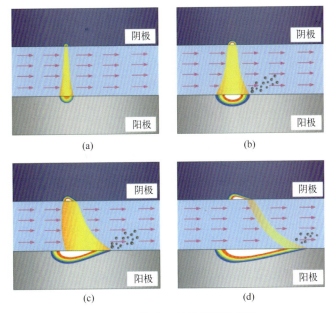

图 3-3 流体动力断弧机制示意图
(a) 击穿;(b) 扩张;(c) 偏移;(d) 断弧。

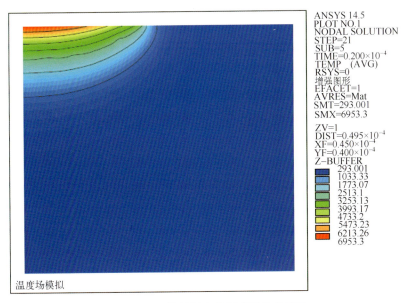

图 3-26 工件材料内的温度场分布云图

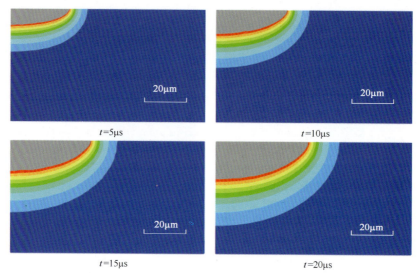

图 3-27 放电蚀坑截面轮廓随放电时间的变化过程

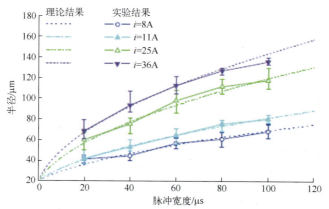

图 3-29 放电蚀坑半径的仿真值和实验值对比

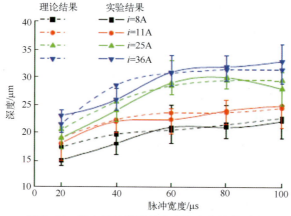

图 3-30 放电蚀坑深度的仿真值和实验值对比

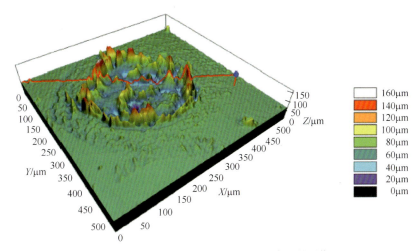

图 3-31 典型的放电蚀坑的三维形貌显微图像

图 3-32 仿真获得的放电蚀坑中心剖面轮廓图

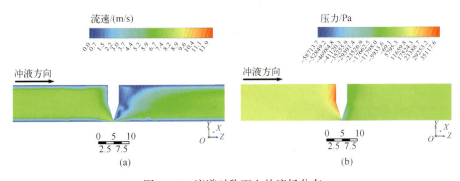

图 3-42 流道对称面上的流场分布

(a) 流道对称面上的冲液流速分布仿真云图;(b) 流道对称面上的冲液压力分布仿真云图。

彩5

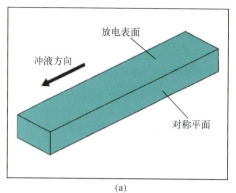

(a)

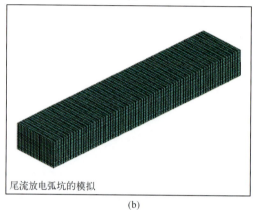

(b)

图 3-51 求解域几何模型及剖分网格

(a) 几何模型;(b) 剖分网格。

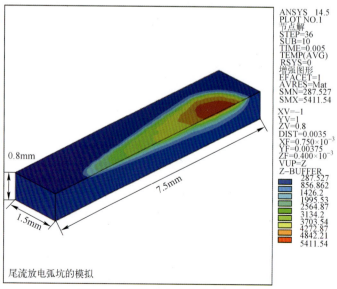

图 3-52 尾状放电痕的仿真温度场

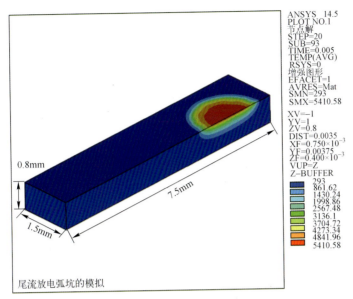

图 3-53 不冲液电弧放电工件温度场分布

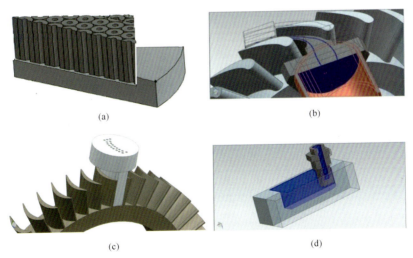

图 5-4 不同形式的高速电弧加工多孔内冲液电极

(a) 集束电极；(b) 叠片电极；(c) 多孔实体电极；(d) 侧铣电极。

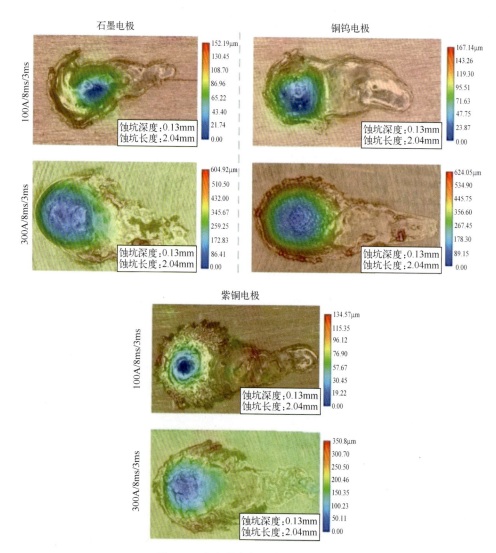

图 5-8 水中单次电弧放电工件蚀坑

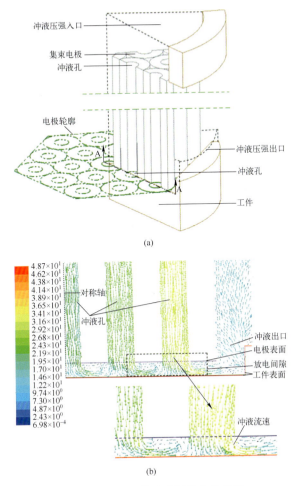

图 6-7 极间工作液流场分布的仿真

(a) 集束电极几何模型；(b) A-A 截面的冲液流速分布。

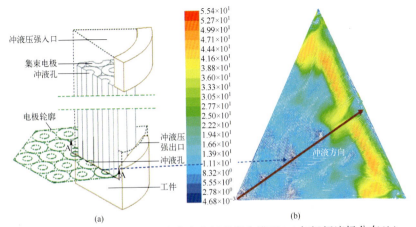

图 6-20 高速电弧放电加工中集束电极的集合模型(a)与极间流场分布(b)

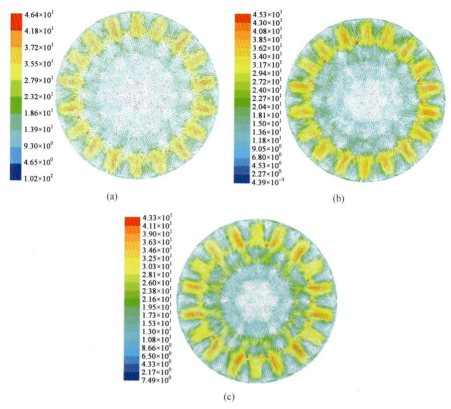

图 6-25 A-A 平面流场流速分布的仿真结果
（a）电极 E1；（b）电极 E2；（c）电极 E3。

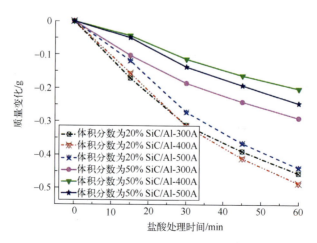

图 7-16 蚀除颗粒在盐酸溶液中的质量变化

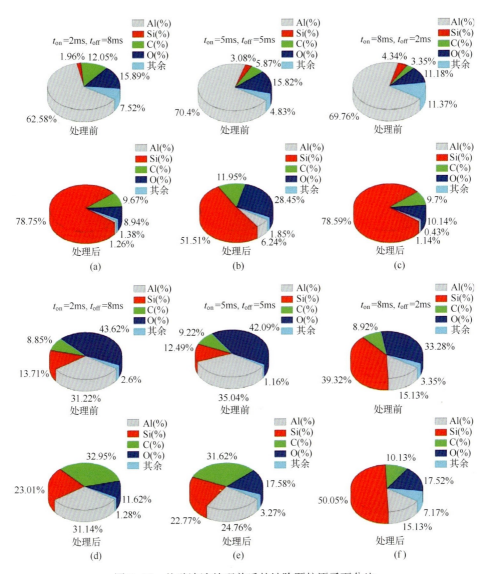

图 7-18 盐酸溶液处理前后的蚀除颗粒原子百分比

(a) 体积分数为 20% SiC/Al, I_p = 300A; (b) 体积分数为 20%SiC/Al, I_p = 400A; (c) 体积分数为 20%SiC/Al, I_p = 500A; (d) 体积分数为 50%SiC/Al, I_p = 300A; (e) 体积分数为 50%SiC/Al, I_p = 400A; (f) 体积分数为 50%SiC/Al, I_p = 500A。

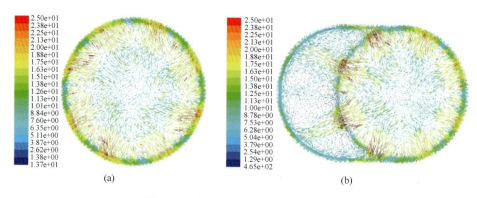

图 7-46 极间冲液流场向量速度分析